“十四五”时期国家重点出版物出版专项规划项目

新一代人工智能理论、技术及应用丛书

分布鲁棒优化调度理论方法及应用

宋士吉　吴　澄　著

科学出版社

北　京

内 容 简 介

复杂生产过程一般具有工艺流程长、加工时间波动大、物流结构复杂等特点。本书重点考虑加工时间或运输时间不确定数据驱动的分布式鲁棒优化调度问题的建模与求解方法，建立基于不同类型分布函数集或者机会约束的分布鲁棒优化模型，提出模型的等价转化理论及多种智能求解方法。本书阐述的分布鲁棒优化模型与智能算法在钢铁生产与物流调度实际问题中已经得到应用验证，可以为大型钢铁生产线的稳定、高效和智能化运行提供科学可行的解决方案。

本书适合从事自动化生产线管控、智能制造、工业工程、管理科学与工程等相关专业的教师、研究生使用，也可供相关领域科技人员参考。

图书在版编目（CIP）数据

分布鲁棒优化调度理论方法及应用 / 宋士吉，吴澄著. --北京 : 科学出版社，2024. 12. --（新一代人工智能理论、技术及应用丛书）.
ISBN 978-7-03-080506-5

Ⅰ. TP273

中国国家版本馆 CIP 数据核字第 20248B9Z61 号

责任编辑：孙伯元 / 责任校对：崔向琳
责任印制：师艳茹 / 封面设计：陈　敬

科学出版社 出版
北京东黄城根北街 16 号
邮政编码：100717
http://www.sciencep.com

北京中科印刷有限公司印刷
科学出版社发行　各地新华书店经销

*

2024 年 12 月第　一　版　开本：720 × 1000　1/16
2024 年 12 月第一次印刷　印张：11 1/2
字数：232 000

定价：128.00 元

“新一代人工智能理论、技术及应用丛书”编委会

“新一代人工智能理论、技术及应用丛书”序

科学技术发展的历史就是一部不断模拟和扩展人类能力的历史。按照人类能力复杂的程度和科技发展成熟的程度，科学技术最早聚焦于模拟和扩展人类的体质能力，这就是从古代就启动的材料科学技术。在此基础上，模拟和扩展人类的体力能力是近代才蓬勃兴起的能量科学技术。有了上述的成就做基础，科学技术便进展到模拟和扩展人类的智力能力。这便是20世纪中叶迅速崛起的现代信息科学技术，包括它的高端产物——智能科学技术。

人工智能，是以自然智能(特别是人类智能)为原型、以扩展人类的智能为目的、以相关的现代科学技术为手段而发展起来的一门科学技术。这是有史以来科学技术最高级、最复杂、最精彩、最有意义的篇章。人工智能对于人类进步和人类社会发展的重要性，已是不言而喻。

有鉴于此，世界各主要国家都高度重视人工智能的发展，纷纷把发展人工智能作为战略国策。越来越多的国家也在陆续跟进。可以预料，人工智能的发展和应用必将成为推动世界发展和改变世界面貌的世纪大潮。

我国的人工智能研究与应用，已经获得可喜的发展与长足的进步：涌现了一批具有世界水平的理论研究成果，造就了一批朝气蓬勃的龙头企业，培育了大批富有创新意识和创新能力的人才，实现了越来越多的实际应用，为公众提供了越来越好、越来越多的人工智能惠益。我国的人工智能事业正在开足马力，向世界强国的目标努力奋进。

“新一代人工智能理论、技术及应用丛书”是科学出版社在长期跟踪我国科技发展前沿、广泛征求专家意见的基础上，经过长期考察、反复论证后组织出版的。人工智能是众多学科交叉互促的结晶，因此丛书高度重视与人工智能紧密交叉的相关学科的优秀研究成果，包括脑神经科学、认知科学、信息科学、逻辑科学、数学、人文科学、人类学、社会学和相关哲学等学科的研究成果。特别鼓励创造性的研究成果，着重出版我国的人工智能创新著作，同时介绍一些优秀的国外人工智能成果。

尤其值得注意的是，我们所处的时代是工业时代向信息时代转变的时代，也是传统科学向信息科学转变的时代，是传统科学的科学观和方法论向信息科学的科学观和方法论转变的时代。因此，丛书将以极大的热情期待与欢迎具有开创性的跨越时代的科学研究成果。

“新一代人工智能理论、技术及应用丛书”是一个开放的出版平台，将长期为我国人工智能的发展提供交流平台和出版服务。我们相信，这个正在朝着“两个一百年”奋斗目标奋力前进的英雄时代，必将是一个人才辈出百业繁荣的时代。

希望这套丛书的出版，能给我国一代又一代科技工作者不断为人工智能的发展做出引领性的积极贡献带来一些启迪和帮助。

李衍达

前　言

制造业是我国国民经济发展的基石，是实现经济稳定增长的重要支柱。2010年起，我国制造业规模已连续多年稳居世界第一。同时，我国制造业也正面临复杂严峻的国际竞争形势。国际需求急剧萎缩、原材料价格波动、企业制造成本加大且利润下降，使传统制造业粗放发展的隐患、弊端逐渐暴露。高投入、高消耗、高排放的粗放发展模式，致使许多工业品单位能耗与国际先进水平相比存在较大差距，资源、能源使用存在浪费，对生态环境的破坏日趋严重。我国经济自主发展能力、发展的可持续性，以及国际竞争力面临巨大的压力。近年来，新一代人工智能技术的快速发展，给我国制造业转型升级和技术创新带来了新的发展机遇和挑战。围绕“绿色低碳”和“智能制造”两大发展理念，将自动化、信息化、智能化的生产制造贯穿于制造业转型升级的全过程，增强自主创新能力，推进产业升级和结构优化，打造具有国际竞争力的制造行业，是我国从“制造业大国”转变为“制造业强国”的核心举措，也是在当前国际贸易形势紧张、整体地缘政治格局变化的外部条件下保持并提升我国国际竞争力的必由之路。

生产调度问题是生产制造环节中的关键问题，可以通过合理分配并优化生产资源，从系统层面提升整体生产效率，缩短制造周期，降低生产成本。如何实现稳定、高效的生产调度，成为多种先进制造模式共同关注的核心主题，这也是我国制造业实现自动化、智能化过程中亟待解决的关键问题之一。因此，研究稳定、智能的生产调度理论方法具有极大的经济价值和显著的社会效益。在过去的几十年当中，研究者在生产调度领域取得众多的研究成果，然而绝大多数的研究工作是基于确定性优化调度模型，即模型中的参数被看作已知且不会发生变化的。实际的生产过程往往充满了不确定因素，如机器故障、工人水平差异、原料供应不及时、客户需求变化等。传统生产调度模型没有考虑参数的不确定性，得到的调度方案往往存在方案精度低、稳定性差等问题，甚至会变得不可行，使最终的调度结果无法达到决策者的预期目标。因此，在不确定生产环境下如何进行优化决策，降低不确定性因素给生产过程带来的干扰，保证生产过程的稳定性和高效率，是当前生产调度领域的学科前沿和共性基础理论难题。

本书以钢铁生产制造为应用背景，阐述分布鲁棒调度理论方法的具体应用。钢铁制造过程是离散与连续混合制造的过程，具有工艺流程长、工序复杂、生产周期长、工序间关联性强、实时性要求高、物流配送过程交叉多等显著特点，容易受到加工和运输时间不确定、设备故障、交货期变动等多重因素的干扰。现有面向确定环境和单一产品加工工艺的生产调度方案存在生产成本高、决策效率低、计划执行难、调度方案可靠性差等实际问题。根据产品的加工工艺和加工路径，在保证钢铁生产过程多阶段调度计划精确性的前提下，如何使调度方案有效适应各种不确定性并提升抗干扰能力，确保整个生产流程精确、稳定、高效运行，是钢铁制造业亟待解决的“痛点”。

在国家自然科学基金重点项目资助下，基于随机不确定环境生产过程的鲁棒建模理论与智能优化方法取得若干突破性进展。考虑生产过程中多种不确定因素对制造环境的干扰，本书详细阐述鲁棒优化调度问题建模与求解的理论方法，及其在解决钢铁生产多工序过程的典型应用。在车间调度方面，阐述鲁棒单机调度问题和鲁棒并行机调度问题的建模与智能优化方法；在运输调度方面，阐述鲁棒路径规划的建模与智能优化方法。本书结合钢铁生产问题的工艺背景及其多工序加工过程的随机干扰特点，系统阐述鲁棒优化调度问题的建模、模型转化与智能优化方法，重点展示鲁棒调度理论方法在解决钢铁生产两个关键工艺过程“炼钢-连铸”和“连铸-热轧”中的实际应用效果。

本书主要成果取材于宋士吉教授和吴澄院士团队近年来在随机鲁棒优化调度研究领域取得的主要科研成果。参与本书撰写工作的师生团队成员包括：宋士吉、张玉利、吴澄、常志琦、张瑞、牛晟盛、王卓琳、刘琳钰、岳凡等，借此机会对参与书稿组织和撰写工作的所有师生表示感谢！

限于作者水平，书中难免存在不妥之处，恳请大家指正。

目　录

第 1 章　智能制造环境不确定性及其生产调度问题概述

1.1　国内外智能制造发展概况

制造业是我国国民经济发展的基石，也是保证经济稳定增长的重要支柱。相比美、德、日等发达国家，我国制造业水平仍有差距，存在大而不强的问题，主要表现为创新能力不够突出，缺乏原始自主创新技术和核心技术，生产运行模式粗放，能耗、物耗水平居高不下，经济运行效率低。进入 21 世纪，随着互联网、新能源、大数据等技术的迅猛发展，人类社会的生产方式发生了极大变革，人工智能成为新一轮产业变革的核心驱动力，为智能制造产业的发展提供了新的强大引擎。

智能制造概念的最早提出者当属美国纽约大学的 Wright 教授和卡内基-梅隆大学的 Bourne 教授。他们在 1988 年出版了《制造智能》。经三十余年的发展，智能制造伴随着信息技术的进步而发展，前沿的信息技术与制造业产生了有机的融合。智能制造是一种由智能机器和人类专家共同组成的人机一体化智能系统。它在制造过程中能进行智能活动，如分析、推理、判断、构思和决策等。人与智能机器合作共事，可以扩大、延伸和部分取代人类专家在制造过程中的脑力劳动。它更新了制造自动化的概念，扩展到柔性化、智能化和高度集成化。新一代智能制造是具有信息自感知、自决策、自执行等功能的先进制造过程、系统与模式的总称，贯穿于设计、生产、管理、服务等制造活动的各个环节。新一代信息通信技术与先进制造技术深度融合，可以实现生产制造过程的自感知、自学习、自决策、自执行、自适应等功能。相比数字化和网络化，新一代智能制造全面使用计算机自动控制，并实现工业互联网、工业机器人、大数据的全面综合应用。智能工厂是实现智能制造的重要载体，主要通过构建智能化生产系统、网络化分布生产设施，实现生产过程的智能化。随着物联网、协作机器人、增材制造、预测性维护、机器视觉等新技术的兴起，智能工厂具备了数据采集和分析、生产规划和决策等基本功能；通过整体可视技术进行推理预测，利用仿真及多媒体技术，可以将实境扩增，展示设计与制造过程。

对于智能制造，先进制造技术与信息技术的深度融合已经成为全球制造业的发展趋势。智能制造已经成为我国制造业转型升级的主攻方向。《“十四五”智能制造发展规划》提出的智能制造两步走战略指明了我国制造业发展的阶段性目标。作为制造强国建设的主攻方向，智能制造发展水平关乎我国制造业未来的全球地位。当前，新一轮科技革命和产业变革不断深入，制造业数字化、网络化、智能化融合发展，正在不断突破新技术、催生新业态。发展智能制造符合我国制造业转型升级的要求,是推动供给侧结构性改革和制造业高质量发展的重要抓手。

1.1.1　国外智能制造发展现状

作为智能制造技术思想的起源地之一，美国高度重视智能制造的发展，并且将其作为21世纪统治世界制造技术的利器。在20世纪后期，美国投入了大量精力用于智能制造领域的研究，如智能分析、智能决策、智能设计等。美国智能制造系列战略的核心思路是，主张建立制造业与创新的联系，重塑美国工业生态系统；强化政府对制造业的宏观指导、重视顶层设计；重视中小企业的发展、发挥大型企业的创新引领作用；建立多层级的人才培养机制，重视具备数字化素养的新型技术工人的培养。美国智能制造产业政策的本质是通过建立有助于跨界知识融合的机制，从国家层面推动传统制造业、数字经济、商业管理等跨界知识的深度融合。2008年金融危机后，美国国会通过的“先进制造业伙伴”计划与《振兴美国制造业和创新法案》奠定了美国制造业顶层设计的基础。在此之后，美国还颁布了一系列的调整政策，以保持自己在制造业的全球竞争优势。2012年，美国发布的《先进制造业国家战略计划》明确指出，在实行制造业智能化的过程中，尤其要重视创新的引领作用，将创新驱动战略放在首位，在重大的核心技术领域实现突破并抢占制造业升级发展的先机。该计划在2018年、2022年发布新版，愈发强调创新活力对美国制造业的影响,明确了未来制造业发展的战略目标。2021年美国国会通过的《美国创新和竞争法案》主张美国政府应通过关键领域的公共投资增强美国新技术实力，将570亿美元作为紧急拨款，重点发展芯片和5G网络两个领域，计划5年内在人工智能、机器学习、高性能计算、半导体、先进计算机硬件、量子计算、信息系统、机器人、自动化、先进制造等10个关键技术领域投资1000亿美元。在美国智能制造发展中，政府发挥全方位引领作用，强化高端产业布局，依托技术创新能力强的大企业和制造业科研机构，重视中小企业和民众的创新成果，取得了一定的成效。

作为全球制造业中最具竞争力的国家之一，德国为了保持其制造业世界领先地位，推动制造业的智能化改造，在2013年正式提出“工业4.0”战略。德国“工业4.0”更加关注通过信息网络与工业生产系统的充分融合和有机整合打造智能工厂，实现以价值链上的三大集成为基础的生产过程智能化，通过提供一种由制造端到用户端的生产组织模式，提升生产效率，从而推动制造业智能化的进程。

德国智能制造以信息物理系统为中心，构建智能工厂，打造领先的市场策略和供应商策略，构建德国特色的智能制造网络体系。2019 年。德国政府发布《国家工业战略 2030：对于德国和欧洲产业政策的战略指导方针》，主要内容包括改善工业基地的框架条件、加强新技术研发和调动私人资本、在全球范围内维护德国工业的技术主权。德国政府认为，当前最重要的突破性创新是数字化，尤其是人工智能的应用会加速数字化进程。德国制造业的智能化过程以“工业 4.0”战略为依托，通过标准化规范战略部署，重视创新驱动，以实现制造业智能化转型升级的战略目标，使德国在全球化生产中保持先发优势。

日本在第二次世界大战之后经历了制造业高速发展的黄金时期，此后制造业成为日本国民经济的重要支柱。为了巩固日本智能制造在国际上的领先地位，日本在智能制造领域积极部署，构建了智能制造的顶层设计体系，推行“互联工业”战略。2017 年，日本政府提出互联工业概念。其核心是，人与设备、系统交互的新型数字社会，通过合作与协调解决工业新挑战，加速培养适应数字技术的高级人才。为推动互联工业，日本提出支持实时数据共享与使用的政策；加强基础设施建设，提高数据有效利用率；推进地域版 5G，鼓励智能工厂的建设。近年来，日本政府对先进制造部门采用资金推动战略，通过加强知识产权保护、促进产学研深度合作鼓励技术创新和进步。

近年来，随着全球化进程的加快和各国制造业相互依存性的增强，智能制造的发展不再是单个国家的战略重点，而是全球制造业共同面临的挑战与机遇。美国、德国、日本等制造强国在智能制造领域的领先布局，为世界各国提供了先进经验和技术支持。与此同时，国际间的技术合作与竞争也日益加剧，智能制造已成为各国提升全球竞争力的关键领域，也是全球经济增长的重要驱动力。

1.1.2　国内智能制造发展现状

改革开放以来，我国制造业得到持续、快速地发展，取得举世瞩目的成就，从整体规模和技术含量上都实现了历史性的突破。2006 年，我国制造业的整体规模超过了日本。2010 年，我国成功超越美国，成为全球制造业第一大经济体。然而，与世界先进水平相比，我国制造业仍然大而不强，在自主创新能力、资源利用效率、产业结构水平、信息化程度、质量效益等方面存在明显的差距。为了提升我国制造业的综合竞争力，加快我国由制造大国向制造强国的历史转变，需要大力发展先进制造业，把智能制造作为工业化和信息化融合的主攻方向，推动生产过程智能化，实现制造业向协同创新和服务型制造的转变。

回顾我国制造业发展历程，可分为三个时期。

第一时期(1956—2006 年)：工业化带动信息化。这一时期我国社会主义工业化正式起步，在改革开放引领下进入制造业发展快车道；信息技术逐渐成为我国高技术研究发展计划的重点发展领域，同时期“工业智能工程”建设的提出标志着我国开始探索智能制造。

第二时期(2007—2014 年)：“两化”融合阶段。这一时期我国大力推进信息化与工业化的融合，振兴装备制造业。到 2010 年，全域信息化已经基本在我国实现，为带动引领工业发展创造了良好的外部条件。

第三时期(2015 年至今)：信息化引领工业化。2015 年，《国家智能制造标准体系建设指南(2015 年版)》提出智能制造标准体系应用标准的建设目标，大数据、物联网、云计算等新兴业态与传统产业融合，新一代信息通信、生物、新材料、新能源等技术不断突破，并与先进制造技术紧密结合，共同助力智能制造发展，我国智能制造呈现良好的发展态势。

从采用先进技术手段的角度看，我国智能制造发展先后经历了自动化、信息化、互联化、智能化四个阶段，即淘汰、改造低自动化水平的设备，制造高自动化水平的智能装备；产品、服务由物理网络到信息网络，智能化元件参与提高产品信息处理能力；建设工厂物联网、服务网、数据网、工厂间互联网，装备实现集成；通过传感器和机器视觉等技术实现智能监控、决策。

目前，智能制造已经成为制造业未来发展的全新驱动力。面向这轮制造业革新的浪潮，2017 年，国务院印发了《新一代人工智能发展规划》。通过产学研用协同创新、行业企业示范应用、央地联合统筹推进，我国智能制造发展迅速，并已取得长足进步：供给能力不断提升，智能制造装备市场满足率超过 50%；支撑体系逐步完善，构建国际先行的标准体系；推广应用成效明显，试点示范项目生产效率平均提高 45%，涌现出离散型智能制造、流程型智能制造、网络协同制造、大规模个性化定制、远程运维服务等新模式新业态。以工业机器人、智能控制系统、新型传感器等为代表的智能制造产业体系在我国已基本形成。

1.1.3 复杂生产调度问题研究进展

为保证生产过程的有序组织与高效实施，生产计划与调度是必不可少的环节。生产调度旨在确保生产制造过程高效有序地进行。对生产过程设计合理的计划与调度策略，可以有效缩短产品的生产周期，提高准时交单率，改善设备利用率并降低库存和能耗。在过去的几十年中，基于确定性制造环境的生产调度领域已取得相当多的理论研究成果。最早的生产调度研究可以追溯到 1954 年 Johnson[1]提出的带准备时间的流水线调度问题。此后，生产调度问题的建模与求解一直是运筹学领域的研究热点。近年来，我国制造业蓬勃发展，生产调度问题出现一些新的特性。随着调度问题规模的增大，多工序生产过程中的各种不确定性因素显著增加，极大地制约了生产计划的精确性和有效性。基于确定性调度模型的生产计划一般假设决策需要的参数均为确定且已知，但是实际生产制造环境中存在很多不确定性，如临时急件插入、客户具体需求差异、原材料供应不足、机器突然故障、加工时间随机波动等，而且当前大规模个性化定制的发展趋势也给生产环境带来更多的不确定因素。正如 McKay 等[2]指出的，在调度过程中忽略参数的不确定性会导致原来的最优解性能很差，甚至不可行。在不确定生产环境下采用确定性模型得到的决策方案一般实际效果较差，会过多依赖人工经验，导致决策精确性和平稳性差、反复重调度，严重制约生产效率并影响产品质量，甚至引发安全事故。因此，对于具有参数不确定性的生产调度问题的建模与求解方法研究，逐渐引起产业界和学术界的关注。

此外,生产调度问题规模的逐渐增大必然会对生产调度算法提出更高的要求。经过 70 年的发展，生产调度算法已取得丰富的研究成果，尤其在中小规模(一般不超过 20 台机器、50 个工件)调度领域已经出现很多主流优化算法。但是，绝大多数生产调度问题都是 NP 难的。随着调度问题规模的增大，解空间规模呈指数增长，导致精确算法所需的求解时间急剧增加，因此无法直接用于求解大规模实际生产调度问题。诸多启发式算法虽然能够在较短的时间内获取一个“近优解”，但这是以性能下降为代价的。如何在降低启发式算法运行时间的同时，提高“近优解”的精确性，也是大规模生产调度问题亟待解决的技术难点。

我们将复杂生产调度问题的主要研究思路一般性地概括为，基于调度问题特性的模型分解方法和基于调度模型结构的分解方法+模型近似求解算法。基于调度问题特性的模型分解方法主要包括三类，即基于时间分解、基于机器分解、基于工件分解。基于调度模型结构的分解方法主要包括两类，即基于可行解空间分解结构的分支定界方法和基于模型可分结构的分解方法(拉格朗日松弛/分解方法、Dantzig-Wolfe 分解方法、Benders 分解方法等)。模型近似求解算法可分为启发式算法和元启发式算法两类。常见的启发式算法又可大致分为优先规则方法、构造型方法。基于优先规则的调度方法的基本思路是，根据生产约束与优化目标，采用某些直观性的指标对工件进行重要性排序，继而按照这一顺序依次进行工件加工。常用的优先分配规则有最短加工时间优先、最长加工时间优先、最少总工作量优先、最小松弛优先、最早交货期优先、先到先服务规则等。构造型启发式算法一般由具有少数工件的不完整初始调度方案启动，随后在算法的每个步骤中向调度方案中追加或插入新的工件，最终构造出问题的较优可行解。经典的构造型启发式算法有求解流水车间调度优化问题的 Palmer 算法、NEH(Nawaz-Enscore-Ham)算法、求解加工车间调度优化问题的瓶颈转移算法、求解具有阻塞特性车间的轮廓拟合算法等。元启发式算法作为求解复杂优化问题的一类通用算法框架，本质上是基于优化问题解空间分布的经验规律，在算法运行时间和求解效果之间取得平衡。著名的没有免费午餐定理(no free lunch theorem)[3]指出，如果不对所研究问题的具体性质予以利用，任何算法在所有可能问题算例的平均意义下并不会优于简单的随机盲目搜索。元启发式算法尤其适用于生产调度问题的解空间巨大以致难以进行完全探索的情形。一般而言，该类算法通过合理协调局部提升方法与全局搜索过程，实现复杂问题的寻优。局部提升方法一般基于对解空间邻域结构的定义，通过遍历当前解的邻域解保证局部最优性；全局搜索过程旨在通过扰动、重构等策略指导算法跳出局部最优，进而实现全局寻优。根据算法设计机理，元启发式算法分为“单线程”方法，以及基于种群的进化计算方法。常用的单线程元启发式算法包括模拟退火算法、禁忌搜索算法、变邻域搜索算法、迭代局部搜索算法、贪婪迭代算法、贪心随机自适应搜索等；基于种群的进化计算方法将部分可行解集视为种群，通过模拟自然界中种群进化或运动规律不断改进种群中的可行解，最终得到全局优化方案，主要包括遗传算法、蚁群优化算法、粒子群优化算法、差分进化算法、分布估计算法等[4,5]。

1.2 鲁棒优化概述

调度系统通常面临多种不确定性因素，如机器故障、工件加工时间不确定、工件释放时间不确定等。传统的确定性调度模型通常会忽略此类不确定因素，求得的并非最优解。随机规划(stochastic programming，SP)模型是处理不确定条件下调度问题的经典方法。在随机调度模型中，不确定参数被看作分布已知的随机变量，优化目标往往选取系统的期望性能。从 20 世纪 80 年代开始，学术界对随机调度问题进行了广泛的研究。以单机调度(single machine scheduling，SMS)问题为例，总流经时间(total flow time，TFT)、最大拖期时间、加权总拖期时间，以及总拖期工件个数等性能指标均已出现在随机调度模型的优化目标中。随机规划模型需要在随机变量真实分布已知的情况下进行，而实际的真实分布并不容易获得。因此，另一种处理参数不确定性的鲁棒调度模型应运而生。本书将重点介绍鲁棒优化模型及其智能求解方法。

鲁棒优化的思想源于很多在应用科学中针对稳定性和风险规避问题的研究，包括控制科学领域的鲁棒控制研究、对异常值不敏感性的鲁棒统计研究等。虽然鲁棒优化源于各种应用科学，但是随着其理论的深入发展，已经成为数学优化领域的一个重要研究分支。

鲁棒优化旨在帮助决策者在参数具有不确定性的情况下做出较好的决策。总体来说，决策者首先要明确需要哪种意义下的鲁棒解，即在不确定参数的任意实现下都有可行解，还是在不确定参数的任意实现下均有较好目标性能的解？这在数学模型上反映为两种类型的不确定性，即可行解的不确定性(约束不确定性)和目标函数的不确定性。虽然在理论层面，模型的目标函数可以通过引入不等式转化为约束条件进行处理，但是决策者对于不可行与次优的态度是有很大差别的，因此我们仍将这两种情况分开讨论。

(1) 可行解的不确定性。当参数不确定性影响解的可行性时，鲁棒优化的目的是得到一个在不确定参数的任意实现下均能保证可行的鲁棒最优解。这种情况下的鲁棒模型将单个确定性约束扩展为鲁棒约束集，进而在满足鲁棒约束集的所有可行解中寻找使目标函数最优的解。此类模型对所有可能出现的最差情况进行保护，一般需要以目标函数的性能损失为代价，因此多适用于鲁棒控制等需要确保可行性或安全性的工程应用中。

(2) 目标函数的不确定性。当参数不确定性影响解的最优性时，鲁棒优化寻求的是在不确定参数的任意实现下均有较好表现的解。此类鲁棒模型一般优化原目标函数在最差情况下的取值，模型多为最小化-最大化或者最大化-最小化的两层优化形式，因此需要将其进行合理的模型转化才能高效求解。

在鲁棒优化的理论研究中，Soyster 于 1973 年研究了鲁棒线性规划(linear programming，LP)问题，然而在随后的 20 年中仅有两篇关于鲁棒优化的文献。这个领域的真正兴起是在 1997 年前后。之后，鲁棒优化思想被逐渐引入凸优化、二次优化、半正定规划、锥优化、离散优化等数学优化的框架中。由于生产制造过程中的调度问题一般是离散的或混合整数的，鲁棒离散优化方法与不确定调度问题是最相关,因此本书主要介绍离散鲁棒优化或混合整数规划的智能理论与方法。

鲁棒优化理论假定不确定性参数在某一给定的不确定性集中取值，或者是在某一给定的随机变量分布函数集中取值。在保证约束鲁棒可行的前提下，优化鲁棒目标函数值，即求参数变动时目标函数值的最优值。Soyster[6]最早研究了鲁棒线性规划问题，但是直到 1998 年 Ghaoui 等[7]和 Ben-Tal 等[8]提出鲁棒正定规划理论，鲁棒优化理论才迅速发展起来。目前，优化理论方法已经趋于成熟，在各个工业领域得到了广泛应用。鲁棒优化模型可以分为基于不确定性集的鲁棒优化模型[9-12]和基于分布函数集的鲁棒优化模型[13,14]等。

鲁棒优化模型的一般形式为

$$\min_{\theta \in I} \max_{X \in \Pi} E[f(\theta, X)]$$

其中，I 表示不确定性参数 θ 构成的可行域；Π 表示随机变量 X 的集合；随机变量的分布函数具有等式或不等式约束的给定形式。

由于无法准确预知随机变量的分布函数，随机理论问题求解陷于困境，因此利用随机采样手段进行分析成为研究随机优化问题的有效手段。其缺点是，随机采样分析计算的统计结果会与现实发生的事件形成较大的误差。随机鲁棒优化模型可以很好地克服这些缺陷，其具有如下主要优势。

(1) 模型不需要已知不确定性随机变量的精确分布信息。

(2) 模型的最优解依赖严格的理论分析基础，优化计算结果的可靠性高。

(3) 模型往往可等价转换为可有效计算的锥规划模型。

随机鲁棒优化的主要不足在于，模型中的最优解往往过于保守，例如随机期望模型在于寻求平均意义下的最优解，而随机鲁棒优化在于寻求最差情形下的最好解。

1.3 鲁棒机器调度

鲁棒优化方法已广泛应用于机器调度问题，用于处理机器调度环境中的不确定性。这里以具有不确定工件加工时间的单机调度问题为例，对鲁棒机器调度模型的不确定描述和鲁棒决策准则进行简要介绍。

对于单机调度问题，令工件集合为 $\mathcal{N}=\{1,2,\cdots,n\}$，所有工件的释放时间均为 0，无交期时间限制，工件 $j\in\mathcal{N}$ 的加工时间为 p_j。当目标为最小化 TFT 时，确定性单机调度模型为

$$
\begin{aligned}
\text{(D-SMS)}\quad \min\ & \sum_{j=1}^{n} C_j \\
\text{s.t.}\ & \boldsymbol{x}\in\mathcal{X} \\
& C_j \geqslant \sum_{i=1}^{n}(n-i+1)p_j x_{ij},\quad j\in\mathcal{N}
\end{aligned}
$$

其中

$$
\mathcal{X}=\left\{\boldsymbol{x}:\sum_{i=1}^{n}x_{ij}=1,\ j\in\mathcal{N};\ \sum_{j=1}^{n}x_{ij}=1,\ i\in\mathcal{N};\ x_{ij}\in\{0,1\},\ i,j\in\mathcal{N}\right\}
$$

1.3.1 不确定性描述

在不确定环境下，工件的不确定加工时间记为 $\tilde{\boldsymbol{p}}$，其中记工件 $j\in\mathcal{N}$ 的不确定加工时间为 $\tilde{p}_j$。与随机规划假设 $\tilde{\boldsymbol{p}}$ 的概率分布已知不同，鲁棒机器调度模型使用不确定集(uncertainty set，US)和模糊集(ambiguity set，AS)对随机变量进行刻画，并以此分别形成鲁棒机器调度(robust machine scheduling，R-MS)和分布鲁棒机器调度(distributionally robust machine scheduling，DR-MS)两类模型。

鲁棒机器调度模型假设不确定加工时间 $\tilde{p}$ 属于给定的不确定集 Ω。这里给出五种常用的不确定集。

(1) 场景不确定集(scenario uncertainty set)：$\Omega^{\mathrm{S}}=\{\boldsymbol{p}^s:s\in\mathcal{S}\}$，其中 $\mathcal{S}$ 为场景集合，$\boldsymbol{p}^s$ 为场景 s 下的加工时间向量[15]。

(2) 区间不确定集(interval uncertainty set)：$\Omega^{\mathrm{I}}=\{\boldsymbol{p}:\underline{p}_j\leqslant p_j\leqslant\overline{p}_j,j\in\mathcal{N}\}$[16]。

(3) 盒子不确定集(box uncertainty set)：$\Omega^{\mathrm{Box}}=\{\boldsymbol{p}:\left|p_j-\hat{p}_j\right|\leqslant\rho G_j,j\in\mathcal{N}\}$，其中 $\hat{p}_j$ 表示 p_j 的名义值，$G_j>0$ 被称为不确定尺度，$\rho>0$ 为不确定水平[17]。

(4) 预算不确定集合(budget uncertainty set)：$\Omega^{\mathrm{B}}=\{\boldsymbol{p}:p_j=\hat{p}_j+\sigma_j\gamma_j,\gamma_j\in[0,1],j\in\mathcal{N},\sum_{j=1}^{n}\gamma_j\leqslant\Gamma\}$，其中 σ_j 为 p_j 的离差，预算参数 Γ 控制不确定集合的大小，

更大的 Γ 导致更大的不确定集合和更保守的结果[18]。

(5) 多面体不确定集 (polyhedral uncertainty set)：$\Omega^{\mathrm{P}}=\{\boldsymbol{p}:\|\boldsymbol{A}\boldsymbol{p}-\boldsymbol{b}\|_1\leqslant\Gamma\}$，其中 $\|\cdot\|_1$ 表示 l_1 范数，$\boldsymbol{A}$、$\boldsymbol{b}$ 和 $\Gamma\geqslant 0$ 为给定的参数[19]。

由于上述不确定集合只利用不确定参数的支撑集信息，忽略了其他概率分布信息，因此鲁棒机器调度模型的解通常过于保守。分布鲁棒机器调度模型使用更多不确定参数的概率分布信息构建模糊集来降低解的保守性。具体而言，分布鲁棒机器调度模型假设工件不确定加工时间 $\tilde{\boldsymbol{p}}$ 的概率分布函数(probability distribution function，PDF) $F_{\tilde{\boldsymbol{p}}}$ 属于模糊集合 $\mathcal{P}$。常用来构造模糊集合 $\mathcal{P}$ 的概率分布信息包括支撑集信息、矩信息、边缘分布和经验分布的邻域信息。下面介绍两种常用的模糊集。

(1) 基于支撑集和矩信息的模糊集(support set and moment-based ambiguity set)：$\mathcal{P}^{\mathrm{M}}=\{F\in\mathcal{M}(\Xi):E[\tilde{\boldsymbol{p}}]=\boldsymbol{\mu},E[(\tilde{\boldsymbol{p}}-\boldsymbol{\mu})(\tilde{\boldsymbol{p}}-\boldsymbol{\mu})^{\mathrm{T}}]=\boldsymbol{\Sigma}\}$，其中 $\mathcal{M}(\Xi)$ 表示所有支撑集为 Ξ 的概率分布函数构成的集合，向量 $\boldsymbol{\mu}$ 表示 $\tilde{\boldsymbol{p}}$ 的均值，矩阵 $\boldsymbol{\Sigma}$ 是 $\tilde{\boldsymbol{p}}$ 的协方差[20]。

(2)基于 Wasserstein 距离的模糊集(Wasserstein metric-based ambiguity set)：$\mathcal{P}^{\mathrm{W}}=\{F\in\mathcal{M}(\Xi):d_{\mathrm{W}}(F,F_{\tilde{\boldsymbol{p}}})\leqslant\rho\}$，其中 $F_{\tilde{\boldsymbol{p}}}$ 为 $\tilde{\boldsymbol{p}}$ 的经验分布，$d_{\mathrm{W}}(\cdot,\cdot)$ 为 Wasserstein 矩阵定义的概率分布距离，$\rho\geqslant 0$ 为给定的最大距离参数[21]。

1.3.2　鲁棒决策准则

如上所述，可从可行解的不确定性和目标函数的不确定性评价决策质量。据此，鲁棒优化的决策准则可分为鲁棒可行性准则(robust feasibility criterion)和鲁棒最优性准则(robust optimality criterion)。

(1) 对于鲁棒可行性准则，鲁棒机器调度模型采用鲁棒可行性约束，保证不确定参数在不确定集中发生变化时，制定的调度决策始终满足约束。分布鲁棒机器调度模型使用模糊机会约束，确保当概率分布函数属于模糊集时，制定的调度决策以较高概率满足约束。在单机调度问题中，两者的形式如下。

鲁棒可行性约束，当使用场景不确定集合 Ω^{S} 刻画不确定加工时间(记为 $\tilde{\boldsymbol{p}}$)时，具有鲁棒可行性约束的鲁棒单机调度模型形式[22]为

$$
\begin{aligned}
\min\ & \sum_{j=1}^{n} C_j \\
\text{s.t.}\ & \boldsymbol{x}\in\mathcal{X} \\
& C_j \geqslant \sum_{i=1}^{n}(n-i+1)\tilde{p}_j^s x_{ij},\quad j\in\mathcal{N},\tilde{\boldsymbol{p}}\in\Omega^{\mathrm{S}}
\end{aligned}
$$

模糊机会约束，考虑工件的交期时间为 $\boldsymbol{d}=\{d_j:j\in\mathcal{N}\}$，当使用基于支撑集和

矩信息的模糊集 $\mathcal{P}^{\mathrm{M}}$ 刻画不确定加工时间(记为 $\tilde{\boldsymbol{p}}$)时，具有模糊机会约束的分布鲁棒单机调度模型形式为[23]

$$\begin{aligned}&\min\ \sum_{j=1}^{n} C_j\\&\text{s.t.}\ \boldsymbol{x}\in\mathcal{X}\\&\qquad C_j \geqslant \sum_{i=1}^{n}(n-i+1)\tilde{p}_j x_{ij},\quad j\in\mathcal{N}\\&\qquad F_{\tilde{\boldsymbol{p}}}\{C_j \leqslant d_j,\forall j\in\mathcal{N}\}\geqslant 1-\varepsilon,\quad F_{\tilde{\boldsymbol{p}}}\in\mathcal{P}^{\mathrm{M}}\end{aligned}$$

(2) 常见的鲁棒最优性准则包括绝对鲁棒性(absolute robustness)准则、最小化最大后悔(min-max regret)准则、期望(expectation)准则、分布 β -鲁棒性(distributionally β -robustness)准则、鲁棒条件风险价值(robust conditional value-at-risk，robust CVaR)准则等。其中，前两种准则应用于鲁棒机器调度模型，后三种准则应用于分布鲁棒机器调度模型。

① 绝对鲁棒性准则关注的是不确定参数在不确定性集 Ω 中变化时，最坏情况下的目标值。当使用预算不确定集合 Ω^{B} 刻画不确定加工时间(记为 $\tilde{\boldsymbol{p}}$)时，采用绝对鲁棒性准则的鲁棒单机调度模型形式为[24]

$$\begin{aligned}&\min\ \max_{\tilde{\boldsymbol{p}}\in\Omega^{\mathrm{B}}}\sum_{j=1}^{n} C_j\\&\text{s.t.}\ \boldsymbol{x}\in\mathcal{X}\\&\qquad C_j \geqslant \sum_{i=1}^{n}(n-i+1)\tilde{p}_j x_{ij},\quad j\in\mathcal{N}\end{aligned}$$

即该模型最小化最差情形下的 TFT。

② 最小化最大后悔准则目标是最小化偏离最优解时的最大损失。当使用区间不确定集 Ω^{I} 刻画不确定加工时间(记为 $\tilde{\boldsymbol{p}}$)时，采用最小化最大后悔准则的鲁棒单机调度模型形式为[25]

$$\begin{aligned}&\min\ \max_{\tilde{\boldsymbol{p}}\in\Omega^{\mathrm{I}}}\left\{\sum_{j=1}^{n} C_j - C^*(\tilde{\boldsymbol{p}})\right\}\\&\text{s.t.}\ \boldsymbol{x}\in\mathcal{X}\\&\qquad C_j \geqslant \sum_{i=1}^{n}(n-i+1)\tilde{p}_j x_{ij},\quad j\in\mathcal{N}\end{aligned}$$

其中，$C^*(\tilde{\boldsymbol{p}})$ 为给定加工时间 $\tilde{\boldsymbol{p}}$ 时工件的最小 TFT。

③ 期望准则的目标是当不确定参数的概率分布函数在模糊集中变化时，优化

目标函数的最坏期望。当使用支撑集和矩信息的模糊集刻画不确定加工时间(记为 $\tilde{\boldsymbol{p}}$)时，采用期望准则的鲁棒单机调度模型形式为[26]

$$\min \max_{F_{\tilde{\boldsymbol{p}}} \in \mathcal{P}^{\mathrm{M}}} E_{F_{\tilde{\boldsymbol{p}}}}\left[\sum_{j=1}^{n} C_j\right]$$

$$\text{s.t.}\ \boldsymbol{x} \in \mathcal{X}$$

$$C_j \geqslant \sum_{i=1}^{n}(n-i+1)\tilde{p}_j x_{ij}, \quad j \in \mathcal{N}$$

④ 分布 β-鲁棒性定义为最坏情况下目标函数不超过给定目标水平的概率。当使用支撑集和矩信息的模糊集刻画不确定加工时间(记为 $\tilde{\boldsymbol{p}}$)时，采用分布 β-鲁棒性准则的鲁棒单机调度模型形式为[27]

$$\min \max_{F_{\tilde{\boldsymbol{p}}} \in \mathcal{P}^{\mathrm{M}}} F_{\tilde{\boldsymbol{p}}}\left\{\sum_{j=1}^{n} C_j \leqslant \bar{C}\right\}$$

$$\text{s.t.}\ \boldsymbol{x} \in \mathcal{X}$$

$$C_j \geqslant \sum_{i=1}^{n}(n-i+1)\tilde{p}_j x_{ij}, \quad j \in \mathcal{N}$$

⑤ 鲁棒条件风险价值准则最小化包含随机变量的目标函数的最差条件风险价值。当使用支撑集和矩信息的模糊集刻画不确定加工时间(记为 $\tilde{\boldsymbol{p}}$)时，采用鲁棒条件风险价值准则的鲁棒单机调度模型形式为[28]

$$\min \max_{F_{\tilde{\boldsymbol{p}}} \in \mathcal{P}^{\mathrm{M}}} \mathrm{CVaR}_{F_{\tilde{\boldsymbol{p}}}}^{\alpha}\left(\sum_{j=1}^{n} C_j\right)$$

$$\text{s.t.}\ \boldsymbol{x} \in \mathcal{X}$$

$$C_j \geqslant \sum_{i=1}^{n}(n-i+1)\tilde{p}_j x_{ij}, \quad j \in \mathcal{N}$$

给定置信水平 $\alpha \in (0,1)$ ，随机变量 $\tilde{\eta}$ 在概率分布 $F_{\tilde{\eta}}$ 下的条件风险价值定义为 $\mathrm{CVaR}_{F_{\tilde{\eta}}}^{\alpha} \stackrel{\text{def}}{=} E_{F_{\tilde{\eta}}}[\tilde{\eta}:\tilde{\eta} \geqslant \mathrm{VaR}_{F_{\tilde{\eta}}}^{\alpha}]$ ，其中 $\mathrm{VaR}_{F_{\tilde{\eta}}}^{\alpha} \stackrel{\text{def}}{=} \inf_{z}\{z: F_{\tilde{\eta}}\{\tilde{\eta} > z\} \leqslant 1-\alpha\}$ 。

第 2 章　随机加工时间下鲁棒调度问题的建模与智能求解方法

本章主要阐述随机加工时间下鲁棒生产调度问题中的建模与求解方法。目前鲁棒生产调度问题都是采用基于不确定集的鲁棒建模方法，不确定集为有限的离散集合或者连续的区间形式。鲁棒调度的关键问题在于如何定义最差环境，求得每个可行解在最差环境下的鲁棒费用,进而在所有可行解的鲁棒费用中寻求最优，重点阐述鲁棒建模方法、模型等价/近似转化技术及智能求解算法。常见的鲁棒生产调度问题包括鲁棒单机调度问题，以及鲁棒并行机调度问题，其中单机调度适用于只有一台机器的情况下依次加工多个工件，并行机调度是指多台机器并行处理工件。但是，生产调度过程中工件的加工时间和释放时间存在随机不确定性，会造成生产计划的严重干扰。为了提升生产计划的抗扰能力，提升计划执行的平稳性，减少人工干预生产计划，本章提出分布鲁棒建模方法、模型转化技术及智能求解方法，处理单机调度和并行机调度中的随机不确定因素，得到抗扰能力强的鲁棒生产调度方案。

2.1　考虑决策风险偏好的分布鲁棒单机调度问题建模与求解方法

本节聚焦于生产制造环境中的单机调度问题实例，即有多个相同的工件等待被一个机器加工，工件加工的时长不确定，在已知各工件加工时长均值和协方差的情况下，如何安排工件在机器上的加工顺序，使工件的总加权完成时间最短。该单机调度问题是经典的车间调度问题之一，是很多实际车间调度问题的基本组成部分。本节内容取材于作者发表的学术论文[27]。

2.1.1　问题描述

问题中有 J 个已释放的工件等待在同一个机器上进行加工，任意可行的调度方案 S 可表示为一个优先矩阵 $\boldsymbol{I}$ ，即

$$\boldsymbol{I} \in \{0,1\}^{J\times J} = \{I_{ij} \in \{0,1\}, I_{ii} = 1, \forall i, j = 1,2,\cdots,J\}$$

其中，$I_{ij} = 1$ 为工件 i 在工件 j 之前进行加工，否则 $I_{ij} = 0$ 。

在这样的设定下，矩阵 $\boldsymbol{I}$ 中的对角元素均为 1，第 j 列的和 $\sum_{i=1}^{J} I_{ij}$ 表示工件 j 的加工次序。优先矩阵 $\boldsymbol{I}$ 与调度方案 S 之间的对应关系如例 2.1.1 所示。

例 2.1.1　对于有 5 个工件的单机调度问题，一个可行的调度方案 S_e 为

(S_e) 加工顺序：工件 3-工件 1-工件 5-工件 2-工件 4

根据 $\boldsymbol{I}$ 的定义，与 S_e 相应的优先矩阵 $\boldsymbol{I}_e$ 应为

$$\boldsymbol{I}_e = \begin{bmatrix} 1 & 1 & 0 & 1 & 1 \\ 0 & 1 & 0 & 1 & 0 \\ 1 & 1 & 1 & 1 & 1 \\ 0 & 0 & 0 & 1 & 0 \\ 0 & 1 & 0 & 1 & 1 \end{bmatrix}$$

其中，$\boldsymbol{I}_e$ 中所有的对角元素均为 1，其他的元素 1 反映两个不同工件的加工优先关系。$\boldsymbol{I}_e$ 的每列和为 $(2,4,1,5,3)$，恰好表示每个工件的加工位置。

为了表示一个可行的调度方案，优先矩阵 $\boldsymbol{I}$ 应该满足两个特殊的约束。一是，加工次序的互斥性，即工件 $j(j \neq i)$ 可以在工件 i 的前面或者后面加工，但这两种情况不能同时发生。二是，加工次序的传递性，即若工件 i 在工件 k 之前加工，工件 k 在工件 j 之前加工，则工件 i 的加工次序应该也在工件 j 之前。这两个约束的数学表示分别为

$$I_{ij} + I_{ji} = 1, \quad i = 1,2,\cdots,J; \quad j = i+1, i+2, \cdots, J$$

$$I_{ij} \geqslant I_{ik} + I_{kj} - 1, \quad i,j,k = 1,2,\cdots,J; \quad i \neq j \neq k$$

基于上述约束，$\boldsymbol{I}$ 的可行域可表示为

$$\begin{aligned} \mathcal{I} = \{ & \boldsymbol{I} \in \{0,1\}^{J \times J} : I_{ij} + I_{ji} = 1, \forall i = 1,2,\cdots,J, \forall j = i+1, i+2, \cdots, J; \\ & I_{ij} \geqslant I_{ik} + I_{kj} - 1, \forall i,j,k = 1,2,\cdots,J, i \neq j \neq k; \\ & I_{ii} = 1, \forall i = 1,2,\cdots,J \} \end{aligned}$$

调度的目标是使总加权完成时间最短。工件 j 的重要性由权重参数 w_j 表示，工件加工时间为随机向量 $\tilde{\boldsymbol{p}}$。由于所有工件的释放时间均为 0，某工件的完成时间为它本身的加工时间与其之前加工的所有工件的加工时间之和。因此，对于任意给定的 $\boldsymbol{I}$，总加权完成时间(记为 TWCT)的表达式为

$$u(\boldsymbol{I}, \tilde{\boldsymbol{p}}) = \tilde{\boldsymbol{p}}^{\mathrm{T}} \boldsymbol{I} \boldsymbol{w}$$

由于 $\tilde{\boldsymbol{p}}$ 具有不确定性，是一个随机变量，因此目标函数 $u(\boldsymbol{I}, \tilde{\boldsymbol{p}})$ 也是一个随机变量。在已知 $\tilde{\boldsymbol{p}}$ 的均值和方差的情况下，下面通过建立分布集鲁棒优化模型来处理不确定性。

2.1.2 分布集鲁棒优化模型

假设 $\tilde{\boldsymbol{p}}$ 的均值和方差已知，记为 $\boldsymbol{\mu}$ 和 $\boldsymbol{\Sigma}$，则 TWCT $\tilde{u}_{\boldsymbol{I}}$ 的均值和方差分别为 $\mu_u(\boldsymbol{I})=\boldsymbol{\mu}^{\mathrm{T}}\boldsymbol{I}\boldsymbol{w}$ 和 $\sigma_u^2(\boldsymbol{I})=(\boldsymbol{I}\boldsymbol{w})^{\mathrm{T}}\boldsymbol{\Sigma}(\boldsymbol{I}\boldsymbol{w})$。由于 $\tilde{\boldsymbol{p}}$ 的确切分布未知，考虑 u 的真实分布属于如下的分布函数集合，即

$$\mathcal{D}^u=\{F^u:P(\tilde{u}_{\boldsymbol{I}}\in\mathbf{R}_+)=1,E[\tilde{u}_{\boldsymbol{I}}]=\mu_u(\boldsymbol{I}),\mathrm{Var}[\tilde{u}_{\boldsymbol{I}}]=\sigma_u^2(\boldsymbol{I})\}$$

为了使模型具有鲁棒性，考虑对 $\mathcal{D}^u$ 中的最坏分布进行优化，并采用 CVaR 这一风险厌恶度量指标。总的来说，目标函数的数学表达式为

$$(\text{DRSM})\quad \min_{\boldsymbol{I}\in\mathcal{I}}\ \mathrm{RCVaR}_\alpha^u(\tilde{u}_{\boldsymbol{I}})$$

其中

$$\mathrm{RCVaR}_\alpha^u(\tilde{u}_{\boldsymbol{I}})\overset{\text{def}}{=}\sup_{F^u\in\mathcal{D}^u}\mathrm{CVaR}(\tilde{u}_{\boldsymbol{I}})$$

$$\mathrm{CVaR}_\alpha(\tilde{z})=E[\tilde{z}:\tilde{z}\geqslant\inf\{z:P(\tilde{z}>z)\leqslant 1-\alpha\}]$$

值得注意的是，当 $\alpha=0$ 时，CVaR_α 就退化为数学期望这一风险中性度量。

为了求解分布式资源调度模型(distributed resource scheduling model，DRSM)，需要先将其转化成不含随机变量的确定性优化模型。下面介绍这一转化的方法，并通过分析模型特点给出求解该模型的方法。

2.1.3 模型转化与求解

针对基于一阶矩和二阶矩构造的分布函数集以 CVaR 风险度量为优化目标的 RCVaR，可根据定理 2.1.1 转化成简单的确定性表达式。

定理 2.1.1 对于分布函数属于分布函数集 $\mathcal{D}^z$ 的任意非负随机变量 $\tilde{z}$，其在 $\mathcal{D}^z$ 上的 RCVaR_α 值可以通过下式计算，即

$$\begin{aligned}\mathrm{RCVaR}_\alpha(\tilde{z})&=\sup_{F^z\in\mathcal{D}^z}\mathrm{CVaR}_\alpha(\tilde{z})\\&=\begin{cases}\dfrac{\mu_z}{1-\alpha}, & 0\leqslant\alpha\leqslant\dfrac{\sigma_z^2}{\sigma_z^2+\mu_z^2}\\ \mu_z+\sqrt{\dfrac{\alpha}{1-\alpha}}\cdot\sqrt{\sigma_z^2}, & \dfrac{\sigma_z^2}{\sigma_z^2+\mu_z^2}<\alpha\leqslant 1\end{cases}\end{aligned}$$

其中，$\mathcal{D}^z=\{F^z:P(\tilde{z}\in\mathbf{R}_+)=1,E[\tilde{z}]=\mu_z,\mathrm{Var}[\tilde{z}]=\sigma_z^2\}$，$\mathrm{Var}[\tilde{z}]=\sigma_z^2$ 为 $\tilde{z}$ 的方差。

证明：基于 CVaR 的等价表示[28]，$\mathrm{RCVaR}_\alpha(\tilde{z})$ 的表达式可重写为

$$\mathrm{RCVaR}_\alpha(\tilde{z})=\sup_{F^z\in\mathcal{D}^z}\inf\{k+(1-\alpha)^{-1}E[\tilde{z}-k]_+\}$$

由于 $\tilde{z}$ 的支撑集非负，k 的取值范围可以缩小为 $k \geqslant 0$，$\mathrm{RCVaR}_{\alpha}(\tilde{z})$ 可进一步表示为

$$\mathrm{RCVaR}_{\alpha}(\tilde{z}) = \sup_{F^z \in \mathcal{D}^z} \inf \{k + (1-\alpha)^{-1} E[\tilde{z} - k]_+ : k \geqslant 0\}$$

通过 Zhu 和 Fukushima[29]提出的最小化-最大化理论，最小化与最大化可以交换如下，即

$$\mathrm{RCVaR}_{\alpha}(\tilde{z}) = \min_{k \geqslant 0} \left\{ k + (1-\alpha)^{-1} \sup_{F^z \in \mathcal{D}^z} E[\tilde{z} - k]_+ \right\}$$

$E[\tilde{z} - k]_+$ 在分布集 $\mathcal{D}^z$ 的上界为[30]

$$\sup_{F^z \in \mathcal{D}^z} E[\tilde{z} - k]_+ = \begin{cases} \mu_z - k + \dfrac{k\sigma_z^2}{\sigma_z^2 + \mu_z^2}, & k \leqslant \dfrac{\sigma_z^2 + \mu_z^2}{2\mu_z} \\ \dfrac{\sqrt{\sigma_z^2 + (\mu_z - k)^2} + \mu_z - k}{2}, & k > \dfrac{\sigma_z^2 + \mu_z^2}{2\mu_z} \end{cases}$$

令 $C(k) = k + (1-\alpha)^{-1} \sup\limits_{F^z \in \mathcal{D}^z} E[\tilde{z} - k]_+$，则根据此上界，$C(k)$ 可以表示为

$$C(k) = \begin{cases} k + (1-\alpha)^{-1} \left(\mu_z - k + \dfrac{k\sigma_z^2}{\sigma_z^2 + \mu_z^2} \right), & k \leqslant \dfrac{\sigma_z^2 + \mu_z^2}{2\mu_z} \\ k + (1-\alpha)^{-1} \left[\dfrac{\sqrt{\sigma_z^2 + (\mu_z - k)^2} + \mu_z - k}{2} \right], & k > \dfrac{\sigma_z^2 + \mu_z^2}{2\mu_z} \end{cases}$$

接下来，在不同情况下求解 $\min\limits_{k \geqslant 0} C(k)$，并通过整合各个情况下的结果，得到最终的 $\mathrm{RCVaR}_{\alpha}(\tilde{z})$ 表达式。

情况 1　当 $k \leqslant \dfrac{\sigma_z^2 + \mu_z^2}{2\mu_z}$ 时，$C_1(k)$ 是单调线性函数，即

$$C_1(k) = k + (1-\alpha)^{-1} \left(\mu_z - k + \frac{k\sigma_z^2}{\sigma_z^2 + \mu_z^2} \right) = \left(1 - \frac{1}{1-\alpha} \cdot \frac{\mu_z^2}{\sigma_z^2 + \mu_z^2} \right) k + \frac{\mu_z}{1-\alpha}$$

当 $C_1(k)$ 非减时，即 $1 - \dfrac{1}{1-\alpha} \cdot \dfrac{\mu_z^2}{\sigma_z^2 + \mu_z^2} \geqslant 0 \Leftrightarrow 0 \leqslant \alpha \leqslant \dfrac{\sigma_z^2}{\sigma_z^2 + \mu_z^2}$，$C_1(k)$ 的最小值为 $C_1^{*_1} = \dfrac{\mu_z}{1-\alpha}$。

当 $C_1(k)$ 非增时，即 $1 - \dfrac{1}{1-\alpha} \cdot \dfrac{\mu_z^2}{\sigma_z^2 + \mu_z^2} \leqslant 0 \Leftrightarrow \dfrac{\sigma_z^2}{\sigma_z^2 + \mu_z^2} \leqslant \alpha \leqslant 1$，$C_1(k)$ 的最小值为 $C_1^{*_2} = \dfrac{\sigma_z^2}{2\mu_z} + \dfrac{2-\alpha}{2(1-\alpha)} \mu_z$。

情况 2　当$k > \dfrac{\sigma_z^2 + \mu_z^2}{2\mu_z}$时，$C_2(k)$是凸函数，即

$$C_2(k) = k + (1-\alpha)^{-1}\left(\sqrt{\sigma_z^2 + (\mu_z - k)^2} + \mu_z - k\right)/2$$

根据一阶最优条件，$C_2(k)$的驻点为$\bar{k} = \mu_z + \dfrac{(2\alpha-1)\sigma_z}{2\sqrt{\alpha - \alpha^2}}$。

若$\bar{k} \leqslant \dfrac{\sigma_z^2 + \mu_z^2}{2\mu_z}$，即$0 \leqslant \alpha \leqslant \dfrac{\sigma_z^2}{\sigma_z^2 + \mu_z^2}$，$C_2(k)$的最小值在$\bar{k} = \dfrac{\sigma_z^2 + \mu_z^2}{2\mu_z}$取到，此时$C_2^{*_1} = \dfrac{\sigma_z^2 + \mu_z^2}{2\mu_z} + \dfrac{\mu_z}{2(1-\alpha)}$。

若 $\bar{k} > \dfrac{\sigma_z^2 + \mu_z^2}{2\mu_z}$，即 $\dfrac{\sigma_z^2}{\sigma_z^2 + \mu_z^2} < \alpha \leqslant 1$，$C_2(k)$ 的 最 小 值 为 $C_2^{*_2} = \mu_z + \sqrt{\dfrac{\alpha}{1-\alpha}} \cdot \sqrt{\sigma_z^2}$。

将上面的各种情况整合起来，$\min\limits_{k \geqslant 0} C(k)$的最优值可以表示为

$$C^* = \begin{cases} \min\ \{C_1^{*_1}, C_2^{*_1}\}, & 0 \leqslant \alpha \leqslant \dfrac{\sigma_z^2}{\sigma_z^2 + \mu_z^2} \\ \min\ \{C_1^{*_2}, C_2^{*_2}\}, & \dfrac{\sigma_z^2}{\sigma_z^2 + \mu_z^2} < \alpha \leqslant 1 \end{cases}$$

通过比较四种最优值的大小，对于$0 \leqslant \alpha \leqslant \dfrac{\sigma_z^2}{\sigma_z^2 + \mu_z^2}$的情况，有$C_1^{*_1} \leqslant C_2^{*_1}$；对于$\dfrac{\sigma_z^2}{\sigma_z^2 + \mu_z^2} < \alpha \leqslant 1$的情况，有$C_2^{*_2} \leqslant C_1^{*_2}$。进而，$C^*$可以重写为

$$C^* = \begin{cases} C_1^{*_1} = \dfrac{\mu_z}{1-\alpha}, & 0 \leqslant \alpha \leqslant \dfrac{\sigma_z^2}{\sigma_z^2 + \mu_z^2} \\ C_2^{*_2} = \mu_z + \sqrt{\dfrac{\alpha}{1-\alpha}} \cdot \sqrt{\sigma_z^2}, & \dfrac{\sigma_z^2}{\sigma_z^2 + \mu_z^2} < \alpha \leqslant 1 \end{cases}$$

因此，得到$\mathrm{RCVaR}_\alpha(\tilde{z})$的表达式为

$$\mathrm{RCVaR}_\alpha(\tilde{z}) = \begin{cases} \dfrac{\mu_z}{1-\alpha}, & 0 \leqslant \alpha \leqslant \dfrac{\sigma_z^2}{\sigma_z^2 + \mu_z^2} \\ \mu_z + \sqrt{\dfrac{\alpha}{1-\alpha}} \cdot \sqrt{\sigma_z^2}, & \dfrac{\sigma_z^2}{\sigma_z^2 + \mu_z^2} < \alpha \leqslant 1 \end{cases}$$

定理得证。

根据定理 2.1.1，DRSM 可以等价转化为如下问题，即

$$\text{(DRSM)} \quad \min_{\boldsymbol{I}} \text{RCVaR}_{\alpha}^{u}(\tilde{u}_{\boldsymbol{I}}) = \min \ \{\text{SM-R}_1^*, \text{SM-R}_2^*\}$$

$$(\text{SM-R}_1) \quad \text{SM-R}_1^* = \min_{\boldsymbol{I}} \ \frac{\boldsymbol{\mu}^{\mathrm{T}} \boldsymbol{I} \boldsymbol{w}}{1-\alpha}$$

$$(\text{SM-R}_2) \quad \text{SM-R}_2^* = \min_{\boldsymbol{I}} \ \boldsymbol{\mu}^{\mathrm{T}} \boldsymbol{I} \boldsymbol{w} + \beta \sqrt{(\boldsymbol{I}\boldsymbol{w})^{\mathrm{T}} \boldsymbol{\Sigma} (\boldsymbol{I}\boldsymbol{w})}$$

子问题 (SM-R_1) 是一个混合整数线性规划(mixed-integer linear programming，MILP)，子问题 (SM-R_2) 是一个混合整数二阶锥规划(mixed-integer second-order cone programming，MISOCP)。

子问题 (SM-R_1) 的最优解可通过一个简单的启发式规则得到，该规则为加权最短平均加工时间(weighted shortest average processing time，WSAPT)优先准则，即所有工件以 w_j / μ_j 的非增顺序排列，为子问题 (SM-R_1) 的最优解。

命题 2.1.1　根据加权最短平均加工时间优先准则得到的调度方案，均为子问题 (SM-R_1) 的最优解。

证明：将 WSAPT 优先准则得到的调度方案记为 S_{w}，相应的优先矩阵记为 $\boldsymbol{I}_{\text{w}}$。显然，$S_{\text{w}}$ 是一个可行的调度方案，因此相应的 $\boldsymbol{I}_{\text{w}}$ 也满足关于 $\boldsymbol{I}$ 的所有约束，即 $\boldsymbol{I}_{\text{w}} \in \mathcal{I}$。下面证明 $\boldsymbol{I}_{\text{w}}$ 是 $\min_{\boldsymbol{I}} \ \boldsymbol{\mu}^{\mathrm{T}} \boldsymbol{I} \boldsymbol{w}$ 问题的最优解，从而说明此命题的正确性。

由 $\boldsymbol{I}$ 的定义和约束可以得出，一个可行的 $\boldsymbol{I}$ 中共有 $J(J+1)/2$ 个 1 元素，其中包含主对角线上固定的 J 个。$\min_{\boldsymbol{I}} \ \boldsymbol{\mu}^{\mathrm{T}} \boldsymbol{I} \boldsymbol{w}$ 问题的本质是设定非对角线上元素 1 的位置以最小化目标函数，即

$$\boldsymbol{\mu}^{\mathrm{T}} \boldsymbol{I} \boldsymbol{w} = \sum_{i=1}^{J} \sum_{j=1}^{J} \mu_i I_{ij} w_j = \sum_{i=1}^{J} \sum_{j=1}^{J} \mu_i w_j \cdot I_{ij}$$

根据加工次序互斥约束，即 $I_{ij} + I_{ji} = 1, \forall i = 1, 2, \cdots, J;\ j = i+1, \cdots, J$，$\boldsymbol{I}$ 中关于主对角线对称的两个元素分别应为 1 与 0。为了获得最小的 $\boldsymbol{\mu}^{\mathrm{T}} \boldsymbol{I} \boldsymbol{w}$，每对对称元素应该将对应于更小 $\mu_i w_j$ 值的位置设为 1。也就是说，若对任意的 $i \neq j$ 有 $\mu_i w_j \leqslant \mu_j w_i$，则最优 $\boldsymbol{I}^*$ 中相应的元素应该为 $I_{ij}^* = 1$ 与 $I_{ji}^* = 0$。在这样的情况下，当 $w_i / \mu_i \geqslant w_j / \mu_j$ 时，工件 i 应该在工件 j 之前加工，这与 WSAPT 优先准则得到的 S_{w} 和 $\boldsymbol{I}_{\text{w}}$ 一致。因此，WSAPT 优先准则得到的调度方案为问题 (SM-R_1) 的最优解。证明结束。

子问题 (SM-R_1) 可以通过 WSAPT 优先准则很快得到最优解，而子问题 (SM-R_2) 是一个混合整数二阶锥规划，相对较难求解。由于加工次序传递性约束

$I_{ij} \geqslant I_{ik} + I_{kj} - 1, \forall i,j,k = 1,2,\cdots,J$ 且 $i \neq j \neq k$，可行域中的整数约束个数为 $O(J^3)$。当问题规模较大时，求解原来的问题(SM-R_2)会有大量的时间与空间消耗。为此，引入调度方案 S 的另一种表达方法，将整数约束的个数减少为 $O(J^2)$。

除了优先矩阵 $\boldsymbol{I}$，一个可行的调度方案 S 还可以用一个指派矩阵 $\boldsymbol{X}$ 表示，即

$$\boldsymbol{X} \in \{0,1\}^{J \times J} = \{x_{ij} \in \{0,1\}: \forall i,j = 1,2,\cdots,J\}$$

其中，$x_{ij} = 1$ 表示工件 j 在第 i 个位置上加工，否则 $x_{ij} = 0$。

举例来说，与例 2.1.1 中的调度方案 S_e 相对应的指派矩阵 $\boldsymbol{X}_e$ 应为

$$\boldsymbol{X}_e = \begin{bmatrix} 0 & 0 & 1 & 0 & 0 \\ 1 & 0 & 0 & 0 & 0 \\ 0 & 0 & 0 & 0 & 1 \\ 0 & 1 & 0 & 0 & 0 \\ 0 & 0 & 0 & 1 & 0 \end{bmatrix}$$

由于每个加工位置仅可被一个工件占用，每个工件也仅能占用一个位置，$\boldsymbol{X}$ 需要满足如下指派约束，即

$$\sum_{j=1}^{J} x_{ij} = 1, \quad i = 1,2,\cdots,J$$

$$\sum_{i=1}^{J} x_{ij} = 1, \quad j = 1,2,\cdots,J$$

这些约束是保证 $\boldsymbol{X}$ 可唯一表示某个 S 的充分必要条件。工件 j 的加工次序在 $\boldsymbol{X}$ 中反映为 $\sum_{i=1}^{J} x_{ij} \cdot i$，因此 $\boldsymbol{X}$ 与 $\boldsymbol{I}$ 可通过加工次序的不同表征联系起来，即

$$\sum_{i=1}^{J} x_{ij} i = \sum_{i=1}^{J} I_{ij}, \quad j = 1,2,\cdots,J$$

这些约束共同从 $\boldsymbol{I}$ 的角度保证每个工件所占加工次序的唯一性，而一个可行的工件加工序列自然会满足次序传递性约束。因此，约束 $I_{ij} \geqslant I_{ik} + I_{kj} - 1, \forall i,j,k = 1,2,\cdots,J$ 且 $i \neq j \neq k$，可以被上述这些约束替代，再引入决策变量 $\boldsymbol{q}$ 与 v，原来的问题(SM-R_2)可以重写为如下具有标准形式的混合整数二阶锥规划问题，即

$$\begin{aligned} (\text{SM-R}_2\text{-SD}) \quad & \min \ \boldsymbol{\mu}^{\mathrm{T}} \boldsymbol{q} + \beta v \\ & \text{s.t.} \ \boldsymbol{q} = \boldsymbol{I} \boldsymbol{w} \\ & \sqrt{\boldsymbol{q}^{\mathrm{T}} \boldsymbol{\Sigma} \boldsymbol{q}} \leqslant 1 \end{aligned}$$

$$
\begin{aligned}
& I_{ij} + I_{ji} = 1, \quad i = 1,2,\cdots,J; \quad j = i+1, i+2, \cdots, J \\
& I_{ii} = 1, \quad i = 1,2,\cdots,J \\
& \sum_{j=1}^{J} x_{ij} = 1, \quad i = 1,2,\cdots,J \\
& \sum_{i=1}^{J} x_{ij} = 1, \quad j = 1,2,\cdots,J \\
& \sum_{i=1}^{J} x_{ij} \cdot i = \sum_{i=1}^{J} I_{ij}, \quad j = 1,2,\cdots,J \\
& I_{ij}, x_{ij} \in \{0,1\}, \quad i,j = 1,2,\cdots,J \\
& \boldsymbol{q} \in \mathbf{R}_+^J, \quad v \in \mathbf{R}_+
\end{aligned}
$$

问题(SM-R$_2$-SD)有$(J^2+7J)/2$个整数约束和一个锥约束，可以利用商业求解器 IBM®ILOG®CPLEX 或者 MOSEK 进行最优求解。

综上所述，子问题(SM-R$_1$)可以通过 WSAPT 优先准则求解，子问题(SM-R$_2$)可以通过 CPLEX 等商业求解器求解。两个子问题中更小的最优值即(DRSM)的最优值，而相应的$\boldsymbol{I}^*$为(DRSM)的最优解。最优的优先矩阵$\boldsymbol{I}^*$对应于唯一的鲁棒调度方案S^*，其性能可通过下面的计算实验进行分析与讨论。

2.1.4　实验分析

在本节，(DRSM)分别与期望指标和 CVaR 指标下的随机模型进行比较，以说明其鲁棒性能。单机问题实例对应的期望指标下的随机模型可以直接写为

$$
\text{(SM-E)} \quad \min_{\boldsymbol{I}} \ E(u(\boldsymbol{I}, \tilde{\boldsymbol{p}})) = \min_{\boldsymbol{I}} \ \boldsymbol{\mu}^{\mathrm{T}} \boldsymbol{I} \boldsymbol{w}
$$

(SM-E)模型与 DRSM 中的(SM-R$_1$)子问题有相同的最优解，均可由 WSAPT 优先准则获得。在下面的实验分析中，记(SM-E)模型的最优解为S_{e}^*。

此外，CVaR 指标下的随机模型为$\min\limits_{\boldsymbol{I}} \mathrm{CVaR}_\alpha(u(\boldsymbol{I}, \tilde{\boldsymbol{p}}))$。基于 CVaR 的等价表达式为

$$
\mathrm{CVaR}_\alpha(u(\boldsymbol{I}, \tilde{\boldsymbol{p}})) = \inf_{k \in \mathbf{R}} \{k + (1-\alpha)^{-1} E[uE(\boldsymbol{I}, \tilde{\boldsymbol{p}}) - k]_+\}
$$

$\min\limits_{\boldsymbol{I}} \mathrm{CVaR}_\alpha(u(\boldsymbol{I}, \tilde{\boldsymbol{p}}))$的一个可解性估计模型可以通过采样均值近似(sample average approximation，SAA)[31]方法获得，即

$$
\text{(SM-SAA)} \quad \min \ k + (1-\alpha)^{-1} \times H^{-1} \sum_{h=1}^{H} v_h
$$

$$\text{s.t. } v_h \geqslant \tilde{\boldsymbol{p}}_h^{\mathrm{T}} \boldsymbol{I}\boldsymbol{w} - k, \quad h = 1,2,\cdots,H$$

$$v_h \geqslant 0, \quad h = 1,2,\cdots,H$$

其中，H 为 SAA 过程的采样数量；$\tilde{\boldsymbol{p}}_h$ 为场景 h 下的采样加工时间向量。

在下面的实验分析中，记(SM-SAA)模型的最优解为 S_{a}^*。随着采样数量 H 的增多，S_{a}^* 将以概率 1 收敛于 $\min\limits_{\boldsymbol{I}} \mathrm{CVaR}_\alpha(u(\boldsymbol{I},\tilde{\boldsymbol{p}}))$ 问题的最优解。

在实际中，仅有 $\boldsymbol{\mu}$ 与 $\boldsymbol{\Sigma}$ 的估计值(并不保证是真实值)可以从历史或预测数据中获得。为了模拟这个情况，模型使用的 $\boldsymbol{\mu}$ 与 $\boldsymbol{\Sigma}$ 均通过蒙特卡罗仿真(Monte Carlo simulation)得到。具体来说，在每次实验中首先生成一个有 20000 个加工时间实例的数据池 Ω，然后从 Ω 中采样 200 个实例估计 $\boldsymbol{\mu}$ 与 $\boldsymbol{\Sigma}$。获得的估计值可以看作一组 $\boldsymbol{\mu}$ 与 $\boldsymbol{\Sigma}$ 场景，实验基于此场景可以得到不同模型对应的调度方案，并通过从 Ω 中采样出的另外 5000 个加工时间实例评价不同调度方案的性能。Ω 中的实例通过以下方式产生，首先给定数据离散水平 $\rho \in [0,1]$ 控制 Ω 的整体离散程度，然后随机生成每个工件 j 的基本加工时间 $\bar{\mu}_j \in [20,100]$ 和偏移尺度 $\sigma_j \in [0,\rho]$，最后在 $\left[\bar{\mu}_j - \sigma_j\bar{\mu}_j, \bar{\mu}_j + \sigma_j\bar{\mu}_j\right]$ 随机产生每个工件的 20000 个加工时间实例。在这样的设定下，不同工件的加工时间一般有不同的变化区间，而且数据池 Ω 的整体离散程度可由 ρ 的取值来控制。

通常情况下，$\boldsymbol{\mu}$ 与 $\boldsymbol{\Sigma}$ 分别为采样数据的均值向量和协方差矩阵。为了进行更充分的实验分析，实验进一步考虑 $\boldsymbol{\Sigma}$ 为对角矩阵，即忽略工件之间相关性的特殊情况。这两种情况下得到的鲁棒调度方案在实验分析中分别记作 S_{r}^* 与 S_{i}^*。不同工件的权重分别从 1～5 的整数中随机选择。对于每组 $\boldsymbol{\mu}$ 与 $\boldsymbol{\Sigma}$ 场景，四个调度方案 S_{r}^*、S_{i}^*、S_{a}^*、S_{e}^* 分别在 5000 个测试实例 TWCT 的均值和标准差两方面进行比较。实验选择 S_{e}^* 作为比较的基准，S_{r}^* 与 S_{e}^* 在均值和标准差两方面的相对偏差分别定义为鲁棒代价(记为 RP)和鲁棒收益(记为 RB)，表达式为

$$\mathrm{RP} = [\mathrm{AVE}(S_{\mathrm{r}}^*) - \mathrm{AVE}(S_{\mathrm{e}}^*)] / \mathrm{AVE}(S_{\mathrm{e}}^*)$$

$$\mathrm{RB} = [\mathrm{STD}(S_{\mathrm{e}}^*) - \mathrm{STD}(S_{\mathrm{r}}^*)] / \mathrm{STD}(S_{\mathrm{e}}^*)$$

其中，$\mathrm{AVE}(\cdot)$ 与 $\mathrm{STD}(\cdot)$ 为测试加工实例得到的 TWCT 平均值与标准差；RP 表示采用鲁棒调度方案 S_{r}^* 带来的平均表现上的损失；RB 表示采用 S_{r}^* 带来的稳定性的提升。

另外，调度方案 S_{i}^* 与 S_{a}^* 对应的鲁棒代价与鲁棒收益记法分别在 RP 和 RB 的基础上添加后缀“-Ind”与后缀“-A”。

实验首先以 50 个工件为例，分析不同置信水平 α 对模型效果的影响。对于每

个α值，实验均在离散程度$\rho=1$的情况下独立产生100组$\boldsymbol{\mu}$与$\boldsymbol{\Sigma}$场景，从而获得不同场景的平均结果进行比较。如表2.1和表2.2所示，对于所有α非零的设定，$\mathrm{AVE}(S_{\mathrm{r}}^{*})$与$\mathrm{AVE}(S_{\mathrm{i}}^{*})$的值均比$\mathrm{AVE}(S_{\mathrm{e}}^{*})$更大，但是$\mathrm{STD}(S_{\mathrm{r}}^{*})$与$\mathrm{STD}(S_{\mathrm{i}}^{*})$的值相较$\mathrm{STD}(S_{\mathrm{e}}^{*})$更小。另外，RB比RP要高出很多，而且它们之间的差距在RB-Ind与RP-Ind的对比中更为明显。例如，$\alpha=0.98$时，RB-Ind的值为17.79%，但相应的RP-Ind仅有2.55%。这些结果说明(DRSM)的鲁棒性，不论$\boldsymbol{\Sigma}$中是否包含不同工件的相关性信息，(DRSM)均可以在保证均值损失较少的情况下显著地减小TWCT的标准差。事实上，对角形式的$\boldsymbol{\Sigma}$在$\alpha\geqslant0.4$的情况下可以以更小的均值代价收获更大的稳定性收益，有相对更好的表现。这是由于Ω中所有的加工时间是独立产生的，在估计相关性过程中产生的偏差可能影响(DRSM)的性能。因此，当实际生产中的加工时间相互独立时，决策者可以在模型中选用估计的方差向量，即对角化的$\boldsymbol{\Sigma}$，而不是整体的协方差矩阵。

表2.1 不同α设定下S_{r}^{*}、S_{i}^{*}与S_{e}^{*}在实例TWCT均值方面的对比($J=50,\rho=1$)

α	$\mathrm{AVE}(S_{\mathrm{e}}^{*})$	$\mathrm{AVE}(S_{\mathrm{r}}^{*})$	$\mathrm{AVE}(S_{\mathrm{i}}^{*})$	RP / %	RP-Ind / %
0.99	161542.65	169122.69	168247.43	4.68	4.14
0.98	157553.24	162310.35	161592.42	3.02	2.55
0.97	158413.65	162023.90	161521.82	2.27	1.96
0.96	159277.67	162322.29	161956.14	1.91	1.68
0.95	156993.40	159562.95	159168.12	1.63	1.38
0.94	155026.29	157206.53	156856.31	1.40	1.18
0.93	159174.65	161266.54	160938.50	1.31	1.10
0.92	156683.35	158393.17	158186.74	1.09	0.95
0.91	155160.34	156740.00	156569.36	1.01	0.90
0.90	157517.72	158951.70	158754.78	0.90	0.78
0.80	156801.88	157544.43	157428.12	0.47	0.40
0.70	161849.80	162333.52	162274.41	0.30	0.26
0.60	159317.27	159645.49	159595.81	0.21	0.17
0.50	157268.32	157492.18	157450.97	0.14	0.12
0.40	158941.34	159102.63	159068.32	0.10	0.08
0.30	156777.05	156863.28	156844.94	0.05	0.04
0.20	160888.58	160945.85	160934.06	0.04	0.03
0.10	156853.95	156878.35	156872.28	0.02	0.01
0.00	157909.84	157909.85	157909.84	0.00	0.00

表 2.2 不同 α 设定下 S_r^* 、S_i^* 与 S_e^* 在实例 TWCT 标准差方面的对比 ($J=50, \rho=1$)

α	STD(S_e^*)	STD(S_r^*)	STD(S_i^*)	RB / %	RB-Ind/%
0.99	8809.92	6974.88	6851.22	20.81	22.21
0.98	8736.15	7258.24	7174.91	16.87	17.79
0.97	8589.35	7224.23	7148.64	15.83	16.71
0.96	8802.56	7495.90	7423.32	14.79	15.62
0.95	8604.88	7413.58	7369.05	13.78	14.30
0.94	8533.87	7436.18	7402.32	12.90	13.28
0.93	8764.21	7627.16	7601.02	12.92	13.21
0.92	8802.98	7786.70	7737.71	11.51	12.07
0.91	8565.55	7585.96	7536.91	11.38	11.94
0.90	8716.43	7786.28	7754.91	10.54	10.90
0.80	8573.68	7904.33	7884.01	7.84	8.07
0.70	8904.32	8299.93	8281.65	6.74	6.94
0.60	8828.03	8352.95	8347.07	5.33	5.40
0.50	8609.76	8197.07	8193.36	4.80	4.84
0.40	8898.07	8536.60	8534.79	4.08	4.10
0.30	8759.91	8485.75	8484.84	3.12	3.11
0.20	8854.40	8617.48	8617.52	2.65	2.65
0.10	8726.46	8559.11	8562.69	1.93	1.89
0.00	8756.84	8756.73	8756.84	0.00	0.00

另外，(DRSM)的鲁棒效力随着 α 值的减小而减弱，并且在 $\alpha=0$ 的特殊情况下，三个调度方案 S_r^* 、S_i^* 与 S_e^* 的表现基本相同。这种现象说明，(DRSM)的鲁棒程度可以通过置信水平 α 来控制，而且确定性模型或者期望指标下的随机模型包含于 DRSM 中。为了进行更直观的对比，不同 α 设定下采用调度方案 S_r^* 与 S_i^* 带来的收益与代价展示于图 2.1(a)。很明显，图中的四条曲线均随 α 的增加而升高，而 RB 相关的曲线比 RP 相关的曲线要高出很多。

在置信水平 α 之外，实验进一步探究离散水平 ρ 对(DRSM)效果的影响。基于前面所述的实验设计方法，ρ 的取值控制着 Ω 的整体数据离散程度。例如，当 $\rho=1$ 时，工件 j 的加工时间变化范围有机会达到 $[0,2\bar{\mu}_j]$；当 $\rho=0$ 时，Ω 中的加工时间数据没有不确定性。ρ 从 0 到 1 变化的过程中，S_r^* 、S_i^* 与 S_e^* 在实例 TWCT 均值与标准差方面的对比如表 2.3 所示。对于每个 ρ 值，均在 $\alpha=0.97$ 的情况下进行了 100 次实验以获得平均结果。可以看出，在所有 ρ 的非零设置下，(DRSM)

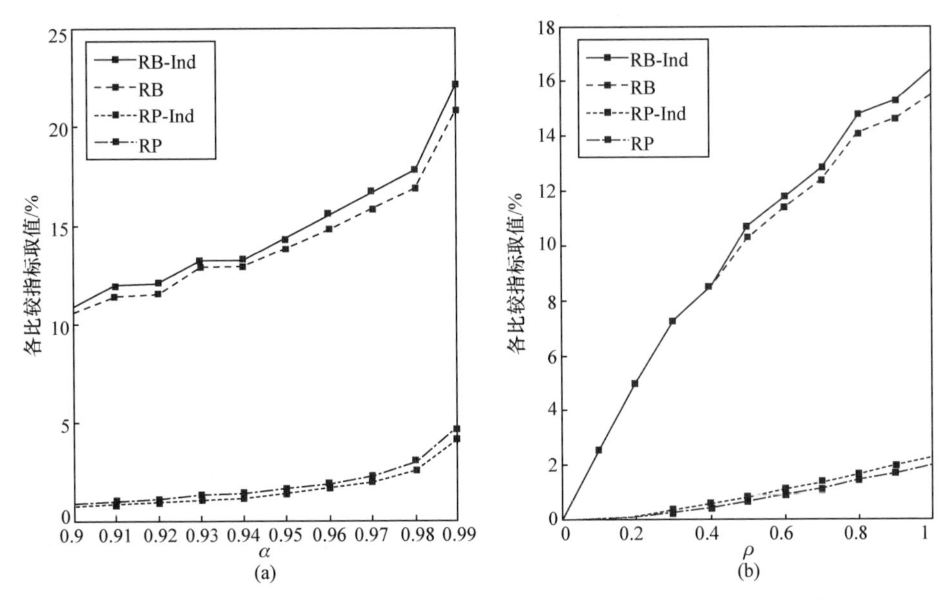

图 2.1　比较指标 RB、RP、RB-Ind 与 RP-Ind 分别随着 α 与 ρ 的变化曲线

均可以通过减小 TWCT 的波动来降低风险,并且控制平均性能方面的损失在 2.5%以下。四个比较指标 RB、RP、RB-Ind 与 RP-Ind 的变化趋势如图 2.1(b)所示。显然，这四条曲线均随着 ρ 值的增大而升高，特别当 $\rho=0$ 时，三种调度方案的表现相同。这些结果充分说明 DRSM 的鲁棒性能，尤其在数据具有较高不确定性的情况下，DRSM 的抗风险效果愈加显著。值得一提的是，决策者可以根据实际的需求控制 DRSM 的鲁棒程度，进而平衡系统的稳定性与平均性能。这使 DRSM 在实际应用中具有灵活的性能表现。

表 2.3　不同 ρ 设定下 S_r^* 、 S_i^* 与 S_e^* 在实例 TWCT 均值与标准差方面的对比 ($J=50,\alpha=0.97$)

ρ	AVE(S_e^*)	AVE(S_r^*)	AVE(S_i^*)	RP / %	RP-Ind / %
1.0	156991.11	160620.69	160168.58	2.30	2.01
0.9	156502.19	159679.77	159228.38	2.02	1.74
0.8	155317.15	158006.78	157648.63	1.71	1.49
0.7	157322.24	159533.59	159190.73	1.40	1.18
0.6	157472.95	159278.11	158989.38	1.14	0.96
0.5	156769.96	158116.14	157934.65	0.86	0.74
0.4	157660.09	158607.09	158429.04	0.60	0.48
0.3	159042.19	159672.93	159536.70	0.39	0.31
0.2	156423.34	156710.17	156670.18	0.18	0.16
0.1	159251.65	159329.25	159310.88	0.05	0.04
0.0	158551.58	158551.58	158551.58	0.00	0.00

续表

ρ	STD(S_e^*)	STD(S_r^*)	STD(S_i^*)	RB / %	RB-Ind / %
1.0	8715.13	7359.05	7275.53	15.48	16.41
0.9	7846.37	6693.64	6641.41	14.61	15.26
0.8	6860.80	5887.38	5841.00	14.08	14.77
0.7	6153.82	5388.39	5359.44	12.38	12.83
0.6	5304.66	4696.68	4679.34	11.43	11.75
0.5	4357.89	3907.60	3890.16	10.30	10.68
0.4	3497.35	3199.96	3197.75	8.47	8.54
0.3	2661.71	2464.69	2467.31	7.31	7.22
0.2	1732.11	1646.40	1643.85	4.93	5.07
0.1	905.80	882.22	882.67	2.59	2.54
0.0	0.00	0.00	0.00	—	—

不同H设定下S_r^*、S_i^*与S_e^*在实例 TWCT 均值与标准差方面的对比如表 2.4 所示。由于 SAA 方法的效果与其采样数量H息息相关，因此考虑将不同H值下的(SM-SAA)模型与$\alpha = 0.97$的(DRSM)进行对比。对于每个H值，均在参数$J = 50$和$\rho = 1$的情况下产生 100 组$\boldsymbol{\mu}$与$\boldsymbol{\Sigma}$场景以获得平均结果，而且(SM-SAA)模型的采样过程在估计$\boldsymbol{\mu}$与$\boldsymbol{\Sigma}$所用的加工时间实例中进行。可以看出，(SM-SAA)模型在$H \geqslant 10$的情况下可以通过轻微的均值提升来减小 TWCT 的标准差。随着H值的增大，RP-A 值减小但 RB-A 值增大，这说明(SM-SAA)模型在采样数量更多时具有更好的表现。但是，更大的H值会增加模型的复杂程度，并且由H值增大带来的性能提升效果在逐渐减弱。因此，在使用(SM-SAA)模型时需要权衡解的质量与计算的开销。在与(DRSM)的对比中，合适采样数量下的(SM-SAA)模型有稍好的平均性能，但是它在稳定性方面的表现远不如(DRSM)，即使在最好的$H = 200$情况下与(DRSM)模型的差距也有 8.5%。这些实验结果进一步说明(DRSM)具有出色的鲁棒性能。

表 2.4 不同 H 设定下 S_r^*、S_i^* 与 S_e^* 在实例 TWCT 均值与标准差方面的对比 ($J = 50, \alpha = 0.97, \rho = 1$)

H	AVE(S_e^*)	AVE(S_r^*)	AVE(S_i^*)	RP / %	RP-Ind / %
5	160067.16	163392.45	164763.86	2.07	2.94
10	156233.67	159476.91	159485.09	2.07	2.08
25	157974.52	161188.13	160736.78	2.03	1.76
50	161644.66	165019.72	164294.87	2.08	1.64
75	159684.55	162967.44	161988.40	2.05	1.44

续表

H	AVE(S_e^*)	AVE(S_r^*)	AVE(S_i^*)	RP / %	RP-Ind / %
100	158192.97	161532.67	160204.36	2.10	1.26
150	160790.86	164224.87	162598.15	2.12	1.11
200	159482.44	162580.50	160913.47	1.94	0.89
H	STD(S_e^*)	STD(S_r^*)	STD(S_i^*)	RB / %	RB-Ind / %
5	8913.57	7448.74	9336.88	16.41	–4.65
10	8776.34	7289.16	8724.72	16.91	0.62
25	8648.58	7207.69	8407.89	16.58	2.74
50	9105.85	7571.18	8669.89	16.81	4.83
75	8786.79	7324.56	8256.00	16.56	5.99
100	8761.03	7286.76	8189.55	16.79	6.48
150	9028.19	7481.24	8342.19	17.04	7.57
200	8656.59	7255.50	7992.32	16.12	7.62

2.2　以总拖期时间为目标的鲁棒单机调度问题建模与求解方法

本节以总拖期[32]为性能指标，针对加工时间随机不确定的单机调度问题，提出一种分布式鲁棒优化(distributionally robust optimization，DRO)模型。假设每个工件的加工时间为随机变量，属于一个均值和方差已知的分布函数集，并推导出显式表达式作为鲁棒目标的上界逼近，将 DRO 问题转化为一个混合整数二阶锥规划问题。为了解决这一问题，本节设计了一种分支定界算法。该算法包含几个新的定界过程和优势规则。同时，针对大规模的问题实例，进一步设计了具有滤波和恢复阶段的集束搜索算法[33]，通过实验证明设计算法的有效性。本节内容取材于作者发表的学术论文[34]。

2.2.1　问题描述与建模

单机制造系统可以描述如下：考虑 n 个独立工件 $\mathcal{N}=\{1,2,\cdots,n\}$ 在一台机器上进行加工，每个工件 $i\in\mathcal{N}$ 仅需要加工一次。所有工件在任意机器上的加工过程都不能中断，任意一台机器最多只能同时加工一个工件。所有工件均在加工开始的时刻释放。每个工件 i 具有加工时间 p_i 和交货期 d_i。对于工件 i，拖期的定义为 $T_i=\max\{C_i-d_i,0\}$，其中 C_i 为工件 i 的完工时间。模型目标是寻找最优的加工序列，使得总拖期最小。确定性单机调度问题为

$$\min \sum_{i=1}^{n} T_i$$
$$\text{s.t.} \sum_{i=1}^{n} x_{ij} = 1, \quad j = 1,2,\cdots,n$$
$$\sum_{j=1}^{n} x_{ij} = 1, \quad i = 1,2,\cdots,n$$
$$x_{ij} \in \{0,1\}, \quad i,j = 1,2,\cdots,n$$

其中，$x_{ij}=1$表示工件i被安排在序列的第j个位置进行加工。

考虑加工时间的不确定性，工件的加工时间被视为随机变量，记为$\tilde{\boldsymbol{p}}=(\tilde{p}_1,\cdots,\tilde{p}_n)^{\mathrm{T}}$，其分布未知，但是属于一个一阶矩和二阶矩信息已知的分布函数集。该分布函数集的定义为

$$\mathcal{F}^{\tilde{p}} = \{F^{\tilde{p}} : E(\tilde{\boldsymbol{p}}) = \boldsymbol{\mu}; \mathrm{Cov}(\tilde{\boldsymbol{p}}) = \boldsymbol{\Sigma}\}$$

其中，$E(\tilde{\boldsymbol{p}})$和$\mathrm{Cov}(\tilde{\boldsymbol{p}})$为加工时间$\tilde{\boldsymbol{p}}$的期望和协方差。

对于某一个决策$\boldsymbol{x}$，最差的分布定义为在所有可能的分布中，使得目标函数期望达到最大的分布，即

$$\sup_{\tilde{\boldsymbol{p}} \sim (\boldsymbol{\mu},\boldsymbol{\Sigma})} E[f(\boldsymbol{x},\tilde{\boldsymbol{p}})]$$

模型的目标是在可行域$\mathcal{X}$中，找到某一个最优解$\boldsymbol{x}^*$，使得其在最坏的分布下取得最小的目标函数值。因此，基于分布函数集的一般鲁棒优化模型可以写为

$$\min_{\boldsymbol{x}\in\mathcal{X}} \sup_{\tilde{\boldsymbol{p}} \sim (\boldsymbol{\mu},\boldsymbol{\Sigma})} E\left(\sum_{i=1}^{n} \max\left\{f_i\left(\boldsymbol{x},\tilde{\boldsymbol{p}}\right),0\right\}\right)$$

基于分布函数集的一般鲁棒优化单机调度(distributionally robust single machine scheduling，DRSMS)问题[35]可以写为

$$\min \sup_{\substack{\tilde{p}_i \sim (\mu_i,\sigma_i^2),\\ i=1,\cdots,n}} E\left(\sum_{j=1}^{n} \max\left\{\sum_{l=1}^{j}\sum_{i=1}^{n} x_{il}\tilde{p}_i - \sum_{i=1}^{n} x_{ij} d_i, 0\right\}\right)$$
$$\text{s.t.} \sum_{i=1}^{n} x_{ij} = 1, \quad j = 1,2,\cdots,n$$
$$\sum_{j=1}^{n} x_{ij} = 1, \quad i = 1,2,\cdots,n$$
$$x_{ij} \in \{0,1\}, \quad i,j = 1,2,\cdots,n$$

其中，μ_i与σ_i为每个工件i加工时间的期望和方差。

基于对偶原理给出上述调度问题内层子问题的一般等价模型。在此之前，引入以$\mathbf{R}^L$为支撑集的随机变量的矩生成的锥，即

$$\mathcal{M}(\mathbf{R}^L)=\{\lambda(1,\boldsymbol{\mu},\boldsymbol{\Sigma}):\lambda\geqslant 0,\exists\tilde{\boldsymbol{p}},\text{满足}P(\tilde{\boldsymbol{p}}\in\mathbf{R}^L)=1,E(\tilde{\boldsymbol{p}})=\boldsymbol{\mu},\mathrm{Cov}(\tilde{\boldsymbol{p}})=\boldsymbol{\Sigma}\}$$

假设模型中的矩参数$(\boldsymbol{\mu},\boldsymbol{\Sigma})$属于该锥的内点，即满足 Slater 条件(Slater interior point condition，SIPC)[36]，可以得到如下定理。

定理 2.2.1　如果 Slater 条件成立，则对于任意给定的$\boldsymbol{x}\in\mathcal{X}$，DRSMS 问题内层子问题可以等价转化为如下带有2^n个约束的混合整数半正定规划(MI-SDP)问题。

证明：对于任意给定的$\boldsymbol{x}\in\mathcal{X}$，DRSMS 中的内层子问题等价于如下优化问题，即

$$\begin{aligned}
\sup\ &\int\sum_{j=1}^{n}\left[\sum_{l=1}^{j}\boldsymbol{x}_l^{\mathrm{T}}\xi-\boldsymbol{x}_j^{\mathrm{T}}\boldsymbol{d}\right]^{+}f(\xi)\mathrm{d}\xi\\
\text{s.t.}\ &\int f(\xi)\mathrm{d}\xi=1\\
&\int\xi f(\xi)\mathrm{d}\xi=\boldsymbol{\mu}\\
&\int\xi\xi^{\mathrm{T}}f(\xi)\mathrm{d}\xi=\boldsymbol{\Sigma}+\boldsymbol{\mu}\boldsymbol{\mu}^{\mathrm{T}}
\end{aligned}$$

由于 DRSMS 问题模型的矩参数满足 Slater 条件，因此引入对偶变量$\alpha\in\mathbf{R}$，$\boldsymbol{\beta}\in\mathbf{R}^L$，$\boldsymbol{\varLambda}\in\mathbf{R}^{L\times L}$，根据强对偶定理[37]我们可以得到 DRSMS 问题的内层子问题等价于如下对偶问题，即

$$\begin{aligned}
\inf\ &\alpha+\boldsymbol{\mu}^{\mathrm{T}}\boldsymbol{\beta}+\left\langle\boldsymbol{\varLambda},\boldsymbol{\Sigma}+\boldsymbol{\mu}\boldsymbol{\mu}^{\mathrm{T}}\right\rangle\\
\text{s.t.}\ &\sum_{j=1}^{n}\left[\sum_{l=1}^{j}\boldsymbol{x}_l^{\mathrm{T}}\xi-\boldsymbol{x}_j^{\mathrm{T}}\boldsymbol{d}\right]^{+}\leqslant\alpha+\boldsymbol{\beta}^{\mathrm{T}}\xi+\left\langle\boldsymbol{\varLambda},\xi^{\mathrm{T}}\xi\right\rangle\\
&\alpha\in\mathbf{R},\boldsymbol{\beta}\in\mathbf{R}^n,\boldsymbol{\varLambda}\in\mathbf{R}^{n\times n}
\end{aligned}$$

其中，$\boldsymbol{x}_l^{\mathrm{T}}=(x_{1l},x_{2l},\cdots,x_{nl})$；$\boldsymbol{d}=(d_1,d_2,\cdots,d_n)$；$\xi^{\mathrm{T}}=(\xi_1,\xi_2,\cdots,\xi_n)$。

上述优化问题约束可以等价转化为如下2^n个半正定约束，即

$$\begin{bmatrix}
\boldsymbol{\varLambda} & \dfrac{1}{2}\left(\boldsymbol{\beta}-\displaystyle\sum_{j=1}^{n}\delta_j\sum_{l=1}^{j}\boldsymbol{x}_l\right)\\
\dfrac{1}{2}\left(\boldsymbol{\beta}-\displaystyle\sum_{j=1}^{n}\delta_j\sum_{l=1}^{j}\boldsymbol{x}_l\right)^{\mathrm{T}} & \alpha+\displaystyle\sum_{j=1}^{n}\delta_j\boldsymbol{x}_j^{\mathrm{T}}\boldsymbol{d}
\end{bmatrix}\geqslant 0$$

可以看出，DRSMS 问题是一个包含2^n个约束的 MI-SDP 问题。因此，我们利用上界近似方法，对 DRSMS 问题进行近似，进而得到如下优化问题。

上界优化问题 DRSMS-II，即

$$\min_{\boldsymbol{x}\in\mathcal{X}}\ \sum_{j=1}^{n}\frac{1}{2}\left[\mu(L_j)+\sqrt{\sigma^2(L_j)+(\mu(L_j))^2}\right]$$

其中

$$\mu(L_j)=\sum_{l=1}^{j}\sum_{i=1}^{n}x_{il}\mu_i-\sum_{i=1}^{n}x_{ij}d_i,\sigma^2(L_j)=\sum_{l=1}^{j}\sum_{i=1}^{n}x_{il}\sigma_i^2$$

DRSMS-II 问题是一个混合整数二阶锥规划问题，相比原问题该问题从约束和目标函数上都要简单得多。

2.2.2　鲁棒单机调度模型性质分析

本节分析 DRSMS-II 问题的性质。首先证明该问题是 NP 难的，并基于工件的加工时间期望和交货期，给出模型最优解的三条性质。这些性质说明在最优解当中不同工件之间应满足的先后顺序，可以用于 DRSMS-II 问题的求解过程，从而排除非最优解，减小搜索空间。

命题 2.2.1　DRSMS-II 是 NP 难的。

证明：令 $\sigma_j^2=0,\forall j\in\mathcal{N}$，则 DRSMS-II 问题的目标函数可以写为

$$\min\sum_{j=1}^{n}\frac{1}{2}\left[\left(\sum_{l=1}^{j}\sum_{i=1}^{n}x_{il}\mu_i-\sum_{i=1}^{n}x_{ij}d_i\right)+\sqrt{\left(\sum_{l=1}^{j}\sum_{i=1}^{n}x_{il}\mu_i-\sum_{i=1}^{n}x_{ij}d_i\right)^2}\right]$$

该目标函数等价于

$$\min\sum_{j=1}^{n}\max\left\{0,\sum_{l=1}^{j}\sum_{i=1}^{n}x_{ij}\mu_i-\sum_{i=1}^{n}x_{ij}d_i\right\}$$

该问题即单机调度中最小化总拖期 $1||\sum T_j$ 问题，由于以总拖期为目标的单机调度问题是 NP 难的[38]，因此 DRSMS-II 问题也是 NP 难的。

定义 2.2.1　记 S 为鲁棒单机调度问题的一个调度方案，其对应一个工件排序，记 $\varPhi$ 为所有可能工件排序的集合。$C_j(S)$ 为工件 j 在调度方案 S 下的完工时间。令 $\varOmega_{jk}(S)$ 表示该序列中在工件 j 和工件 k 之间进行加工的工件集合，$B_j(S)$ 表示该序列中在工件 j 之前加工的工件集合，令

$$P_{\varOmega_{jk}(S)}=\sum_{i\in\varOmega_{jk}(S)}\mu_i,\quad \varSigma_{\varOmega_{jk}(S)}^2=\sum_{i\in\varOmega_{jk}(S)}\sigma_i^2$$

$$P_{B_j(S)}=\sum_{i\in B_j(S)}\mu_i,\quad \varSigma_{B_j(S)}^2=\sum_{i\in B_j(S)}\sigma_i^2$$

$$\mathrm{RT}_j(S)=C_j(S)-d_j+\sqrt{(C_j(S)-d_j)^2+\varSigma_{B_j(S)}^2+\sigma_j^2}$$

根据上述定义，存在以下性质。

命题 2.2.2　如果对于工件 j 和工件 k，有 $\mu_j \leqslant \mu_k, \sigma_j \leqslant \sigma_k, d_j \leqslant d_k$，以及 $\mu_j - d_j \leqslant \mu_k - d_k$，则在一个最优序列中，工件 j 必然于工件 k 之前加工。

证明：根据定义，DRSMS-II 的目标函数可以写为

$$\min_{S\in\Phi} \frac{1}{2}\sum_{j=1}^{n}\mathrm{RT}_j(S)$$

假设在所有最优解中，工件 j 都在工件 k 之后加工，因此对于某一个最优解 S' 也一定如此。对于最优解 S'，交换工件 k 和工件 j 的位置，可以得到另一个序列 S，要证明上述命题，只要证明 S 的目标函数值小于(等于) S' 的目标函数值。值得注意的是，序列 S' 在交换工件 j 和 k 的位置之后，对于所有原来在工件 k 之前和在工件 j 之后加工的工件，其完成时间的期望和方差都是不变的。由于 $\mu_j \leqslant \mu_k$、$\sigma_j \leqslant \sigma_k$，因此在序列 S 中所有属于 $\Omega_{kj}(S')$ 的工件完成时间的期望和方差都比在 S' 中的小。又因为 RT_j 是关于工件 j 的完工时间和方差的非递减函数，因此对任意 $i \in \Omega_{kj}(S')$，有 $\mathrm{RT}_i(S) \leqslant \mathrm{RT}_i(S')$。因此只需要证明 $\mathrm{RT}_j(S) + \mathrm{RT}_k(S) \leqslant \mathrm{RT}_j(S') + \mathrm{RT}_k(S')$。因为

$$\mathrm{RT}_j(S) = P_{B_j(S)} + C_j(S) - d_j + \sqrt{\left(C_j(S) - d_j\right)^2 + \Sigma^2_{B_j(S)} + \sigma_j^2}$$

$$\mathrm{RT}_k(S) = C_k(S) - d_k + \sqrt{\left(C_k(S) - d_k\right)^2 + \Sigma^2_{B_j(S)} + \sigma_j^2 + \Sigma^2_{\Omega_{jk}(S)} + \sigma_k^2}$$

$$\mathrm{RT}_j(S') = C_j(S') - d_j + \sqrt{\left(C_j(S') - d_j\right)^2 + \Sigma^2_{B_k(S')} + \sigma_k^2 + \Sigma^2_{\Omega_{kj}(S')} + \sigma_j^2}$$

$$\mathrm{RT}_k(S') = C_k(S') - d_k + \sqrt{\left(C_k(S') - d_k\right)^2 + \Sigma^2_{B_k(S')} + \sigma_k^2}$$

同时，$C_k(S) = C_j(S'), B_j(S) = B_k(S'), \Omega_{jk}(S) = \Omega_{kj}(S'), d_j \leqslant d_k$，因此

$$\mathrm{RT}_k(S) \leqslant \mathrm{RT}_j(S')$$

因为 $C_j(S) = P_{B_j(S)} + \mu_j, C_k(S') = P_{B_k(S')} + \mu_k$，当 $p_j - d_j \leqslant p_k - d_k$，则有

$$\mathrm{RT}_j(S) \leqslant \mathrm{RT}_k(S')$$

上述结果说明，序列 S 的目标函数值不大于最优序列 S' 的目标函数值，这与假设矛盾，上述命题得证。

命题 2.2.3　在某一个序列 S 中，如果 $\mu_j \leqslant \mu_k, \sigma_j \leqslant \sigma_k, d_j \leqslant d_k$，令 $C_{\max} = \max\{C_j(S), C_k(S)\}$，如果 $\left|C_{\max} - d_j\right| \leqslant \left|C_{\max} - d_k\right|$，则对于某一个最优序列，工件 j 一定在工件 k 之前加工。

证明：令

$$f(x)=\left(x+a+\sqrt{(x+a)^2+b}\right)-\left(x+\sqrt{x^2+b}\right),\quad a\in\mathbf{R},b\geqslant 0$$

$$g(x)=\left(c+\sqrt{c^2+x}\right)-\left(d+\sqrt{d^2+x}\right),\quad c,d\in\mathbf{R}$$

显然，当$a\geqslant 0$时，$f(x)$是非递减函数；当$|c|\leqslant|d|$时，$g(x)$是非递减函数。

假设对于所有最优序列，工件k都在工件j之前加工，因此对于某一个最优解S'，工件k一定是在工件j之前加工。交换序列S'中工件j和工件k的位置，则可以得到另一个序列S。为得到矛盾，只需要证明序列S的目标函数值不大于序列S'的目标函数值。与命题 2.2.2 的证明相同，因为$\mu_j\leqslant\mu_k,\sigma_j\leqslant\sigma_k$，只需要证明$\mathrm{RT}_j(S)+\mathrm{RT}_k(S)\leqslant\mathrm{RT}_j(S')+\mathrm{RT}_k(S')$。因为

$$\begin{aligned}
&\mathrm{RT}_j(S')-\mathrm{RT}_k(S)\\
&=C_{\max}-d_j+\sqrt{(C_{\max}-d_j)^2+\varSigma_B^2+\sigma_k^2+\varSigma_\varOmega^2+\sigma_j^2}\\
&\quad-\left(C_{\max}-d_k+\sqrt{(C_{\max}-d_k)^2+\varSigma_B^2+\sigma_j^2+\varSigma_\varOmega^2+\sigma_k^2}\right)\\
&\geqslant C_{\max}-d_j+\sqrt{(C_{\max}-d_j)^2+\varSigma_B^2+\sigma_k^2}-\left(C_{\max}-d_k+\sqrt{(C_{\max}-d_k)^2+\varSigma_B^2+\sigma_k^2}\right)\\
&\geqslant C_k(S)-d_j+\sqrt{(C_k(S)-d_j)^2+\varSigma_B^2+\sigma_k^2}-\left(C_k(S)-d_k+\sqrt{(C_k(S)-d_k)^2+\varSigma_B^2+\sigma_k^2}\right)\\
&\geqslant\mathrm{RT}_j(S)-\mathrm{RT}_k(S')
\end{aligned}$$

又因为当$|c|\leqslant|d|$，即$|C_{\max}-d_j|\leqslant|C_{\max}-d_k|$时，$g(x)$是非递减函数，所以第一个不等式成立；当$a\geqslant 0$，即$C_{\max}-C_k(S)\geqslant 0$时，$f(x)$是非递减函数，所以第二个不等式成立。上述结果与假设矛盾，命题得证。

定义 2.2.2 考虑从后向前构建一个可行序列，如图 2.2 所示，令U表示还未确定位置的工件集合，这些工件会依次排列在现有序列的前面。令$P_U=\sum_{i\in U}\mu_i$，$\varSigma_U^2=\sum_{i\in U}\sigma^2$。记

$$\mathrm{RT}_j(t,\varSigma^2)=t-d_j+\sqrt{(t-d_j)^2+\varSigma^2}$$

$$\Delta\mathrm{RT}_{jk}=\mathrm{RT}_j\left(P_U,\varSigma_U^2\right)-\mathrm{RT}_j\left(P_U-\mu_k,\varSigma_U^2-\sigma_k^2\right),\quad j,k\in U$$

命题 2.2.4 如果工件j和$k\in U$，同时工件j是所有未加工工件中位置最后的，即工件j将被放置在当前序列的最前面，则在一个最优序列S中，对于任意的工件$k\in U$，一定满足

$$\mathrm{RT}_k(S)\leqslant\mathrm{RT}_k(P_U,\varSigma_U^2)-\Delta\mathrm{RT}_j$$

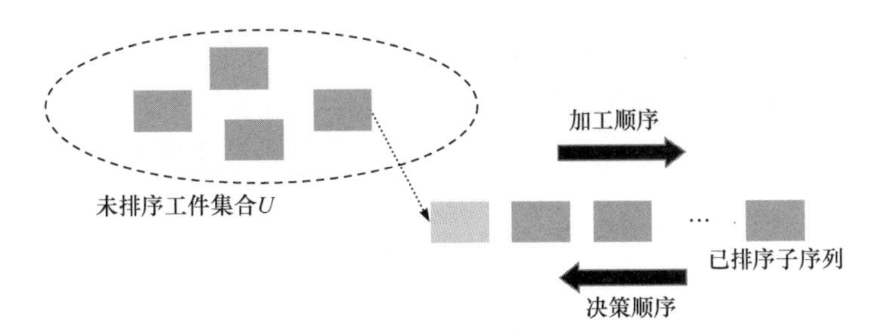

图 2.2　问题说明

证明：记序列 S 是符合如上条件构造的序列。将工件 k 从其原位置上移动到工件 j 之后，记得到的序列为 S'。因为在工件 k 之前加工的工件和在工件 j 之后加工的工件没有任何改变，而序列 S 中，$\Omega_{kj}(S)$ 中工件的完成时间和方差都要大于 S'，所以只需要证明当 $\mathrm{RT}_k(S)>\mathrm{RT}_k(P_U,\Sigma_U^2)-\Delta\mathrm{RT}_j$ 时，序列 S 的目标函数值大于序列 S' 的目标函数值，也就是说对于任一最优序列，在工件集合 U 中，工件 j 不能被放置在未加工工件的最后的位置上。

假设

$$\mathrm{RT}_k(S)+\mathrm{RT}_j(S)>\mathrm{RT}_k(S')+\mathrm{RT}_j(S')$$

同时

$$\mathrm{RT}_k(S')=\mathrm{RT}_k(P_U,\Sigma_U)$$
$$\Delta\mathrm{RT}_j=\mathrm{RT}_j(P_U,\Sigma_U^2)-\mathrm{RT}_j(P_U-\mu_k,\Sigma_U^2-\sigma_k^2)=\mathrm{RT}_j(S)-\mathrm{RT}_j(S')$$

可以得到

$$\mathrm{RT}_k(S)>\mathrm{RT}_k(P_U,\Sigma_U^2)-\Delta\mathrm{RT}_j$$

也就是说，序列 S' 的目标函数值比 S 的小，命题得证。

上述三条性质给出了在最优序列中，不同工件之间应满足的相对位置关系。在下一节，我们将针对小规模鲁棒单机调度问题设计精确求解算法，针对大规模问题设计快速近似求解算法。命题 2.2.2～命题 2.2.4 能够作为支配准则，有效减小搜索空间，从而提升求解效率。

2.2.3　鲁棒单机调度问题精确求解算法——分支定界算法

本节针对小规模问题，设计分支定界算法对 DRSMS-II 问题进行精确求解。

分支定界算法[39]是一种求解混合整数规划的常用方法，该算法首先对可行解集合进行分割(该步骤称为分支)，从而将可行解空间分割成多个子集。对于每个子集，以最小化问题为例，设计方法从而估计每个子集的下界(该步骤称为定界)。如果对于某一个子集，其估计的下界已经超过了当前找到的最优解，则该子集内的所有解都不可能是最优解，从而该部分集合在之后的搜索中将不再考虑(该步骤称为剪枝)。分支定界算法就是通过不断分割解空间，对不包含最优解的子集进行剪枝，从而尽快缩小最优解所在的范围。分支定界算法的性能主要取决于以下因素。

(1) 上界(可行解)获取。一个好的可行解可以作为紧致的上界，从而尽可能多地排除非最优解子集。

(2) 下界估计。只有下界估计的值与实际值较为接近时，定界的步骤才有意义。如果下界的估计较差，则每一个子集的下界都会小于当前最优解，剪枝数量减少，从而导致算法性能变差。

(3) 支配准则[40]。与下界估计相同，支配准则也用于剪枝，通过判断当前节点是否对应于被支配解，从而进行快速剪枝。相比于下界估计，支配准则通过简单的规则进行描述，判断时间更短，但是需要对问题性质进行分析。

1. 基于序列的上下界估计

根据定义 2.2.1 和定义 2.2.2，问题的目标函数可以定义为

$$\min_{S\in\Phi} \frac{1}{2}\sum_{j=1}^{n}\mathrm{RT}_j(C_j(S),\Sigma_j^2(S))$$

其中，$\Sigma_j^2(S)=\sum_{i\in B_j(S)}\sigma_i^2+\sigma_j^2$ 。

现在考虑另一个问题，即

$$\min_{S\in\Phi} \frac{1}{2}\sum_{j=1}^{n}\mathrm{RT}_j(E_j(S),V_j^2(S))$$

对任意$S\in\Phi$，有

$$E_j(S)\leqslant C_j(S),\quad V_j^2(S)\leqslant \Sigma_j^2(S)$$

可以看出，$\mathrm{RT}_j(t,\Sigma^2), j=1,2,\cdots,n$ 关于t 和 Σ^2 是非递减函数，因此上述问题的最优解是原问题的一个下界。假设$[i]$ 和 (i) 是根据加工时间均值和方差从小到大分别进行排列的序号，即 $\mu_{[i]}$ 是排序为i 的加工时间，$\sigma_{(i)}^2$ 是排序为i 的方差。假设在某一个序列S 中，工件 j 排在第k 个位置，同时工件 j 的期望和方差在上述两个序列中分别排在第 k_1 和 k_2 位，则下式定义的 $E_j(S)$ 和 $V_j^2(S)$ 满足条件 $E_j(S)\leqslant C_j(S), V_j^2(S)\leqslant \Sigma_j^2(S)$，从而可以为原问题提供一个下界，即

$$E_j(S)=\begin{cases}\sum_{i=1}^{k}\mu_{[i]}, & k_1\leqslant k,\\ \sum_{i=1}^{k-1}\mu_{[i]}+\mu_{[j]}, & k_1>k\end{cases}$$

$$V_j^2(S)=\begin{cases}\sum_{i=1}^{k}\sigma_{(i)}^2, & k_2 \leqslant k\\ \sum_{i=1}^{k-1}\sigma_{(i)}^2+\sigma_j^2, & k_2 > k\end{cases}$$

因为对于任意序列 $S,E_j(S)$ 和 $V_j^2(S)$ 的值可以很容易地进行计算，因此通过求解上述问题可以很容易地得到一个问题下界。上述问题是一个指派问题，该问题可以通过经典算法，如匈牙利算法进行快速求解。

对于上界，我们将基于 2.2.4 节设计的指派规则，构造一个可行序列，依次从未排序的工件选取一个评价函数最优的工件，将其安排在已排序工件之后，直至得到一个完整的序列。得到的序列的目标函数值就是问题 DRSMS-II 的一个上界。

2. 基于拉格朗日松弛的上下界估计

拉格朗日松弛(Lagrangian relaxation，LR)[41-45]是优化问题中常用的一种松弛技术，该方法可以在给出问题近似最优解的同时，提供一个较为紧致的下界[46-48]，从而能够对解的性能进行定量的评价。针对得到的拉格朗日问题，分别设计约束生成(constraint generation，CG)算法[49]和次梯度投影(subgradient projection，SP)算法[50]进行求解。

对于工件 $i,j\in\mathcal{N}$，令 $w_{0j}=\sum_{l=1}^{j}\sum_{i=1}^{n}x_{il}\mu_i-\sum_{i=1}^{n}x_{ij}d_i, w_{ij}=\sum_{l=1}^{j}x_{il}\sigma_i$。因为 $x_{ij}\in\{0,1\}$ 且对任意固定的 i 和任意 $l_1\neq l_2$，有 $x_{il_1}x_{il_2}=0$，对任意 $l_1=l_2$，有 $x_{il_1}x_{il_2}=1$，所以

$$\sum_{i=1}^{n}\left(\sum_{l=1}^{j}x_{il}\sigma_i\right)^2=\sum_{i=1}^{n}\sum_{l=1}^{j}x_{il}^2\sigma_i^2=\sum_{l=1}^{j}\sum_{i=1}^{n}x_{il}\sigma_i^2$$

问题 DRSMS-II 可以等价转化为

$$\begin{aligned}(\text{EP})\ \min\ & \sum_{j=1}^{n}\frac{1}{2}\left(w_{0j}+\sqrt{w_{0j}^2+\sum_{i=1}^{N}w_{ij}^2}\right)\\ \text{s.t.}\ & w_{0j}=\sum_{l=1}^{j}\sum_{i=1}^{n}x_{il}\mu_i-\sum_{i=1}^{n}x_{ij}d_i, \quad j\in\mathcal{N}\\ & w_{ij}=\sum_{l=1}^{j}x_{il}\sigma_i, \quad i,j\in\mathcal{N}\\ & \boldsymbol{x}\in\mathcal{X}\end{aligned}$$

为上述问题中的约束引入拉格朗日乘子 $\lambda_{i0},\lambda_{ij},i,j\in\mathcal{N}$。记 $\boldsymbol{\Lambda}=(\boldsymbol{\lambda}_1^{\mathrm{T}},\boldsymbol{\lambda}_2^{\mathrm{T}},\cdots,\boldsymbol{\lambda}_n^{\mathrm{T}})$，其中 $\boldsymbol{\lambda}_j^{\mathrm{T}}=(\lambda_{0j},\lambda_{1j},\cdots,\lambda_{nj}),\boldsymbol{W}=(\boldsymbol{w}_1^{\mathrm{T}},\boldsymbol{w}_2^{\mathrm{T}},\cdots,\boldsymbol{w}_n^{\mathrm{T}})$,其中 $\boldsymbol{w}_j^{\mathrm{T}}=(w_{0j},w_{1j},\cdots,w_{nj})$。考虑如下拉格朗日函数，即

$$
\begin{aligned}
L(\boldsymbol{x},\boldsymbol{W},\boldsymbol{\Lambda}) &= \sum_{j=1}^{n}\Bigg[(1+\lambda_{0j})\left(\sum_{l=1}^{j}\sum_{i=1}^{n}x_{il}\mu_i - \sum_{i=1}^{n}x_{ij}d_i\right) \\
&\quad + \sum_{i=1}^{n}\lambda_{ij}\sum_{l=1}^{j}\sigma_i x_{il} + \sqrt{w_{0j}^2+\sum_{i=1}^{n}w_{ij}^2} - \lambda_{0j}w_{0j} - \sum_{i=1}^{n}\lambda_{ij}w_{ij}\Bigg] \\
&= \sum_{j=1}^{n}\Bigg[(1+\lambda_{0j})\left(\sum_{l=1}^{j}\sum_{i=1}^{n}x_{il}\mu_i - \sum_{i=1}^{n}x_{ij}d_i\right) \\
&\quad + \sum_{l=1}^{j}\sum_{i=1}^{n}\lambda_{ij}\sigma_i x_{il} + \sqrt{\boldsymbol{w}_j^{\mathrm{T}}\boldsymbol{w}_j} - \boldsymbol{\lambda}_j^{\mathrm{T}}\boldsymbol{w}_j\Bigg]
\end{aligned}
$$

则松弛问题为

$$
\begin{aligned}
&\min_{\boldsymbol{x}\in\mathcal{X},\boldsymbol{w}_j\in\mathbf{R}^{n+1},j=1,2,\cdots,n} L(\boldsymbol{y},\boldsymbol{W},\boldsymbol{\Lambda}) \\
&= \min_{\boldsymbol{x}\in\mathcal{X}} \sum_{j=1}^{n}\Bigg[(1+\lambda_{0j})\left(\sum_{l=1}^{j}\sum_{i=1}^{n}x_{il}\mu_i - \sum_{i=1}^{n}x_{ij}d_i\right) + \sum_{l=1}^{j}\sum_{i=1}^{n}\lambda_{ij}\sigma_i x_{il}\Bigg] \\
&\quad + \min_{\substack{\boldsymbol{w}_j\in\mathbf{R}^{n+1}\\ j=1,2,\cdots,n}} \sum_{j=1}^{n}\left(\sqrt{\boldsymbol{w}_j^{\mathrm{T}}\boldsymbol{w}_j} - \boldsymbol{\lambda}_j^{\mathrm{T}}\boldsymbol{w}_j\right)
\end{aligned}
$$

给定$\boldsymbol{\Lambda}$，松弛问题等号右边第一个优化问题是一个可以使用 CPLEX 等商业软件直接求解的混合整数规划问题。对于第二个优化问题，下述引理将给出优化结果。

引理 2.2.1 对于任意的$\boldsymbol{\eta}\in\mathbf{R}^n, a\in\mathbf{R}$，有

$$
\min_{\boldsymbol{x}\in\mathbf{R}^n} \sqrt{\boldsymbol{x}^{\mathrm{T}}\boldsymbol{x}+a^2} - \boldsymbol{\eta}^{\mathrm{T}}\boldsymbol{x} = \begin{cases} -\infty, & \|\boldsymbol{\eta}\|>1 \\ |a|\sqrt{1-\|\boldsymbol{\eta}\|^2}, & \|\boldsymbol{\eta}\|\leqslant 1 \end{cases}
$$

证明：固定$\boldsymbol{x}$，令$\|\boldsymbol{x}\|=t$。对于任意$t\geqslant 0$，我们有

$$
\max_{\|\boldsymbol{x}\|=t} \boldsymbol{\eta}^{\mathrm{T}}\boldsymbol{x} = \|\boldsymbol{\eta}\| t
$$

最优值在$\boldsymbol{x}=\dfrac{\boldsymbol{\eta}}{\|\boldsymbol{\eta}\|}t$处取得。因此，上述问题可以写为

$$
\begin{aligned}
\min_{\boldsymbol{x}\in\mathbf{R}^n} \sqrt{\boldsymbol{x}^{\mathrm{T}}\boldsymbol{x}+a^2} - \boldsymbol{\eta}^{\mathrm{T}}\boldsymbol{x} &= \min_{t\geqslant 0} \min_{\|\boldsymbol{x}\|=t} \sqrt{\boldsymbol{x}^{\mathrm{T}}\boldsymbol{x}+a^2} - \boldsymbol{\eta}^{\mathrm{T}}\boldsymbol{x} \\
&= \min_{t\geqslant 0}\left(\min_{\|\boldsymbol{x}\|=t} \sqrt{\boldsymbol{x}^{\mathrm{T}}\boldsymbol{x}+a^2} - \max_{\|\boldsymbol{x}\|=t} \boldsymbol{\eta}^{\mathrm{T}}\boldsymbol{x}\right) \\
&= \min_{t\geqslant 0} \sqrt{t^2+a^2} - \|\boldsymbol{\eta}\| t
\end{aligned}
$$

对t进行求导，则命题得证。

因为松弛问题中，第一个优化问题对于任意 $\boldsymbol{\Lambda}$ 的取值其最优值都有界，而对偶问题是对所有可行的 $\boldsymbol{\Lambda}$ 最大化松弛问题，因此对偶问题中只需要考虑 $\|\boldsymbol{\lambda}_j\| \leqslant 1, i=1,2,\cdots,n$ 的情况。因此，根据拉格朗日方法可以得到如下优化问题，即

$$\max_{\|\boldsymbol{\lambda}_j\|\leqslant 1, j\in\mathcal{N}} \min_{\boldsymbol{x}\in\mathcal{X}} \sum_{j=1}^{n} h(\boldsymbol{\lambda}_j, \boldsymbol{x})$$

$$h(\boldsymbol{\lambda}_j, \boldsymbol{x}) = \left[(1+\lambda_{0j}) \left(\sum_{l=1}^{j}\sum_{i=1}^{n} x_{il}\mu_i - \sum_{i=1}^{n} x_{ij} d_i \right) + \sum_{l=1}^{j}\sum_{i=1}^{n} \lambda_{ij}\sigma_i x_{il} \right]$$

上述拉格朗日松弛问题的目标函数值是原问题的一个下界。同时，上述问题的求解也保证了 $\boldsymbol{x}$ 是原问题的可行解，因此求解 LR 问题得到的解 $\boldsymbol{x}^*$ 也是原问题的一个可行解，对应的目标函数可以作为原问题的上界。由于 LR 问题是一个混合整数二阶锥规划问题，为了有效求解该问题，接下来给出约束生成算法和次梯度投影算法对该问题进行求解。

1) 约束生成算法

在一个包含较多甚至无穷多约束的优化问题中，很多约束其实是弱约束，即这些约束对最终的优化结果并不会有太大影响，因此可以通过迭代方式逐步构造少量或者有限的约束去近似原约束集合，这就是约束生成算法的思想。这里将设计约束生成算法对 LR 问题进行近似求解。首先将 LR 问题重写为如下形式，即

$$\text{(LRP2)} \quad \max \ \gamma$$

$$\text{s.t.} \ \gamma \leqslant \sum_{i=1}^{n} h(\boldsymbol{\lambda}_i, \boldsymbol{x}), \ \forall \boldsymbol{x}\in\mathcal{X}, \|\boldsymbol{\lambda}_i\| \leqslant 1, \quad i=1,2,\cdots,n$$

在约束生成算法第 k 次迭代过程中，首先固定 $\boldsymbol{\lambda}_i$ 从而求解如下子问题，即

$$(\text{SP}_k) \quad \min_{\boldsymbol{x}\in\mathcal{X}} \sum_{i=1}^{n} h(\boldsymbol{\lambda}_i^k, \boldsymbol{x})$$

显然，问题 (SP_k) 的最优解是 LR 问题最优解的一个下界，且解 $\boldsymbol{x}^k \in \mathcal{X}$ 是原问题的可行解。令 $f(\boldsymbol{x}^k)$ 为当解为 $\boldsymbol{x}^k$ 时原问题的目标函数值，则 $f\left(\boldsymbol{x}^k\right)$ 是问题(EP)的一个上界。因此，新的约束生成为

$$\gamma \leqslant \sum_{i=1}^{n} h(\boldsymbol{\lambda}_i, \boldsymbol{x}^k)$$

因为已经迭代了 k 次，因此主问题可以写为包含 k 个约束的如下问题，即

$$(\text{MP}_k) \quad \max \ \gamma$$

$$\text{s.t.} \ \gamma \leqslant \sum_{i=1}^{n} h(\boldsymbol{\lambda}_i, \boldsymbol{x}^t), \quad t=1,2,\cdots,k$$

$$\|\boldsymbol{\lambda}_i\| \leqslant 1, \quad i=1,2,\cdots,n$$

相比于问题(LRP2)中约束需要对所有的 $\boldsymbol{x} \in \mathcal{X}$ 成立，问题 (MP_k) 相当于从 $\mathcal{X}$ 中选取 k 个 $\boldsymbol{x}$ 的取值，即 $\boldsymbol{x}^t, t=1,2,\cdots,k$，保证约束对这 k 个取值成立，从而用有限的约束近似无穷的约束。因此，问题 (MP_k) 的最优解可以作为问题(LRP2)的上界。接下来的讨论中，我们将基于约束生成的拉格朗日方法记为 LR-CG。LR-CG 的伪代码见算法 2.2.1，其中 f_P^{U} 为问题(EP)的上界，$f_{\mathrm{LR}}^{\mathrm{U}}$ 和 $f_{\mathrm{LR}}^{\mathrm{L}}$ 分别表示问题 LRP 的上界和下界。

算法 2.2.1 LR-CG 算法

输入： $\boldsymbol{\mu}, \boldsymbol{\sigma}, \boldsymbol{d}$, GAP1, GAP2 和 $\mathrm{Iter}_{\max}$

1. 初始化：$\boldsymbol{\Lambda} = \mathbf{0}, f_{\mathrm{LR}}^{\mathrm{L}} = -\infty, f_{\mathrm{LR}}^{\mathrm{U}} = f_P^{\mathrm{U}} = +\infty, \mathrm{Iter} = 0$
2. **while** $\dfrac{f_{\mathrm{LR}}^{\mathrm{U}} - f_{\mathrm{LR}}^{\mathrm{L}}}{f_{\mathrm{LR}}^{\mathrm{L}}} > \mathrm{GAP1}$ 且 $\dfrac{f_P^{\mathrm{U}} - f_{\mathrm{LR}}^{\mathrm{L}}}{f_{\mathrm{LR}}} > \mathrm{GAP2}$ 且 $k < \mathrm{Iter}_{\max}$ **do**
3. 求解问题 (SP_k)。记最优解为 $\boldsymbol{x}^k$，最优目标函数值为 $\phi(\boldsymbol{\Lambda}^k)$。更新 $f_{\mathrm{LR}}^{\mathrm{L}} = \max\{f_{\mathrm{LR}}^{\mathrm{L}}, \phi(\boldsymbol{\Lambda}^k)\}$。如果 $f_P^{\mathrm{U}} > f(\boldsymbol{x}^k)$，则 $f_P^{\mathrm{U}} = f(\boldsymbol{x}^k), \tilde{\boldsymbol{x}} = \boldsymbol{x}^k$。
4. 将新生成的约束加入问题 (MP_{k-1})。求解问题 (MP_k) 从而得到新的拉格朗日乘子 $\boldsymbol{\Lambda}^{k+1}$。记 γ^k 为问题 (MP_k) 的最优值。更新 $f_{\mathrm{LR}}^{\mathrm{U}} = \min\{f_{\mathrm{LR}}^{\mathrm{U}}, \gamma^k\}$。
5. **end while**

输出： $\tilde{\boldsymbol{x}}, f_{\mathrm{LR}}^{\mathrm{U}}, f_{\mathrm{LR}}^{\mathrm{L}}, f_P^{\mathrm{U}}$

---

2) 次梯度投影算法

LR-CG 算法是一个复杂的迭代过程。在每一次的迭代过程中，都需要求解一个整数规划问题和一个具有 n 个二次约束、k 个线性约束(k 是迭代次数)的凸优化问题，求解问题 (SP_k) 和问题 (MP_k) 需要消耗较多的计算时间。因此，我们进一步研究拉格朗日对偶问题的性质，提出次梯度投影算法求解问题 (MP_k)。

定理 2.2.2 问题 (MP_k) 的所有最优解 $\boldsymbol{\lambda}_j^*$，都满足 $\left\|\boldsymbol{\lambda}_j^*\right\| = 1, \forall j = 1,2,\cdots,n$。

证明：记 $\mathcal{X}$ 的凸包为 $\mathrm{conv}(\mathcal{X})$，则对于任意固定的 $\boldsymbol{\lambda}_i$，都有

$$\min_{x \in \mathcal{X}} \sum_{j=1}^{n} h(\boldsymbol{\lambda}_j, \boldsymbol{x}) = \min_{x \in \mathrm{conv}(\mathcal{X})} \sum_{j=1}^{n} h(\boldsymbol{\lambda}_j, \boldsymbol{x})$$

因为对于线性规划问题，如果最优值存在，则最优解必然在可行域极点处，又因为 $\mathrm{conv}(\mathcal{X})$ 和 $\left\{\boldsymbol{\lambda}_j \in \mathbf{R}^{L+1}, \left\|\boldsymbol{\lambda}_j\right\| \leqslant 1\right\}$ 都是非空的凸的紧集，并且 $\sum_{j=1}^{n} h(\boldsymbol{\lambda}_j)$ 关于 $\boldsymbol{x}$

和 $\boldsymbol{\lambda}_j, j=1,2,\cdots,n$ 都是线性的，因此使用极大极小定理(minimax theorem)[51]，则有

$$
\begin{aligned}
&\max_{\substack{\|\boldsymbol{\lambda}_j\|\leqslant 1, \boldsymbol{x}\in \mathrm{conv}(\mathcal{X}) \\ j\in\mathcal{N}}} \sum_{j=1}^{n} h(\boldsymbol{\lambda}_j, \boldsymbol{x}) \\
&= \min_{\boldsymbol{x}\in \mathrm{conv}(\mathcal{X})} \max_{\|\boldsymbol{\lambda}_j\|\leqslant 1, j\in\mathcal{N}} \sum_{j=1}^{n} h(\boldsymbol{\lambda}_j, \boldsymbol{x}) \\
&= \min_{\boldsymbol{x}\in \mathrm{conv}(\mathcal{X})} \max_{\|\boldsymbol{\lambda}_j\|\leqslant 1, j\in\mathcal{N}} \sum_{j=1}^{n} \left[(1+\lambda_{0j}) \left(\sum_{l=1}^{j}\sum_{i=1}^{n} x_{il}\mu_i - \sum_{i=1}^{n} x_{ij} d_i \right) \right. \\
&\quad \left. + \sum_{l=1}^{j}\sum_{i=1}^{n} \lambda_{ij}\sigma_i x_{il} \right] \\
&= \min_{\boldsymbol{x}\in \mathrm{conv}(\mathcal{X})} \max_{\|\boldsymbol{\lambda}_j\|\leqslant 1, j\in\mathcal{N}} \sum_{j=1}^{n} \left[\left(\sum_{l=1}^{j}\sum_{i=1}^{n} x_{il}\mu_i - \sum_{i=1}^{n} x_{ij} d_i \right) + \boldsymbol{w}_j^{\mathrm{T}} \boldsymbol{\lambda}_j \right]
\end{aligned}
$$

易得 $\max\left\{\boldsymbol{a}^{\mathrm{T}}\boldsymbol{\lambda}, \|\boldsymbol{\lambda}_j\| \leqslant t\right\} = t\|\boldsymbol{a}\|$ 且最优值在 $\boldsymbol{\lambda}^* = t\dfrac{\boldsymbol{a}}{\|\boldsymbol{a}\|}$ 处取得。对于任意固定的 $\boldsymbol{x}, \boldsymbol{\lambda}_j, j=1,2,\cdots,n$ 是相互独立的，因此 $\|\boldsymbol{\lambda}_j^*\| = 1, \forall i = 1,2,\cdots,n$。

注意到拉格朗日函数中，$\boldsymbol{w}_j - \boldsymbol{A}_j\boldsymbol{x}$ 是 $h(\boldsymbol{\lambda}_j, \boldsymbol{x})$ 在 $\boldsymbol{\lambda}_j$ 处的次梯度，其中 $\boldsymbol{A}_j$ 是与问题(EP)约束相关的 $(n+1)\times n^2$ 的矩阵。因此，可以使用次梯度方法找到最优的 $\boldsymbol{\lambda}_j^*, j=1,2,\cdots,n$。假设在算法第 k 次迭代过程中，$\{\boldsymbol{x}^k, \boldsymbol{w}_j^k, j=1,2,\cdots,n\}$ 和 $\{\boldsymbol{\lambda}_j^k, j=1,2,\cdots,n\}$ 是原问题和对偶问题的最优解，则利用次梯度方法通过梯度上升更新拉格朗日乘子，并将其投影到球面 $\boldsymbol{\Lambda}_i = \{\boldsymbol{\lambda}_j \in \mathbf{R}^{L+1}, \|\boldsymbol{\lambda}_j\| = 1\}$ 上，具体过程如下，即

$$
\begin{cases}
\tilde{\boldsymbol{\lambda}}_j^{k+1} = \tilde{\boldsymbol{\lambda}}_j^k + s^k(\boldsymbol{A}_j\boldsymbol{x}^k - \boldsymbol{w}_j^k) \\
\boldsymbol{\lambda}_j^{k+1} = \dfrac{\tilde{\boldsymbol{\lambda}}_j^{k+1}}{\left\|\tilde{\boldsymbol{\lambda}}_j^{k+1}\right\|}
\end{cases}
$$

其中，s^k 为第 k 次迭代的步长，步长设定如下，即

$$
s_j^k = \frac{\alpha^k (h_j^k - h(\boldsymbol{\lambda}_j^k, \boldsymbol{x}^k))}{\left\|\boldsymbol{A}_j\boldsymbol{x}^k - \boldsymbol{w}_j^k\right\|^2}
$$

其中，h_j^k 是经过 k 次迭代后得到的最优的对偶目标值上界，即

$$
h_j^k = \min_{i=1,2,\cdots,k} \frac{1}{2}\left[\mu(L_j^k) + \sqrt{\sigma^2(L_j^k) + (\mu(L_j^k))^2} \right]
$$

α^k 是满足 $\alpha^k \to 0$ 且 $\sum\limits_{k=0}^{\infty}\alpha^k = \infty$ 的递减步长。对于 α^k 可以选择常见的表达式[52]，

即$\alpha^k = \dfrac{1+m}{k+m}$，其中$m$是一个固定的正整数。根据定理 2.2.2，$\boldsymbol{\lambda}_i, i=1,2,\cdots,n$的最优值在球面$\boldsymbol{\Lambda}_i$取得。注意到

$$\min_{\boldsymbol{w}_j \in \mathbf{R}^{n+1}, j=1,2,\cdots,n} \sum_{j=1}^{n}\left(\sqrt{\boldsymbol{w}_j^{\mathrm{T}}\boldsymbol{w}_j} - \boldsymbol{\lambda}_j^{\mathrm{T}}\boldsymbol{w}_j\right) = \min_{t_j, j\in\mathcal{N}} \sum_{j=1}^{n}\left(1-\|\boldsymbol{\lambda}_j\|\right)t_j$$

对于任意的$\boldsymbol{\lambda}_j \in \boldsymbol{\Lambda}_j, j\in\mathcal{N}$和$\boldsymbol{x}$，在最小化约束$\boldsymbol{w}_j = \boldsymbol{l}_j(\boldsymbol{x}), j=1,2,\cdots,n$不可行时，$t_j$的选择是无约束的。基于引理 2.2.1，有$\boldsymbol{w}_j = t_j \dfrac{\boldsymbol{\lambda}_j}{\|\boldsymbol{\lambda}_j\|}$，因此我们使用最小二乘准则[53]选取$t_j^*, j=1,2,\cdots,n$，从而减小松弛约束的不可行性，即

$$\min_{t_1\geqslant 0,\cdots,t_n\geqslant 0}\sum_{j=1}^{n}\left\|\boldsymbol{\lambda}_j t_j - \boldsymbol{A}_j\boldsymbol{x}\right\|^2$$

容易验证上述问题的最优解是$t_j = \boldsymbol{\lambda}_j^{\mathrm{T}}\boldsymbol{A}_j\boldsymbol{x}$，因此我们取$\boldsymbol{w}_j^* = \boldsymbol{\lambda}_j^{\mathrm{T}}\boldsymbol{A}_j\boldsymbol{x}\boldsymbol{\lambda}_j$即可。

针对 DRSMS-II 问题，可以将问题(SP_k)的目标函数写为

$$\begin{aligned}\sum_{j=1}^{n}h(\boldsymbol{\lambda}_j^k,\boldsymbol{x}) &= \sum_{j=1}^{n}\left[(1+\lambda_{0j})\left(\sum_{l=1}^{j}\sum_{i=1}^{n}x_{il}\mu_i - \sum_{i=1}^{n}x_{ij}d_i\right) + \sum_{l=1}^{j}\sum_{i=1}^{n}\lambda_{ij}\sigma_i x_{il}\right]\\ &= \sum_{j=1}^{n}\sum_{i=1}^{n}x_{ij}\left[\sum_{l=j}^{n}((1+\lambda_{0l}^k)\mu_i + \lambda_{il}\sigma_i) - (1+\lambda_{0j})d_i\right]\end{aligned}$$

因此，问题(SP_k)可以重写为

$$(\mathrm{SP}_k') \quad \min_{\boldsymbol{x}\in\mathcal{X}} \sum_{j=1}^{n}\sum_{i=1}^{n}\left\{\sum_{l=j}^{n}[(1+\lambda_{0l}^k)\mu_i + \lambda_{il}\sigma_i] - (1+\lambda_{0j})d_i\right\}x_{ij}$$

可以看出，上述问题是一个指派问题，因此可以使用经典算法，如匈牙利算法[54,55]等加快问题求解速度。

我们将基于次梯度的拉格朗日松弛方法，记为 LR-SP，见算法 2.2.2。

算法 2.2.2 LR-SP 算法

输入： $\boldsymbol{\mu},\boldsymbol{\sigma},\boldsymbol{d}$，GAP1 和 $\mathrm{Iter}_{\max}$

1. 初始化：$\boldsymbol{\lambda}_j = \dfrac{1}{\sqrt{n}}(1,\cdots,1)^{\mathrm{T}}, j=1,2,\cdots,n, f_{\mathrm{LR}}^{\mathrm{L}} = -\infty, f_P^{\mathrm{U}} = \infty, \mathrm{Iter}=0$

2. **while** $\dfrac{f_P^{\mathrm{U}} - f_{\mathrm{LR}}^{\mathrm{L}}}{f_{\mathrm{LR}}^{\mathrm{L}}} >$ GAP1 且 $k < \mathrm{Iter}_{\max}$ **do**

3.　求解指派问题(SP_k')。记最优解为$\boldsymbol{x}^k$，记最优目标值为$\phi(\boldsymbol{\Lambda}^k)$。更新$f_{\mathrm{LR}}^{\mathrm{L}}=\max\left\{f_{\mathrm{LR}}^{\mathrm{L}},\phi(\boldsymbol{\Lambda}^k)\right\}$。如果$f_P^{\mathrm{U}}>f(\boldsymbol{x}^k)$，则令$f_P^{\mathrm{U}}=f(\boldsymbol{x}^k),\tilde{\boldsymbol{x}}=\boldsymbol{x}^k$，计算$\boldsymbol{w}_i^k=\boldsymbol{\lambda}_i^{\mathrm{T}}l_i(\boldsymbol{x})\boldsymbol{\lambda}_i$。

4.　更新拉格朗日乘子$\boldsymbol{\lambda}_i^{k+1}$。

5.　**end while**

输出：　$\tilde{\boldsymbol{x}},f_{\mathrm{LR}}^{\mathrm{L}},f_P^{\mathrm{U}}$

3. 分支定界算法完整流程

本部分中的分支定界算法基于深度优先策略，从最后一个位置开始从后往前构造一个完整序列，因此在搜索过程中，每一个分支的前p层对应序列中最后p个工件构成的子序列。命题 2.2.2 到命题 2.2.4 将用作支配准则从而排除非最优分支。为减少搜索空间，加速算法进程，接下来给出算法的实施细节。

记s和s'是两个第p层的分支，对应两个不同的子序列，假设这两个子序列包含相同的工件集合。令$\mathrm{RT}(s)$和$\mathrm{RT}(s')$分别表示两个子序列的总拖期。显然，如果$\mathrm{RT}(s)\leqslant\mathrm{RT}(s')$，则$s'$一定不会是最优的子序列，从而可以不再考虑。因此，在算法的开始阶段，我们可以枚举s所有的排列可能，选取最优子序列从而减少搜索空间。记k为序列s中工件的数量，k越大，则剩余的搜索空间就会越小。然而，工件所有可能的排列数随k呈指数增长，因此算法在缩小搜索空间和k的取值之间需要进行平衡。通过预实验，我们验证了$k=5$时算法能够取得较好的平衡。

在算法搜索过程中，在每一个分支节点都需要选择一个工件放在已有子序列的最前方，每一个可能的选择对应一个分支。在有多个分支可选的情况下，算法优先选择最有可能取得最优解的分支，得到的解在后续搜索过程中也能作为上界进行剪枝。实验过程中，在所有可能的分支中，选取$\mu-d$值最小的工件进行分支，其中μ是工件加工时间的均值，d是工件的交货期。

当算法进行分支时，会得到一个新的节点，因此对于还未排序的工件，可以计算出目标函数值的上下界。实验结果显示，相比于基于序列的上下界估计方法，LR-CG 和 LR-SP 可以得到更为紧致的上下界，但是也会消耗更多的时间。尤其是 LR-CG 方法，在每一次迭代过程中，该方法需要求解一个混合整数规划问题和一个带有二次约束的凸规划问题，因此消耗的时间更多。为了在求解时间和求解性能上进行平衡，算法在构建搜索树之前执行拉格朗日松弛算法获取上下界。在评估每一个节点的下界时，在多数工件都有可能延迟交付的情况下，算法使用基于序列的估计方法(实验证明该情况下基于序列的估计方法得到的结果相对较好)，而在多数工件能按时交付的情况下，使用 LR-SP 方法。在搜索的过程中，基于序列的估计方法也被用于上界的估计。如果对于某一个节点，已排序的工件的总拖期加上未排序工件拖期的下界如果比当前得到的最优解要小，则该节点将继续进行分支，否则该节点对应的子序列必然不是最优的，可以进行剪枝。如果当前子序列的总拖期加上未排序工件的上界比当前的最优解小，则更新最优解。

分支定界算法的完整流程见算法 2.2.3。

算法 2.2.3 分支定界算法

输入： $\boldsymbol{\mu},\boldsymbol{\sigma},\boldsymbol{d}$

1. 初始化：令所有待分支节点集合 $\mathcal{B}=\varnothing$，其可以表示为一个栈结构；利用 LR-SP 算法获取初始解作为最优解，记为 bestObj，对应序列记为 bestS；
2. 枚举前 k 层所有可能的子序列，将未被支配的子序列对应节点加入 $\mathcal{B}$；
3. **while** $\mathcal{B}\neq\varnothing$ **do**
4. 从 $\mathcal{B}$ 中选取栈顶节点 S，$\mathcal{B}=\mathcal{B}\setminus\{S\}$，计算序列 S 的目标函数值 obj_S；
5. **if** S 是一个完整序列 **then**
6.   **if** $\text{obj}_S<\text{bestObj}$ **then**
7. $\text{bestObj}=\text{obj}_S;\text{bestS}=S$
8.   **end if**
9. **else**
10.   获取未加入 S 的所有工件集合 U，计算 U 对应的上下界，分别记为 UB_U，LB_U，上界对应可行序列为 U_{UB}；
11.   **if** $\text{obj}_S+\text{UB}_U\leqslant\text{bestObj}$ **then**
12. $\text{bestObj}=\text{obj}_S+\text{UB}_U;\text{bestS}=[U_{\text{UB}},S]$
13.   **end if**
14.   **if** $\text{obj}_S+\text{LB}_U<\text{bestObj}$ **then**
15.   **while** $U\neq\varnothing$ **do**
16.   选取 U 中某一个工件 j，$U=U\setminus\{j\}$；

17.　　　　对于加入工件 j 得到的新节点 S_{new}，利用支配准则查看其是否为被支配解，如果是则剪枝，否则加入集合 $\mathcal{B}$，即 $\mathcal{B}=\mathcal{B}\cup\{S_{new}\}$；

18.　　　　**end while**

19.　　　**end if**

20.　　**end if**

21.　　**end while**

输出：　最优值 bestObj 和对应的最优序列 bestS

2.2.4　鲁棒单机调度问题近似求解算法——集束搜索算法

上节给出了分支定界算法对问题进行精确求解。然而，根据命题 2.2.1，该问题是 NP 难的，随着问题规模变大分支定界算法便很难满足需求。因此，针对大规模问题，我们设计了基于启发式的集束搜索算法寻找到近优解，以求在计算时间和求解性能之间达到平衡。集束搜索算法是一种简化的分支定界算法。在搜索树的每一层，只有比较有希望获得最优解的 β 个节点才会继续进行分支，剩余的节点将不再考虑，β 被称为集束宽度。集束搜索算法的性能主要取决于以下两个因素。

(1) 评估函数。集束搜索算法中，每一层的节点数量往往是远大于 β 的，因此选取哪些节点继续分支是集束搜索算法的关键。评估函数则是通过设计评价指标，从而给出当前节点的评估值，算法根据给出的评估值选取最优的 β 个节点继续进行分支。因此，评估函数的好坏直接影响了选取的 β 个节点的性能，从而影响最终解的质量。

(2) 支配准则。与分支定界算法相同，支配准则在集束搜索算法中也用于剪枝，从而快速判断被支配解，在 β 个节点选取的过程中减少候选的节点数量，提升算法性能。

本节设计启发式的指派规则作为评估函数。命题 2.2.2～命题 2.2.4 将作为支配准则以过滤非最优解。首先介绍评估函数的设计，然后给出算法的实施细节和完整流程。

1. 基于指派规则的评估函数设计

基于 DRSMS-II 问题的局部最优性质设计指派规则，并根据当前已排序子序列情况，对未排序工件进行排序，进而估计当前子序列能够得到的最优解，以此作为评估函数对当前节点进行评价。

命题 2.2.5　对于一个最优序列 S，如果工件 i 是工件 j 的直接前继，则工件 i 和 j 必须满足

$$p_i + \mathrm{SQ}(p_i - d_i, \sigma_i^2) + \mathrm{SQ}(p_i + p_j - d_j, \sigma_i^2 + \sigma_j^2)$$
$$\leqslant p_j + \mathrm{SQ}(p_j - d_j, \sigma_j^2) + \mathrm{SQ}(p_j + p_i - d_i, \sigma_j^2 + \sigma_i^2)$$

其中，$\mathrm{SQ}(x, y) = \sqrt{(t+x)^2 + \Sigma^2 + y}, t = \sum_{k \in B_i(S)} p_k$，$\Sigma^2 = \sum_{k \in B_i(S)} \sigma_k^2$。

证明：考虑在某一个调度序列中相邻的两个工件 i、j，通过交换 i、j 位置比较得到的两个序列的目标函数值即可以得到上述结论。由于 i、j 相邻，交换 i、j 位置并不会对其他工件造成任何影响，只要比较交换前后 i、j 对目标函数的影响即可。

根据命题 2.2.5，可以估计工件 i 在时间点 t (开始加工时刻为 0)的优先级，具体计算如下，即

$$\mathrm{PI}(i) = p_i + \mathrm{SQ}(p_i - d_i, \sigma_i^2) + \mathrm{SQ}(p_i + \overline{p} - \overline{d}, \sigma_i^2 + \overline{\sigma}^2)$$

其中，$\overline{p}$、$\overline{\sigma}^2$ 和 $\overline{d}$ 为所有未排序工件的加工时间的期望、方差和交货期的均值。$\mathrm{PI}(i)$ 的值越小，则说明在期望意义下，工件 i 应该比其他工件更早进行加工。因此，每个工件的优先级可以通过与一个加工时间期望为 $\overline{p}$、方差为 $\overline{\sigma}^2$、交货期为 $\overline{d}$ 的工件进行比较从而计算获得。上述指派规则将用于构建完整工件序列，从而为集束搜索算法提供子序列的评估标准。

2. 集束搜索算法完整流程

下面将给出集束搜索算法的具体实施细节。为了得到更好的解，在算法中还考虑了过滤步骤(filter step)和恢复步骤(recovering step)，因此该算法也称为恢复束搜索(recovering beam search，RBS)算法。

在过滤步骤中，命题 2.2.2～命题 2.2.4 将被用作支配准则从而过滤掉非最优解。为了防止某一次迭代过程中所有节点都被过滤，将以概率 γ 选取被支配解并进行调整后，重新加入候选队列并进行恢复步骤，即假如在某一个子序列中工件 i 在 j 之前加工，而根据支配准则在最优序列中，工件 j 一定位于工件 i 之前，则将工件 j 插入在工件 i 之前，并以概率 γ 接受该解进入下一步。在恢复步骤中，利用命题 2.2.5 得到的指派规则，对所有通过过滤步骤的解构造完整序列并计算目标函数值。按照非递减顺序排列后，选取前 β 个节点继续进行分支，其他节点将不再考虑。同时，对于这 β 个节点，将检查是否存在支配解。在本算法中，通过对已排序的子序列进行邻域搜索，从而寻找支配解，并用支配解替代当前解。

RBS 算法的整体流程见算法 2.2.4，其中 β 是束宽度，γ 是过滤步骤中选取被支配节点的概率。

算法 2.2.4　RBS 算法

输入：　$\boldsymbol{\mu},\boldsymbol{\sigma},\boldsymbol{d},\boldsymbol{\beta},\boldsymbol{\gamma}$

1.　初始化：令 $\mathcal{B} = \text{node}_0$，其中 node_0 是根节点，其对应于一个不包含任何工件的子序列；令 $\mathcal{C} = \varnothing, \text{UB}^* = \infty, \text{node}^* = \varnothing, \text{level} = 0$。

2.　**while**　$\text{level} < n$　**do**

3.　对 $\mathcal{B}$ 中节点进行分支，将通过过滤步骤的子节点加入 $\mathcal{C}$。对于被支配节点，对节点进行调整并以概率 γ 选择进入集合 $\mathcal{C}$。令集合 $\mathcal{B} = \varnothing$。

4.　对于 $\mathcal{C}$ 中所有节点 node_k，利用指派规则计算各节点上界 UB_k。如果 $\text{UB}_k < \text{UB}^*$，则令 $\text{UB}^* = \text{UB}_k$，$\text{node}^* = \text{node}_k$。

5.　对 $\mathcal{C}$ 中所有节点，按照上界值非递减顺序进行排序。按照顺序对每一个节点对应的子序列进行邻域搜索以寻找更优的支配解，并将最终节点加入集合 $\mathcal{B}$，直到集合 $\mathcal{B}$ 内的元素个数达到 β 或者 $\mathcal{C}$ 中每一个节点都被访问过。

6.　$\text{level} = \text{level} + 1$

7.　**end while**

输出：　$\text{UB}^*, \text{node}^*$

2.2.5　计算实验结果

首先，验证 DRSMS-II 上界的性能。然后，利用分支定界算法求解小规模问题 $(n = 10,15,20,25,30)$，并与商用求解器 CPLEX 进行对比，集束搜索算法不仅用于小规模问题求解，也用于求解中大规模问题 $(n = 50,100,150,200)$，并与其他经典启发式搜索算法的性能进行对比，从而验证算法的有效性。最后，通过鲁棒调度方案与确定性模型得到的调度方案的对比，验证模型的鲁棒性。所有工件加工时间的期望都从均匀分布 $U(10,50)$ 中随机生成，标准差从均匀分布 $U(1,10)$ 中随机生成。对于每一个工件 j，其交货期从均匀分布 $U[P\cdot(1-T-R/2), P\cdot(1-T+R/2)]$ 中随机生成，其中 P 是所有工件加工时间的总和，$T \in \{0.2,0.4,0.6\}$ 是拖期因子，$R \in \{0.2,0.4,0.6\}$ 是交货期范围。

1. 上界性能分析

本节基于单机调度问题实例，分析针对 DRSMS 问题提出的上界性能。对于一个固定的调度方案 $\boldsymbol{x}$，求解一个 MI-SDP 问题(DRSMS 内层子问题)，从而得到原问题目标函数值。接着计算在固定调度方案 $\boldsymbol{x}$ 下上界问题 DRSMS-II 的目标函数值，比较问题 DRSMS 和 DRSMS-II 目标函数值的差距。由于原问题在固定调度方案下包含 2^n 个约束，即使是求解小规模问题也会消耗大量的时间。实验验证了当 $n=10$ 的时候，求解该问题需要 30s，而在 $n=11$ 时，求解时间便增加到了 90s。因此，实验仅考虑 n 从 2～10 取值(DRSMS 和 DRSMS-II 在 $n=1$ 时是等价的)。预实验验证了交货期范围的变化对两个问题目标函数值之间的差距没有明显影响，因此实验设定 $R=0.2$。图 2.3 显示了拖期因子 T 在不同取值情况下的实验结果。

从图 2.3 可以看出 DRSMS-II 问题给出的上界性能受到拖期因子 T 的影响。当 T 较大时，也就是当更多的工件会延迟交货时，DRSMS-II 是原问题的一个非常紧致的上界。当 T 值很小时，DRSMS-II 的解和原问题的解之间存在一定的间隙，但是最优解间隙不大且从图中可以看出，该间隙并没有显示出随着问题规模的扩大而继续增大的趋势。因此，在基于分布函数集的鲁棒单机调度问题求解上，DRSMS-II 问题是原问题的一个很好的近似，尤其是在有更多的工件会延迟交付时。

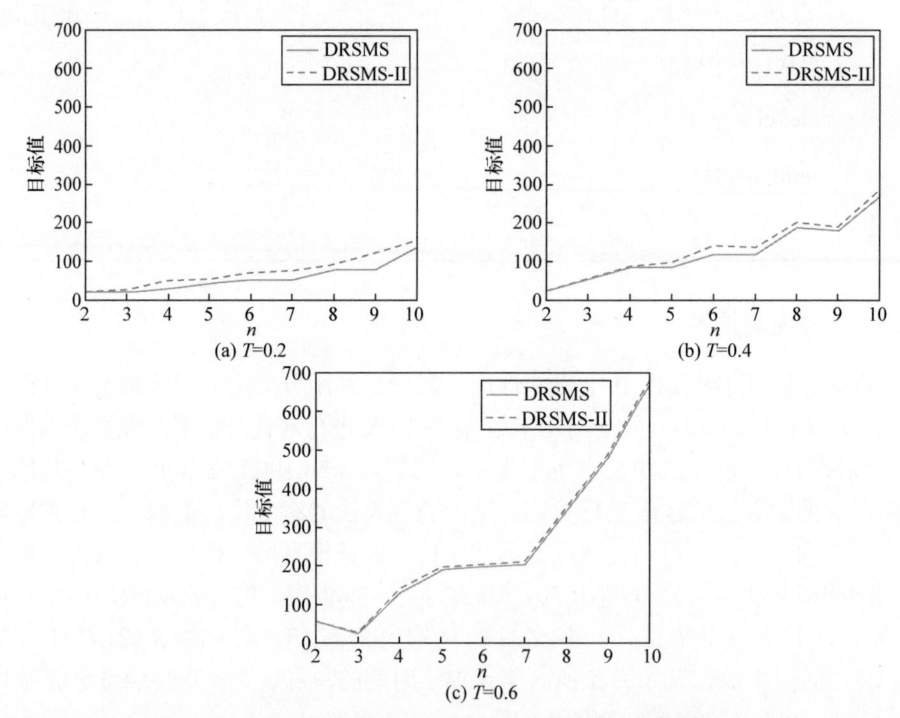

图 2.3　不同 T 下 DRSMS 的解与 DRSMS-II 的解之间的间隙大小

2. 分支定界算法性能分析

下面从求解时间和解的性能上，对比商业求解器 CPLEX 与分支定界算法的性能。对于每一组 n、T、R 的取值，生成 10 个算例。CPLEX 和分支定界算法的时间上限都设置为 600s。由 LR-SP 或者 LR-CG 算法得到的初始解，也将用作 CPLEX 的初始解和上界。表 2.5 展示了两个方法求解 DRSMS-II 问题的最终结果。"Time_U"一列显示了 LR-SP 算法获取初始解的时间消耗，"Time"一列和"Value"一列分别表示算法的求解时间和最终解的目标函数值。"#Solved"一列表示在 600s 的时间限制内求解完成的算例数量。LR-SP 算法的参数设置为 $\text{GAP1} = 0.1$、$\text{Iter}_{\max} = 30$。

表 2.5　分支定界算法与 CPLEX 性能对比

n	T	R	Time_U/s	B&B			CPLEX			Gap/%
				Time/s	Value	#Solved	Time/s	Value	#Solved	
10	0.2	0.2	0.2	0.043	109.5	10	33.3	109.5	10	0
		0.4	0.2	0.053	186.9	10	17.5	186.9	10	0
		0.6	0.3	0.054	69.46	10	44.1	69.46	10	0
	0.4	0.2	0.3	0.055	243.6	10	19.1	243.6	10	0
		0.4	0.2	0.053	253.1	10	15.2	253.1	10	0
		0.6	0.3	0.056	225	10	18.1	225	10	0
	0.6	0.2	0.1	0.055	532.4	10	9.12	532.4	10	0
		0.4	0.2	0.026	470.2	10	10.9	470.2	10	0
		0.6	0	0.068	491.2	10	9.78	491.2	10	0
15	0.2	0.2	0.2	0.22	170.4	10	600	171.8	0	0.82
		0.4	0.3	0.25	137.4	10	600	139.2	0	1.34
		0.6	0.4	0.24	131	10	600	134.1	0	2.34
	0.4	0.2	0.2	0.26	515.8	10	600	516.9	0	0.2
		0.4	0.3	0.25	448.2	10	600	450	0	0.17
		0.6	0.3	0.25	426.1	10	600	428.3	0	0.51
	0.6	0.2	0.2	0.26	1102	10	591	1103	2	0.03
		0.4	0.3	0.25	851.1	10	495	851.4	6	0.04
		0.6	0.3	0.26	934.6	10	473	935.5	4	0.1
20	0.2	0.2	0.2	1.14	284.2	10	600	292.9	0	3.05
		0.4	0.3	1.31	168	10	600	175.1	0	4.21
		0.6	0.2	1.33	116.7	10	600	123.5	0	5.82
	0.4	0.2	0.2	1.34	823.7	10	600	831.7	0	0.97
		0.4	0.2	1.28	656.3	10	600	664	0	1.17
		0.6	0.2	1.33	465	10	600	480.7	0	3.37
	0.6	0.2	0.1	1.65	1831	10	600	1835	0	0.19
		0.4	0.1	2.05	1728	10	600	1733	0	0.29
		0.6	0.1	2.11	1461	10	527	1472	1	0.7

续表

n	T	R	Time_U/s	B&B			CPLEX			Gap/%
				Time/s	Value	#Solved	Time/s	Value	#Solved	
25	0.2	0.2	0.4	4.57	361.3	10	600	373.3	0	3.32
		0.4	0.3	6.72	263.2	10	600	274	0	4.15
		0.6	0.3	5.11	140.6	10	600	149.3	0	6.2
	0.4	0.2	0.2	5.64	1094	10	600	1112	0	1.65
		0.4	0.3	6.58	962.1	10	600	987.1	0	2.59
		0.6	0.3	5.61	711.8	10	600	732.4	0	2.89
	0.6	0.2	0.3	7.6	2506	10	600	2515	0	0.36
		0.4	0.3	9.35	2258	10	600	2279	0	0.92
		0.6	0.3	8.51	2364	10	600	2415	0	2.15
30	0.2	0.2	0.5	11.23	501.1	10	600	521.5	0	4.1
		0.4	0.6	11.43	363.3	10	600	384.7	0	5.91
		0.6	0.5	11.25	176.6	10	600	189.7	0	7.4
	0.4	0.2	0.5	14.09	1610	10	600	1660	0	3.06
		0.4	0.4	12.15	1193	10	600	1236	0	3.62
		0.6	0.5	11.5	722.1	10	600	769.7	0	6.59
	0.6	0.2	0.3	21.89	3530	10	600	3572	0	1.2
		0.4	0.5	29.56	3329	10	600	3431	0	3.08
		0.6	0.4	38.9	2683	10	600	2747	0	2.38

实验结果显示了分支定界算法在 40s 之内就可以求解所有的算例。对于 CPLEX 而言，求解的算例数量能够在 600s 时间限制内随着工件数量 n 的增加而减少，当 n 增加至 20 甚至更多时，CPLEX 几乎很难在给定的时间内完成问题的求解。分支定界算法和 CPLEX 提供的解之间的差距也随着问题规模的增大而逐渐增大。注意到，对于同样的问题规模，CPLEX 所能求解的算例数量随着 T 的增加而增加，并且得到的解与分支定界算法的解的差距也越来越小。对于分支定界算法，其时间消耗随着 T 的增大而增加。这一现象说明当交货期较早时(更多工件会延迟交货时)，问题对于分支定界算法将越来越难求解，相反，对于 CPLEX 而言，问题则更容易求解。

此外，为了测试分支定界算法的极限，我们还在更大的问题规模上进行了测试。实验中工件的数量分别设置为 40、60、80。与上述实验一样，考虑相同 T 和 R 的取值，每组取值下生成 10 个算例，分支定界算法的最大时间设置为 600s。表 2.6 记录了分支定界算法能够求解出的算例数量和平均求解时间。

通过表 2.6 可以看出，分支定界算法在 $n = 40$ 时仍然能求解绝大多数的算例。

在 n 达到 80 时，分支定界算法便很难在给定的时间内求出最优解，尤其是在拖期因子 T 较大的时候。该实验也再一次验证了 T 值对于分支定界算法求解性能的影响。无论问题规模多大，随着 T 的增大，算法能够求解的算例数量都会随之减少。在求解出的算例中，平均求解时间也会随着 T 的增大而增加。综上可以得到如下结论，分支定界算法能够在给定时间内有效地求解小规模问题 $(n \leqslant 40)$，当 n 达到 60 时，在交货期较为宽松的情况下，分支定界算法也能够求解大部分的算例；当 n 达到 80 后，分支定界算法便很难在有效时间内给出最优解。

表 2.6　中规模问题下分支定界算法完成求解的次数和平均求解时间

T	R	n=40		n=60		n=80	
		Time/s	#Solved	Time/s	#Solved	Time/s	#Solved
0.2	0.2	57.59	10	67.14	5	206.56	1
	0.4	26.26	10	59.69	2	445.64	2
	0.6	38.65	10	175.76	4	204.95	1
0.4	0.2	35.69	10	492.45	3	501.8	1
	0.4	30.48	10	285.06	5	—	0
	0.6	22.16	10	296	8	564.39	3
0.6	0.2	271.145	9	426.7	2	—	0
	0.4	433.898	6	269.67	2	536.71	1
	0.6	319.13	8	425.29	1	—	0

3. RBS 算法性能分析

我们将在不同规模的问题上 $(n = 10,30,50,100,150,200)$，将 RBS 算法与其他经典的启发式搜索算法进行对比。针对每一组不同 n、R、T 的取值，生成 10 个算例。RBS 算法的具体参数设置为 $\beta = 30$、$\gamma = 0.2$。选取求解拖期相关目标函数的启发式方法进行对比，包括 Lin 等提出的禁忌搜索(tabu search，TS)算法[56]，M'Hallah 等提出的蚁群优化(ant colony optimization，ACO)算法[57]和 Kirlik 等提出的广义变邻域搜索(general variable neighborhood search，GVNS)算法[58]。算法的参数都按照文献中给定的数值进行设置，为便于对 RBS 算法进行评估，我们使用下式计算，即

$$\varDelta_{\text{Method}} = \sum_{i=1}^{10} \frac{\text{RBS}_i - \text{Method}_i}{\text{Method}_i} \times 100$$

其中，$\varDelta_{\text{Method}}$ 代表对 10 个算例，某一种算法 Method 与 RBS 算法得到的目标函数值的平均偏差。

表 2.7 显示了最终的实验结果，其中“Value”一列显示了不同算法得到的平均目标函数值，“BT”一列在 $n \leqslant 30$ 时代表算法取得最优解的次数(最优解可以由分支定界算法得到)，当 $n > 30$ 时，代表每一种算法能够在所有算法中取得最优解的次数。

表 2.7　RBS 算法与其他算法的性能对比

n	T	R	TS		ACO		GVNS		RBS		平均性能偏差/%		
			Value	BT	Value	BT	Value	BT	Value	BT	Δ_{TS}	Δ_{ACO}	Δ_{GVNS}
10	0.2	0.2	237.6	9	237.1	10	237.2	4	237.1	10	−0.14	0	−0.04
		0.4	199.8	9	199.8	9	200	2	199.8	10	−0.02	−0.02	−0.13
		0.6	158	9	158.4	8	158	4	157.8	10	−0.19	−0.39	−0.11
	0.4	0.2	549.9	9	549.5	9	549.6	3	549.5	10	−0.07	−0.02	−0.02
		0.4	464.6	10	465.9	9	464.6	7	464.6	10	0	−0.19	−0.01
		0.6	390.7	10	390.7	9	390.7	8	390.7	10	0	−0.01	−0.01
	0.6	0.2	1007.8	10	1008	9	1007.8	8	1007.8	10	0	−0.02	−0.01
		0.4	999.7	10	1000	9	999.7	8	999.7	10	0	−0.02	0
		0.6	959	9	959	9	956.1	10	956.1	10	−0.33	−0.33	0
30	0.2	0.2	947	7	947	7	947.4	0	946.7	10	−0.03	−0.03	−0.07
		0.4	575.8	5	576.4	6	576.5	0	575.5	10	−0.04	−0.17	−0.19
		0.6	412.2	6	412.2	7	413	0	412.1	10	−0.05	−0.04	−0.25
	0.4	0.2	3007.7	5	3007.7	2	2997.7	0	2997	10	−0.34	−0.34	−0.03
		0.4	2548.5	4	2547.8	5	2538.9	0	2538.4	10	−0.37	−0.31	−0.02
		0.6	1633.7	6	1634.2	5	1633.9	0	1633	10	−0.03	−0.08	−0.05
	0.6	0.2	7255.1	3	7244.6	4	7236.7	1	7236.3	10	−0.26	−0.11	−0.01
		0.4	6698.7	5	6688.1	3	6661.3	1	6659.8	10	−0.63	−0.5	−0.02
		0.6	5729	10	5742.2	6	5730.1	3	5729	10	0	−0.22	−0.02
50	0.2	0.2	1913.9	2	1913.6	2	1912.4	0	1910.3	10	−0.18	−0.16	−0.11
		0.4	959.8	2	961.6	5	960.8	0	959.2	9	−0.05	−0.2	−0.17
		0.6	728.8	2	728.6	3	729.3	0	727.6	10	−0.16	−0.13	−0.24
	0.4	0.2	7861.4	5	7873.8	2	7849.1	0	7847.8	10	−0.17	−0.33	−0.02
		0.4	5730.2	1	5733.5	3	5723.2	0	5721.8	10	−0.12	−0.19	−0.02
		0.6	3565.3	5	3565.3	2	3564.7	0	3563.7	10	−0.04	−0.04	−0.03
	0.6	0.2	18664.9	3	18683.5	1	18656.4	0	18655.1	10	−0.05	−0.15	−0.01
		0.4	17137.6	4	17154.7	1	17106.9	0	17106.3	9	−0.18	−0.28	0
		0.6	14629.1	4	14650.3	4	14597	1	14590.8	10	−0.27	−0.42	−0.04

续表

n	T	R	TS		ACO		GVNS		RBS		平均性能偏差/%		
			Value	BT	Value	BT	Value	BT	Value	BT	Δ_{TS}	Δ_{ACO}	Δ_{GVNS}
100	0.2	0.2	5623.7	0	5628.7	0	5621.4	0	5618.5	10	−0.09	−0.19	−0.05
		0.4	2384.8	1	2384.4	1	2383.4	0	2381	9	−0.16	−0.14	−0.15
		0.6	1258.7	0	1258	0	1261.3	0	1257.2	10	−0.11	−0.06	−0.32
	0.4	0.2	28096.2	0	28051.3	0	28010.6	0	28007.1	10	−0.31	−0.15	−0.01
		0.4	19141.9	0	19141.7	0	19070.7	1	19067	9	−0.38	−0.4	−0.02
		0.6	10782.3	1	10776.9	1	10769.8	0	10766.6	6	−0.13	−0.1	−0.03
	0.6	0.2	70441.4	0	70367.6	0	70272	0	70267	10	−0.24	−0.15	−0.01
		0.4	65086.6	0	65121.2	0	64930.5	3	64933	7	−0.24	−0.3	<0.01
		0.6	51545.1	2	51812.9	0	51523.3	5	51513.5	5	−0.07	−0.57	−0.02
150	0.2	0.2	10534	0	10534.1	0	10532.4	0	10527.3	10	−0.06	−0.06	−0.05
		0.4	3451.7	0	3449.7	1	3453.2	0	3447.6	9	−0.11	−0.06	−0.16
		0.6	1811.1	0	1810.3	0	1816.5	0	1809.6	10	−0.08	−0.03	−0.39
	0.4	0.2	60512	0	60475.7	0	60372.4	3	60380.7	7	−0.22	−0.15	0.01
		0.4	38627.3	0	38512.5	1	38418.8	1	38618.6	8	−0.54	−0.24	−0.02
		0.6	20738.7	0	20813.5	0	20729	0	20718.8	10	−0.09	−0.38	−0.05
	0.6	0.2	158206	0	158179	1	157923	1	157919	8	−0.18	−0.16	0
		0.4	141468	1	141520	1	141135	1	141150	7	−0.23	−0.26	0.01
		0.6	111449	0	111465	2	111078	2	111046	6	−0.4	−0.38	−0.03
200	0.2	0.2	17410.2	0	17405.7	0	17388.1	0	17381.1	10	−0.17	−0.14	−0.04
		0.4	4938.5	0	4935.9	0	4939.9	0	4932.5	10	−0.12	−0.07	−0.15
		0.6	2452.9	0	2452.8	0	2461	0	2452.3	10	−0.02	−0.02	−0.36
	0.4	0.2	101907	0	101936	0	101575	1	101565	9	−0.34	−0.36	−0.01
		0.4	68441.8	0	68665.4	0	68237.5	1	68232.5	9	−0.31	−0.63	−0.01
		0.6	36561.6	0	36632.1	1	36482.9	1	36476.4	8	−0.24	−0.42	−0.02
	0.6	0.2	264015	0	264436	0	263611	2	263612	8	−0.15	−0.31	<0.01
		0.4	242397	0	242829	0	241536	4	241588	6	−0.34	−0.52	0.02
		0.6	204457	0	204568	1	204214	3	204176	6	−0.14	−0.2	−0.02

从表 2.7 可以看出，总体上 RBS 算法的性能要好于其他三种算法。在绝大多数情况下，RBS 得到的解都是四种算法中最优的。当 $n \leqslant 30$ 时，虽然四种算法得到的解都比较接近，但是 RBS 算法的性能更为稳定，对于每一个算例，其都能够获得全局最优解。当 n 的值较大，同时在 T 的值也较大时，RBS 算法的性能有所下降。这个结果与分支定界算法性能分析中的结论是一致的，即当拖期因子较大，

更多工件会延迟交货时，分支定界算法问题将变得更难求解。RBS 算法性能下降的另一个原因则是算法中使用了固定的集束宽度，因此随着 n 的增大，在搜索过程中丢失最优解的可能性也随之增大。尽管如此，在 $n=200$、$T=0.6$ 时，RBS 得到的解平均值在所有算法中也是最优的，并且其获得最优解的次数也是最多的。因此，表 2.7 中的结果验证了 RBS 算法的有效性。

在运行时间上，当 $n=200$ 时，TS、ACO、GVNS 和 RBS 四种算法的平均运行时间分别为 70.4s、183.4s、35.6s 和 53.7s。虽然 GVNS 算法的平均运行时间最短，但是其性能并不稳定。当 T 较小时，GVNS 算法收敛很快，但是其经常收敛于一个局部极小值点。当 T 较大时，算法的收敛速度则较慢。算法的平均运行时间在 $T=0.2$ 时为 17.7s，在 $T=0.6$ 时为 53s。相对应地，RBS 的时间消耗分别为 58s 和 47.6s。因此，综合解的性能，可见 RBS 算法在四个算法中是最优的。

最后，基于小规模问题($n=30$)，对比 RBS 算法和分支定界算法的性能，结果如表 2.8 所示。使用不同算法对 50 个不同问题实例进行了求解，“Value”一列显示不同算法得到的平均目标函数值，“BT”一列代表算法对问题进行最优求解的次数。可以看出，虽然 RBS 算法在小规模问题的求解性能上相比其他智能搜索算法要好，取得最优解的次数也最多，但是 RBS 算法即使对于 $n=30$ 的小规模问题，也不能保证每一次都取得最优解。这种情况随着 T 和 R 取值的增大更加明显。当 $T=0.2$、$R=0.2$ 时，50 个问题实例中 RBS 算法能够取得 49 次的最优解，然而当 $T=0.6$、$R=0.6$ 时，平均每 50 个问题实例中，RBS 只有 44 次能够取得最优解，而剩下的几次中也会与最优解产生少量的差距。因此，在小规模问题的求解上，使用 B&B 算法能够保证问题求解的准确性和最优性，在对最优性要求不高的情况下，可以使用 RBS 算法对问题进行求解。

表 2.8　小规模问题上不同算法求得最优解的次数对比 ($n=30$)

T	R	TS		ACO		GVNS		RBS		B&B
		Value	BT	Value	BT	Value	BT	Value	BT	Value
0.2	0.2	981.29	26	982.35	20	981.71	0	980.82	49	980.81
	0.4	626.24	24	626.83	20	626.27	0	625.45	48	625.44
	0.6	402.16	25	402.41	21	402.75	0	401.75	48	401.7
0.4	0.2	3194.03	27	3198.18	23	3190.62	0	3190.26	48	3189.8
	0.4	2452.74	28	2458.77	18	2448.53	0	2447.29	49	2447.26
	0.6	1849.39	31	1852.75	29	1848.8	3	1848.11	49	1848.05
0.6	0.2	7212.84	22	7212.38	27	7204.48	3	7203.95	47	7203.52
	0.4	6612.51	25	6617.75	16	6600.31	7	6598.88	47	6596.84
	0.6	6322.81	29	6332.88	23	6318.18	12	6316.48	44	6315.92

4. 模型鲁棒性分析

基于单机调度问题，我们对提出的基于分布函数集的鲁棒模型的性能进行分析。具体而言，针对小规模问题($n=20$)和大规模问题($n=100$)，将鲁棒模型 DRSMS-II 得到的调度方案 S^* 与确定性模型(确定性模型中所有不确定参数均假设已知且取值为随机参数的期望，该问题即经典的最小化总拖期的单机调度 $1\|\sum T_j$ 问题[59])得到的调度方案 $\bar{S}$ 进行对比。对于小规模 DRSMS-II 问题，可使用分支定界算法精确求解，对于大规模问题，可使用 RBS 算法近似求解。对于确定性模型，使用文献中的方法进行求解。实验将比较 S^* 和 $\bar{S}$ 两个调度方案在目标函数均值和标准差两个方面的差异。实验考虑两个调度方案在加工时间服从正态分布(normal distribution)、均匀分布(uniform distribution)、伽马分布(Gamma distribution)和拉普拉斯分布(Laplace distribution)四种常见分布下的性能。对于给定的加工时间期望 $\boldsymbol{\mu}$ 和标准差 $\boldsymbol{\sigma}$，对于每一个分布生成 1000 个加工时间样本作为不同的实际加工状况。接着比较两个调度方案在 1000 个加工实例下的平均性能。为便于比较，使用目标函数的相对期望偏差(relative mean reduction，R-MR)和相对标准差偏差(relative deviation reduction，R-DR)作为评价指标，具体定义为

$$\text{R-MR}=\frac{\bar{T}(\bar{S})-\bar{T}(S^*)}{\bar{T}(S^*)},\quad \text{R-DR}=\frac{\text{sT}(\bar{S})-\text{sT}(S^*)}{\text{sT}(S^*)}$$

其中，$\bar{T}(S)=\frac{1}{m}\sum_{i=1}^{m}T_i(S)$; $\text{sT}(S)=\sqrt{\frac{1}{m-1}\sum_{i=1}^{m}(T_i(S)-\bar{T}(S))^2}$，$T_i(S)$ 是调度方案 S 针对第 i 个算例的总拖期值，$m=1000$。

显然，R-MR 的值越大，说明鲁棒调度方案 S^* 的性能越好，R-DR 值越大，则说明在不确定环境下鲁棒调度方案 S^* 的性能越稳定。

表 2.9 显示了不同问题规模下鲁棒调度方案 S^* 和确定性调度方案 $\bar{S}$ 在不同分布下的对比结果。可以看出，鲁棒调度方案具有更小的总拖期和总拖期波动。虽然我们使用了上界近似的方法，模型并没有直接优化原目标函数，而是优化了目标函数上界，但是其得到的调度方案仍然优于直接按照加工时间期望进行优化排序的确定性调度方案。因此可以看出，考虑加工时间的方差信息对于提升调度方案的性能至关重要。同时，更小的 R-DR 值意味着鲁棒调度方案的性能波动更小，因此该调度方案更有利于实际生产中对加工过程的控制。

表 2.9 不同分布下的 R-MR 和 R-DR 结果

n	T	R	正态分布		均匀分布		伽马分布		拉普拉斯分布	
			R-MR/%	R-DR/%	R-MR/%	R-DR/%	R-MR/%	R-DR/%	R-MR/%	R-DR/%
20	0.2	0.2	20.35	30.38	20.45	30.52	19.65	28.6	19.95	30.29
		0.4	45.88	41.84	46.46	42.34	41.14	34.4	45.21	39.85
		0.6	132.59	70.64	133.37	71.66	103.05	51.2	127.21	64.67
	0.4	0.2	3.77	12.39	3.86	12.36	3.53	12.68	3.63	12.42
		0.4	6.19	14.31	6.4	14.4	5.63	13.38	6.03	14.06
		0.6	10.51	14.63	10.65	14.74	9.67	13.24	10.05	14.12
	0.6	0.2	1.2	6.69	1.21	6.7	1.08	7.29	1.18	6.81
		0.4	1.25	6.67	1.32	6.81	1.08	6.8	1.17	6.8
		0.6	1.75	4.42	1.85	4.48	1.56	4.13	1.68	4.26
100	0.2	0.2	20.89	25.99	20.84	25.38	13.6	27.52	20.95	27.45
		0.4	84.17	53.96	81.81	51	107.66	80.82	87.74	58.85
		0.6	398.55	123.08	350.73	124.11	978.92	290.14	470.68	155.59
	0.4	0.2	5.49	11.54	5.54	11.01	2.1	11.61	5.31	12.27
		0.4	7.19	11.81	7.3	11.37	3.82	12.77	7.05	12.57
		0.6	12.03	14.83	12.36	14.54	8.97	14.26	11.6	15.68
	0.6	0.2	1.77	6.45	1.81	6.09	0.6	5.56	1.63	6.56
		0.4	1.52	4.94	1.53	4.54	0.92	3.41	1.45	4.83
		0.6	0.98	0.16	0.92	0.36	2.1	1.66	1.01	0.34

此外，还可以看出，R-MR 和 R-DR 随着拖期因子 T 的增加而减小。例如，对于 $n=20$ 的情况，当 $T=0.2$ 时，对于正态分布 R-MR 值为 20.35%，当 $T=0.6$ 时，R-MR 值则减小到 1.2%。这也说明，鲁棒调度方案能够在交货期相对宽松的情况下取得更好的性能。即使是在 T 较大时，S^* 仍然能保持很好的稳定性。例如，当 $T=0.6$ 时，R-DR 的值仍有 6.69%。这一结果验证了 DRSMS-II 模型的鲁棒性。当 T 值较小时，R-MR 和 R-DR 随着交货期范围 R 的增加而增加。综上所述，鲁棒模型在 T 值较小，R 值较大时能够获得更好的性能和更高的稳定性。

当 T 值较小时，随着问题规模的增大，R-MR 和 R-DR 的值也在增大。然而，当 $T=0.6$ 时，可以看到 R-MR 和 R-DR 的值几乎不再增加，甚至在 $R=0.6$ 时有所下降。从之前的实验我们得到，RBS 算法的性能在 T 值较大时有所下降，因此这也可能是鲁棒调度方案性能有所下降的原因。即便如此，鲁棒调度方案的性能和稳定性依然优于确定性调度方案。

2.3 加工时间随机不确定的 β-鲁棒调度问题建模与求解方法

β-鲁棒机器调度[60-63]作为一种规避不确定性的有效方法，受到越来越多的关注。然而，现有 β -鲁棒调度模型依赖不确定参数的正态性假设，并且现有的求解方法均是基于分支定界，求解效率差[60]。因此，本节介绍一种处理不确定加工时间的分布式鲁棒调度(distributed robust scheduling，DRS)模型，同时给出一种基于参数搜索的通用精确算法。本节内容取材于作者发表的学术论文[20]。

2.3.1　问题描述与建模

对于单机制造系统，考虑 n 个独立工件在一台机器上进行加工，每个工件仅需要加工一次。所有工件在任意机器上的加工过程都不能中断，任意一台机器最多只能同时加工一个工件。所有工件均在加工开始的时刻释放。每个工件 i 具有一个随机的加工时间 p_i 。对于给定的工件序列 $\boldsymbol{\pi}$ ，定义 $\mathrm{TFT}(\boldsymbol{\pi})$ 为每个工件的完成时间之和。β -鲁棒单机调度问题旨在寻找一个工件序列 $\boldsymbol{\pi}$ 使其 TFT 不超过预定目标水平 T 的概率最大，即 $\max\limits_{\boldsymbol{\pi}\in\Pi} P(\mathrm{TFT}(\boldsymbol{\pi})\leqslant T)$ ，其中 Π 表示所有可能的工件序列的集合。

传统的 β -鲁棒调度模型假设加工时间(processing time，PT)独立且服从正态分布。然而，由于工件的加工具有不确定性，其加工时间的精确概率密度函数未知；反之，加工时间的均值 μ_i 和方差 σ_i^2 可以很容易地从历史数据中估计出来。假设加工时间不相关，引入分布不确定集 $D=\{\boldsymbol{p}:E(\boldsymbol{p})=\boldsymbol{\mu},\mathrm{Cov}(\boldsymbol{p})=\mathrm{Diag}(\sigma_1^2,\sigma_2^2,\cdots,\sigma_n^2)\}$ 描述加工时间的不确定性，其中 $E(\boldsymbol{p})$ 和 $\mathrm{Cov}(\boldsymbol{p})$ 分别为 $\boldsymbol{p}$ 的期望和协方差矩阵，$\boldsymbol{\mu}=(\mu_1,\mu_2,\cdots,\mu_n)^{\mathrm{T}}$ ，$\mathrm{Diag}(\sigma_1^2,\sigma_2^2,\cdots,\sigma_n^2)$ 为对角矩阵。

为了规避加工时间概率密度函数中的不确定性，考虑调度在最坏情况下的性能，即当 $\boldsymbol{p}$ 在 D 上变化时，TFT 不超过 T 的最小概率，本节提出如下分布式 β -鲁棒优化模型，即

$$(\mathrm{P1})\quad \max_{\boldsymbol{\pi}\in\Pi}\inf_{\boldsymbol{p}\in D} P(\mathrm{TFT}(\boldsymbol{\pi})\leqslant T)$$

2.3.2　问题结构性质分析

对分布式 β -鲁棒优化模型(P1)通过引入辅助变量进行等价形式分析。具体地，令 0-1 变量 x_{ik} 表示工件 i 是否排在序列 $\boldsymbol{\pi}$ 的第 k 个，即 $x_{ik}=1$ 当且仅当 $\boldsymbol{\pi}(k)=i$ 。对于给定的 $\boldsymbol{p}\in D$ 和 $\boldsymbol{X}=(x_{ik})_{n\times n}\in\{0,1\}^{n\times n}$ ，有 $\mathrm{TFT}(\boldsymbol{X})=\sum\limits_{i=1}^{n}\sum\limits_{k=1}^{n}(n-k+1)p_i x_{ik}=\boldsymbol{p}^{\mathrm{T}}\boldsymbol{X}\boldsymbol{q}$ ，其中 $q_k\overset{\mathrm{def}}{=}n-k+1$ 。因此，模型(P1)等价于如下问题，即

$$(\mathrm{P2})\quad \max_{\boldsymbol{X}\in\mathcal{X}}\inf_{\boldsymbol{p}\in D} P(\mathrm{TFT}(\boldsymbol{X})\leqslant T)$$

其中，$\mathcal{X}=\left\{\boldsymbol{X}:\sum\limits_{k=1}^{n}x_{ik}=1,\forall i=1,2,\cdots,n,\sum\limits_{i=1}^{n}x_{ik}=1,\forall k=1,2,\cdots,n,x_{ik}\in\{0,1\},\forall i,k\right\}$。

模型(P2)是一个复杂的 max-min 问题，很难直接求解。

下面通过分析 $\inf\limits_{p\in D} P(\mathrm{TFT}(\boldsymbol{\pi})\leqslant T)$ 得出模型(P2)的等价形式。对于任意的 $\boldsymbol{X}\in\mathcal{X}$，令 $T_{\boldsymbol{X}}=\mathrm{TFT}\left(\boldsymbol{X}\right)=\boldsymbol{p}^{\mathrm{T}}\boldsymbol{X}\boldsymbol{q}$、$\mu_{\boldsymbol{X}}=\boldsymbol{\mu}^{\mathrm{T}}\boldsymbol{X}\boldsymbol{q}$ 和 $\sigma_{\boldsymbol{X}}^2=\sum\limits_{i=1}^{n}\sum\limits_{k=1}^{n}\sigma_i^2 q_k^2 x_{ik}$，定义 $D_{\boldsymbol{X}}\overset{\text{def}}{=}\left\{T_{\boldsymbol{X}}:E(T_{\boldsymbol{X}})=\mu_{\boldsymbol{X}},\ \mathrm{Var}(T_{\boldsymbol{X}})=\sigma_{\boldsymbol{X}}^2\right\}$。由随机向量的投影性质[64]和 Cantelli 不等式[65]可得

$$\inf_{p\in D} P(\mathrm{TFT}(\boldsymbol{X})\leqslant T)=\inf_{T_{\boldsymbol{X}}\in D_{\boldsymbol{X}}} P(T_{\boldsymbol{X}}\leqslant T)=\begin{cases}\dfrac{(T-\mu_{\boldsymbol{X}})^2}{\sigma_{\boldsymbol{X}}^2+(T-\mu_{\boldsymbol{X}})^2}, & T>\mu_{\boldsymbol{X}}\\ 0, & \text{其他}\end{cases}$$

因此，只需要考虑 $T>T_{\min}\overset{\text{def}}{=}\min\limits_{\boldsymbol{X}\in\mathcal{X}}\ \boldsymbol{\mu}^{\mathrm{T}}\boldsymbol{X}\boldsymbol{q}$ 的情况，其中 $T_{\min}$ 为 TFT 的最短期望处理时间。由于 $g(t)=\dfrac{t^2}{1+t^2}$ 在 $t\in\left[0,+\infty\right)$ 上是递增的，当 $T>T_{\min}$ 时，模型(P2)的最优解可以通过求解如下问题得到[66]，即

$$\text{(P3)}\quad \max\left\{\frac{T-\mu_{\boldsymbol{X}}}{\sqrt{\sigma_{\boldsymbol{X}}^2}}:\boldsymbol{X}\in\mathcal{X}\right\}$$

需要注意的是，正态性假设允许负的加工时间，而这在实际中是不可能的。下面我们考虑如下分布不确定集的鲁棒模型，即

$$D_{\gamma}=\{\boldsymbol{p}:P(\boldsymbol{p}\geqslant\boldsymbol{\gamma})=1,E(\boldsymbol{p})=\boldsymbol{\mu},\mathrm{Cov}(\boldsymbol{p})=\mathrm{Diag}(\sigma_1^2,\sigma_2^2,\cdots,\sigma_n^2)\}$$

其中，$\gamma_i\geqslant 0$ 为工件 i 的非负加工时间。

于是，相应的分布式鲁棒调度模型就变成求解如下问题，即

$$\text{(P4)}\quad \max_{\boldsymbol{X}\in\mathcal{X}}\inf_{\boldsymbol{p}\in D_{\gamma}}\ P(\mathrm{TFT}(\boldsymbol{X})\leqslant T)$$

在模型(P4)中，我们可以对 $\inf\limits_{\boldsymbol{p}\in D_{\gamma}} P(\mathrm{TFT}(\boldsymbol{X})\leqslant T)$ 给出一个明确的下界[67]。

引理 2.3.1 对于任意的 $\boldsymbol{X}\in\mathcal{X}$，令 $\gamma_{\boldsymbol{X}}=\boldsymbol{\gamma}^{\mathrm{T}}\boldsymbol{X}\boldsymbol{q}$，那么有

$$\inf_{\boldsymbol{p}\in D_{\gamma}} P(\mathrm{TFT}(\boldsymbol{X})\leqslant T)\geqslant\mathcal{R}(\boldsymbol{X})\overset{\text{def}}{=}\begin{cases}\max\left\{\dfrac{(T-\mu_{\boldsymbol{X}})^2}{\sigma_{\boldsymbol{X}}^2+\left(T-\mu_{\boldsymbol{X}}\right)^2},\dfrac{T-\mu_{\boldsymbol{X}}}{T-\gamma_{\boldsymbol{X}}}\right\}, & T\geqslant\mu_{\boldsymbol{X}}\\ 0, & T<\mu_{\boldsymbol{X}}\end{cases}$$

证明：对于任意的 $\boldsymbol{X}\in\mathcal{X}$，令 $D_{\gamma 1}\overset{\text{def}}{=}\left\{T_{\boldsymbol{X}}=\boldsymbol{p}^{\mathrm{T}}\boldsymbol{X}\boldsymbol{q}:\boldsymbol{p}\in D_{\gamma}\right\}$，$D_{\gamma 2}\overset{\text{def}}{=}\{T_{\boldsymbol{X}}:P(T_{\boldsymbol{X}}\geqslant\gamma_{\boldsymbol{X}})=1,E(T_{\boldsymbol{X}})=\mu_{\boldsymbol{X}},\mathrm{Var}(T_{\boldsymbol{X}})=\sigma_{\boldsymbol{X}}^2\}$，显然有 $D_{\gamma 1}\subseteq D_{\gamma 2}$，并且存在 $D_{\gamma 1}\subsetneq D_{\gamma 2}$ 的可能。因此可得 $\inf\limits_{\boldsymbol{p}\in D_{\gamma}} P(\mathrm{TFT}(\boldsymbol{X})\leqslant T)=\inf\limits_{T_{\boldsymbol{X}}\in D_{\gamma 1}} P(T_{\boldsymbol{X}}\leqslant T)\geqslant\inf\limits_{T_{\boldsymbol{X}}\in D_{\gamma 2}} P(T_{\boldsymbol{X}}\leqslant T)$。此结论与给定均值和方差的非负随机变量的切比雪夫不等式一致。

后面我们将说明如何求解 $\max_{X\in\mathcal{X}}\mathcal{R}(X)$，即模型(P4)的下界。首先记 $\mathcal{R}_1(X)=(T-\mu_X)^2/(\sigma_X^2+(T-\mu_X)^2)$，$\mathcal{R}_2(X)=(T-\mu_X)/(T-\gamma_X)$，此时 $\mathcal{R}(X)=\max\{\mathcal{R}_1(X),\mathcal{R}_2(X)\}$。同时，对任意的 $X_1\in\operatorname{argmax}_{X\in\mathcal{X}}\mathcal{R}_1(X)$ 以及 $X_2\in\operatorname{argmax}_{X\in\mathcal{X}}\mathcal{R}_2(X)$，$\bar{X}\in\operatorname{argmax}_{X=X_1,X_2}\mathcal{R}(X)$ 都是 $\max_{X\in\mathcal{X}}\mathcal{R}(X)$ 的最优解。事实上，对任意 $X\in\mathcal{X}$，都有 $\mathcal{R}(\bar{X})\geqslant\mathcal{R}(X_i)\geqslant\mathcal{R}_i(X_i)\geqslant\mathcal{R}_i(X),\ i=1,2$，即 $\mathcal{R}(\bar{X})\geqslant\mathcal{R}(X)$。因此，当 $T>T_{\min}$ 时，模型(P4)的下界可以通过求解模型(P3)与(P5)得到，即

$$(\text{P5})\quad \max\left\{\frac{T-\mu_X}{T-\gamma_X}:X\in\mathcal{X},T\geqslant\mu_X\right\}$$

模型(P5)事实上是一个多项式时间可解线性分式指派问题，易于求解。因此，获取模型(P4)下界的难点主要在于如何求解模型(P3)，我们将在下一节介绍。

2.3.3　参数搜索算法

模型(P3)为高度非线性的非凸优化问题，已被证明是 NP 难的，现有算法无法对其进行有效求解。本节以单机调度问题为例，设计一个参数搜索(parametric search，PS)算法进行高效求解。

首先将模型(P3)转化为二维紧凸集上的一个特殊的拟凸最大化问题。对于任意的 $X\in\mathcal{X}$，令 $u_X=\sigma_X^2$、$v_X=\mu_X$，定义 $S=\{(u_X,v_X):X\in\mathcal{X}\}$、$\bar{S}=S\cap\{(u_X,v_X):v_X\leqslant T\}$ 和 $f(u,v)=(T-v)/\sqrt{u}$。由拟凸函数的定义，实值函数 h 定义在凸集 C 上，若 h 的下水平集 $L_a=\{X:X\in C,h(X)\leqslant a\}$ 是凸的，则 h 是拟凸的，可得 f 在 $\operatorname{conv}(\bar{S})$ 上是拟凸的，其中 $\operatorname{conv}(\bar{S})$ 是 $\bar{S}$ 的凸包。因此，模型(P3)可以等价地改写为

$$\max_{X\in\mathcal{X}} f(u_X,v_X)=\max_{X\in\mathcal{X},v_X\leqslant T} f(u_X,v_X)=\max_{(u,v)\in\bar{S}} f(u,v)=\max_{(u,v)\in\operatorname{conv}(\bar{S})} f(u,v)$$

其中，第一个等式利用满足 $v_X\leqslant T$ 则存在最优解 $X^*\in\mathcal{X}$ 的性质；第二个等式利用 $\bar{S}$ 的定义；最后一个等式利用紧凸可行集上的拟凸函数在可行集的极值点取得最大值的性质[68]。

因此，为了求解模型(P3)，只需枚举 $\operatorname{conv}(\bar{S})$ 的所有极值点，并求解相应的参数化指派问题(parameterized assignment problem，PAP)，给定参数 $\lambda\geqslant 0$，有

$$(\text{P}_\lambda)\quad \min_{X\in\mathcal{X}}\left(v_X+\lambda u_X\right)=\min_{X\in\mathcal{X}}\sum_{i=1}^{n}\sum_{k=1}^{n}c_{ik}(\lambda)x_{ik}$$

其中，$c_{ik}(\lambda)=q_k\mu_i+\lambda q_k^2\sigma_i^2$。

然后，从中选择最优的极值点即可。

本节在证明最优参数存在的基础上，设计了求解 (P_λ) 不同的策略，以加快参数搜索速度。同时，针对本节提出的分布式鲁棒调度模型设计了子问题的加速求

解策略，并使用区间搜索算法，保证全局收敛。相关结论如下。

1) 最优参数存在性

本节首先证明了 PAP 最优参数的存在性，同时证明当问题(P2)的最优解为 $\boldsymbol{X}^*$ 时，参数化问题 (P_λ) 的最优参数为 $\lambda^*=f(u_{X^*},v_{X^*})/2\sqrt{u_{X^*}}$。令 $\mathcal{X}^*$ 和 $\mathcal{X}_{\lambda^*}$ 分别为(P3)和 (P_λ) 的最优解集合，命题 2.3.1 为 λ^* 提供了一个充分条件。

命题 2.3.1　令 $\lambda^*=f\left(u_{X^*},v_{X^*}\right)/\left(2\sqrt{u_{X^*}}\right)$，则对任意 $\boldsymbol{X}\in\mathcal{X}_{\lambda^*}$，都有 $\boldsymbol{X}\in\mathcal{X}^*$ 成立。

证明：f 在 $\mathrm{conv}(\bar{S})$ 上是拟凸的，且 $\nabla f(u,v)=(-(T-v)/(2u^{3/2}),-1/u^{1/2})^{\mathrm{T}}$，根据拟凸性，对于任意的 $(u_i,v_i)\in\mathrm{conv}(\bar{S}),i=1,2$ 使得 $\nabla f(u_1,v_1)^{\mathrm{T}}(u_2-u_1,v_2-v_1)\geqslant 0$，我们都有

$$\frac{T-v_1}{2u_1}(u_2-u_1)+v_2-v_1\leqslant 0$$

令 $f_i=f(u_i,v_i),v_i=T-f_i\sqrt{u_i},i=1,2$，可得 $[(u_1+u_2)f_1-2\sqrt{u_1u_2}f_2]/(2\sqrt{u_1})\leqslant 0$。由于 $u_i,f_i\geqslant 0$，可得 $f_2\geqslant(u_1+u_2)/(2\sqrt{u_1u_2})f_1\geqslant f_1$。可以证明，对任意 $\boldsymbol{X}\in\mathcal{X}^*$，

$$\max_{(u,v)\in\mathrm{conv}(\bar{S})}\nabla f(u_{X^*},v_{X^*})^{\mathrm{T}}(u,v)=\max_{(u,v)\in\mathrm{conv}(\bar{S})}\frac{-1}{u_{X^*}^{\frac{1}{2}}}\left\{v+\frac{T-v_{X^*}}{2u_{X^*}}u\right\}=\frac{-1}{u_{X^*}^{1/2}}\min_{(u,v)\in\mathrm{conv}(\bar{S})}(v+\lambda^*u)$$

的解都是(P3)的最优解。由于线性规划最优值必在极点取到，因此

$$\min_{(u,v)\in\mathrm{conv}(\bar{S})}(v+\lambda^*u)=\min_{(u,v)\in\bar{S}}(v+\lambda^*u)=\min_{X\in\mathcal{X},v_X\leqslant T}\sum_{i=1}^{n}\sum_{k=1}^{n}c_{ik}(\lambda^*)x_{ik}$$

同时，由于 (P_{λ^*}) 的最优解均满足 $v_X\leqslant T$，因此上式最右段中约束 $v_X\leqslant T$ 实质上是冗余的，即 (P_{λ^*}) 的最优解都是(P3)的最优解。命题 2.3.1 得证。

根据命题 2.3.1 可知，至少存在一个 $\lambda^*\in[0,+\infty)$，通过求解对应的 $\mathrm{PAP}(\mathrm{P}_{\lambda^*})$ 可得到模型(P3)的最优解。

2) 参数搜索策略

为快速求解参数化问题 (P_λ)，本节提出以下三种参数搜索策略。

(1) 单调下降搜索策略。

基于以下三条特性，我们为参数搜索设计单调搜索算法。

性质 2.3.1　对任意 $\lambda_2>\lambda_1\geqslant 0,\boldsymbol{X}_i\in\mathcal{X}_{\lambda_i}(i=1,2)$，都有 $u_{X_1}\geqslant u_{X_2}$，$v_{X_1}\leqslant v_{X_2}$。

证明：根据 $\mathcal{X}_{\lambda_i}$ 的定义易证。

性质 2.3.2　假设 $\boldsymbol{X}_{\mathrm{R}}$ 与 $\boldsymbol{X}_{\mathrm{L}}$ 分别为工件按 μ_i 与 σ_i^2 做非递减顺序排序的排程。

记 $(u_R, v_R)=(u_{X_R}, v_{X_R})$ ，$(u_L, v_L)=(u_{X_L}, v_{X_L})$ ，那么 λ^* 的一个优化初始区间为 $\max\ \{f(u_L, v_L), f(u_R, v_R)\}$ ，$(1/(2\sqrt{u_R}))\leqslant\lambda^*\leqslant f(u_L, v_R)/(2\sqrt{u_L})$ 。

证明：对任意 $\boldsymbol{X}^*\in\mathcal{X}^*$ ，根据 $\boldsymbol{X}_R$ 和 $\boldsymbol{X}_L$ 的构造有 $u_L\leqslant u_{X^*}\leqslant u_R$ ，$v_R\leqslant v_{X^*}\leqslant v_L$ 。记 $f^*=f(u_{X^*}, v_{X^*})$ ，由 f 的单调性，有 $f^*\leqslant f(u_L, v_R)$ 。由于 $\boldsymbol{X}_R$ 和 $\boldsymbol{X}_L$ 均为有效排程，我们有 $f^*\geqslant\max\ \{f(u_L, v_L), f(u_R, v_R)\}\geqslant 0$ 。由命题 2.3.1，可取 $\lambda^*=f^*/(2\sqrt{u_{X^*}})$ ，即得性质 2.3.2。

性质 2.3.2 展示了如何基于 $\boldsymbol{X}_R$ 和 $\boldsymbol{X}_L$ 为 λ^* 构造一个优化初始区间。事实上，由 f 的单调性，我们只需要在 $\text{conv}(\bar{S})$ 的左侧 $\boldsymbol{X}_R$ 和 $\boldsymbol{X}_L$ 之间的极点中搜索即可，如图 2.4 所示。

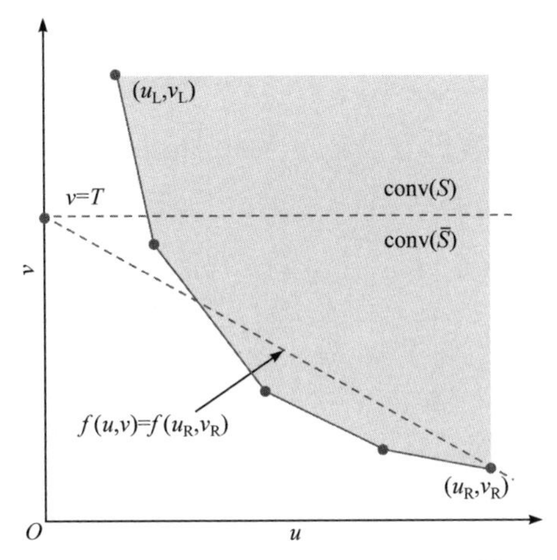

图 2.4　在 $f(u_R, v_R)\geqslant 0\geqslant f(u_L, v_L)$ 条件下 $\text{conv}(\bar{S})$ 的左侧极点

性质 2.3.3　对任意 $\lambda_2>\lambda_1\geqslant 0$ ，$\boldsymbol{X}_i\in\mathcal{X}_{\lambda_i}$ ，记 $(u_i, v_i)=(u_{X_i}, v_{X_i})(i=1,2)$ 。假设 $v_1<T, v_2\neq v_1$ 。考虑直线 $L_1: v+\lambda_1 u=l_1$ 与直线 $L_2: v+\lambda_2 u=l_2$ 的交点 $(u_c, v_c)=((l_2-l_1)/(\lambda_2-\lambda_1), (l_1\lambda_2-l_2\lambda_1)/(\lambda_2-\lambda_1)), l_i=v_i+\lambda_i u_i(i=1,2)$ ，则 f 在 $S_{1,2}=\bar{S}\cap\{(u,v): u_2\leqslant u\leqslant u_1\}$ 的上界为 $\max\ \{f(u_1, v_1), f(u_2, v_2), \cdots, f(u_c, v_c)\}$ 。

证明：由性质 2.3.1，以及 (u_i, v_i) 、(u_c, v_c) 的定义易得 $v_1\leqslant v_c\leqslant v_2$ 、$u_1\geqslant u_c\geqslant u_2$ 。由于 $S_{1,2}\subseteq S_c=\{(u,v): v+\lambda_1 u\geqslant l_1, v+\lambda_2 u\geqslant l_2, v\leqslant T, u_2\leqslant u\leqslant u_1\}$，$f$ 在 S_c 的最大值即可作为 f 在 $S_{1,2}$ 的上界。根据 f 的单调性和拟凸性，可证性质 2.3.3 成立。

性质 2.3.3 给出了 f 在 $\text{conv}(\bar{S})$ 的极点上取值的一个上界。注意到，$\boldsymbol{X}_i\in\mathcal{X}_{\lambda_i}$ 给出了模型(P3)最优解的一个下界。本节首先基于以上性质，为参数搜索设计了单调搜索算法。由于 $\text{conv}(\bar{S})$ 的极点数量有限，因此单调搜索策略下的参数搜索算法可以在有限步完成。

(2) 双向搜索策略。

单调搜索算法会在某个局部最优路径处停止。为了从局部最优路径处跳出，我们进一步设计了双向搜索策略。在该策略下，算法同时从初始区间$[\lambda_l,\lambda_u]$的左右两个方向进行搜索，并利用左右两侧得到的当前最优路径信息加速另一侧的搜索过程。该搜索策略基于以下命题。

命题 2.3.2 对任意$\lambda \geqslant 0$，$\boldsymbol{X}_\lambda \in \mathcal{X}_\lambda$，记$(u_\lambda,v_\lambda)=(u_{\boldsymbol{X}_\lambda},v_{\boldsymbol{X}_\lambda}),\lambda'=f(u_\lambda,v_\lambda)/(2\sqrt{u_\lambda})$。假设$\lambda' \geqslant 0$，则有

① 对任意$\boldsymbol{X}_{\lambda'} \in \mathcal{X}_{\lambda'}$，都有$f(u_{\lambda'},v_{\lambda'}) \geqslant f(u_\lambda,v_\lambda)$，其中$(u_{\lambda'},v_{\lambda'})=(u_{\boldsymbol{X}_{\lambda'}},v_{\boldsymbol{X}_{\lambda'}})$。

② 若$\lambda' \geqslant \lambda$，那么对任意$\theta \in [\lambda,\lambda'],\ \boldsymbol{X}_\theta \in \mathcal{X}_\theta$，都有$f(u_{\lambda'},v_{\lambda'}) \geqslant f(u_\theta,v_\theta)$，其中$(u_\theta,v_\theta)=(u_{\boldsymbol{X}_\theta},v_{\boldsymbol{X}_\theta})$。

③ 若$\lambda' \geqslant \lambda$，那么对任意$\boldsymbol{X}_{\lambda'} \in \mathcal{X}_{\lambda'}$，都有$\lambda''=f(u_{\lambda'},v_{\lambda'})/(2\sqrt{u_{\lambda'}}) \geqslant \lambda'$，其中$(u_{\lambda'},v_{\lambda'})=(u_{\boldsymbol{X}_{\lambda'}},v_{\boldsymbol{X}_{\lambda'}})$。

证明：① 由$\lambda' \geqslant 0$，我们有$f(u_\lambda,v_\lambda) \geqslant 0$且$v_\lambda \leqslant T$。根据$\boldsymbol{X}_{\lambda'} \in \mathcal{X}_{\lambda'}$，可得

$$
\begin{aligned}
& v_{\lambda'}+\lambda' u_{\lambda'} \leqslant v_\lambda+\lambda' u_\lambda \\
\Leftrightarrow\ & 2\sqrt{u_\lambda u_{\lambda'}} f(u_{\lambda'},v_{\lambda'}) \geqslant (u_\lambda+u_{\lambda'}) f(u_\lambda,v_\lambda) \geqslant 0
\end{aligned}
$$

从而$f(u_{\lambda'},v_{\lambda'}) \geqslant 0$且$v_{\lambda'} \leqslant T$。同时，可知$\nabla f(u_\lambda,v_\lambda)^{\mathrm{T}}(u_{\lambda'}-u_\lambda,v_{\lambda'}-v_\lambda) \geqslant 0$。根据$f$在$\operatorname{conv}(\bar{S})$的伪凸性，可得$f(u_{\lambda'},v_{\lambda'}) \geqslant f(u_\lambda,v_\lambda)$。

② 根据$\lambda \leqslant \theta \leqslant \lambda'$，我们有$u_\lambda \geqslant u_\theta \geqslant u_{\lambda'} \geqslant 0$。由$\boldsymbol{X}_{\lambda'} \in \mathcal{X}_{\lambda'}$，可得

$$
\begin{aligned}
& v_{\lambda'}+\lambda' u_{\lambda'} \leqslant v_\theta+\lambda' u_\theta \\
\Leftrightarrow\ & f(u_{\lambda'},v_{\lambda'})\sqrt{u_{\lambda'}}+\frac{f(u_\lambda,v_\lambda)}{2\sqrt{u_\lambda}}(u_\theta-u_{\lambda'}) \geqslant f(u_\theta,v_\theta)\sqrt{u_\theta} \\
\Rightarrow\ & \frac{u_\lambda+u_\theta}{u_\lambda+u_{\lambda'}}\sqrt{u_{\lambda'}} f(u_{\lambda'},v_{\lambda'}) \geqslant \sqrt{u_\theta} f(u_\theta,v_\theta) \\
\Leftrightarrow\ & f(u_{\lambda'},v_{\lambda'}) \geqslant \frac{u_\lambda+u_{\lambda'}}{u_\lambda+u_\theta}\frac{\sqrt{u_\theta}}{\sqrt{u_{\lambda'}}} f(u_\theta,v_\theta)
\end{aligned}
$$

当$f(u_\theta,v_\theta) \leqslant 0$时，证明完毕；否则，只需证明$((u_\lambda+u_{\lambda'})/(u_\lambda+u_\theta))(\sqrt{u_\theta}/\sqrt{u_{\lambda'}}) \geqslant 1$，由$g(t)=(t+u_{\lambda'})/(t+u_\theta)$在$t \geqslant 0, u_\lambda \geqslant \sqrt{u_{\lambda'} u_\theta}$范围内递增，可知$((u_\lambda+u_{\lambda'})/(u_\lambda+u_\theta))(\sqrt{u_\theta}/\sqrt{u_{\lambda'}}) \geqslant \left(\dfrac{(\sqrt{u_{\lambda'} u_\theta}+u_{\lambda'})}{(\sqrt{u_{\lambda'} u_\theta}+u_\theta)}\right)\cdot(\sqrt{u_\theta}/\sqrt{u_{u'}})=1$。

③ 根据①与性质 2.3.1 有$f(u_{\lambda'},v_{\lambda'}) \geqslant f(u_\lambda,v_\lambda)$且$u_{\lambda'} \leqslant u_\lambda$，进而$\lambda''=f(u_{\lambda'},v_{\lambda'})/(2\sqrt{u_{\lambda'}}) \geqslant f(u_\lambda,v_\lambda)/(2\sqrt{u_\lambda})=\lambda'$。

命题 2.3.2 证明了可以利用 f 的梯度来改进现有解决方案，其中②和③说明当 $\lambda' \geqslant \lambda$ 时，在搜索中可以剪枝区间 $[\lambda, \lambda']$ 而不影响最优性。在此基础上，我们还可以利用 f 的伪凸性进一步加速搜索。对于任意区间 $[\lambda_1, \lambda_2], \lambda_2 > \lambda_1 > 0$，我们记 $(u_i, v_i) = (u_{\boldsymbol{X}_i}, v_{\boldsymbol{X}_i})$，$\boldsymbol{X}_i \in \mathcal{X}_{\lambda_i}, i = 1,2$。令 $\overline{f}$ 为 f^* 的一个已知下界且 $\overline{f} \geqslant f(u_i, v_i)$，$i = 1,2$。记直线 $L_1 : v + \lambda_1 u = l_1$ 和 $L_2 : v + \lambda_2 u = l_2$ 的交点为 (u_c, v_c)。假设 $f(u_c, v_c) > \overline{f}$ 且 $v_1 \leqslant T$（否则，根据命题 2.3.2 区间 $[\lambda_1, \lambda_2]$ 可以被剪枝），记 (u_{c_i}, v_{c_i}) 为直线 L_i 与曲线 $C : f(u, v) = \overline{f}$ 的交点，其中 $u_{c_i} \in [u_2, u_1], i = 1,2$，即

$$\begin{cases} u_{c_1} = \left(\dfrac{\overline{f} - \sqrt{\overline{f}^2 - 4\lambda_1 (T - l_1)}}{2\lambda_1} \right)^2 \\ v_{c_1} = l_1 - u_{c_1} \lambda_1 \end{cases}$$

$$\begin{cases} u_{c_2} = \left(\dfrac{\overline{f} + \sqrt{\overline{f}^2 - 4\lambda_2 (T - l_2)}}{2\lambda_2} \right)^2 \\ v_{c_2} = l_2 - u_{c_2} \lambda_2 \end{cases}$$

见图 2.5。此时命题 2.3.3 成立。

命题 2.3.3 假设 $f(u_c, v_c) > \overline{f}$ 且 $v_1 \leqslant T$。若存在 $\boldsymbol{X} \in \mathcal{X}^*$ 使得 $u_{\boldsymbol{X}^*} \in [u_2, u_1]$，那么 $u_{\boldsymbol{X}^*} \in [u_{c_2}, u_{c_1}]$，且存在 $\lambda^* \in [\lambda_1', \lambda_2']$，使得 $\forall \boldsymbol{X} \in \mathcal{X}_{\lambda^*}$ 有 $\boldsymbol{X} \in \mathcal{X}^*$，其中 $\lambda_1' = \max \{\lambda_1, \overline{f} / (2\sqrt{u_{c_1}})\}$，$\lambda_2' = \min \{\lambda_2, f(u_c, v_c) / (2\sqrt{u_{c_2}})\}$。

证明： 由 $\boldsymbol{X}_i \in \mathcal{X}_{\lambda_i}$ 的定义，有 $\mathrm{conv}(\overline{S}) \subseteq S' = \{(u, v) : v + \lambda_1 u \geqslant l_1, v + \lambda_2 u \geqslant l_2, v \leqslant T, u \geqslant 0, v \geqslant 0\}$。由于 $f(u_c, v_c) > f^* \geqslant \overline{f} = f(u_{c_1}, v_{c_1}) = f(u_{c_2}, v_{c_2})$，以及 f 在 S' 的拟凸性，f 在 $\mathrm{conv}(\overline{S}) \cap \{(u, v) : u_2 \leqslant u \leqslant u_1\}$ 上的最大值在三角形 ABC 内，其中 $A = (u_{c_1}, v_{c_1}), B = (u_{c_2}, v_{c_2}), C = (u_c, v_c)$。由此可得 $u_{\boldsymbol{X}^*} \in [u_{c_2}, u_{c_1}]$。此外，令 $\lambda^* = f^* / (2\sqrt{u_{\boldsymbol{X}^*}})$，根据 $f(u_c, v_c) > f^* \geqslant \overline{f}$ 与 $u_{c_2} \leqslant u_{\boldsymbol{X}^*} \leqslant u_{c_1}$，可得 $\overline{f} / (2\sqrt{u_{c_1}}) \leqslant \lambda^* \leqslant f(u_c, v_c) / (2\sqrt{u_{c_2}})$，证毕。

命题 2.3.3 表明，f^* 的下界 $\overline{f}$ 和交点 (u_{c_i}, v_{c_i}) 可用来进一步缩小参数区间 $[\lambda_1, \lambda_2]$，以提高搜索效率。

(3) 交叉点搜索策略。

为进一步加快求解速度，我们在双向搜索策略的基础上设计了交叉点搜索方法。该方法的依据是性质 2.3.3，即对于任意 $\lambda_2 > \lambda_1 \geqslant 0$ 及直线 $L_1 : v + \lambda_1 u = l_1$ 和 $L_2 : v + \lambda_2 u = l_2$ 的交点 (u_c, v_c)，$\max \{f(u_1, v_1), f(u_2, v_2), f(u_c, v_c)\}$ 为 (P_λ) 的上界。

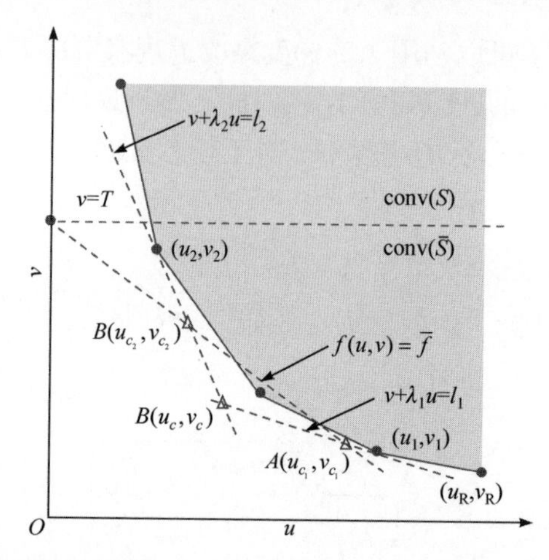

图 2.5　直线 $L_1: v+\lambda_1 u = l_1$ 和 $L_2: v+\lambda_2 u = l_2$ 交点

3) 参数搜索算法的基本流程

算法 2.3.1　基本 PS

输入： n,μ,σ,T

1. 求解 (P_0) 和 (P_∞) 以获得 $\boldsymbol{X}_\mathrm{R} \in \mathcal{X}_0$ 及 $\boldsymbol{X}_\mathrm{L} \in \mathcal{X}_\infty$；
2. $(u_\mathrm{R},v_\mathrm{R}) \leftarrow (u_{X_\mathrm{R}},v_{X_\mathrm{R}})$ 及 $(u_\mathrm{L},v_\mathrm{L}) \leftarrow (u_{X_\mathrm{L}},v_{X_\mathrm{L}})[\lambda_1,\lambda_2]$；
3. $\overline{f} \leftarrow \max\{f(u_\mathrm{L},v_\mathrm{L}), f(u_\mathrm{R},v_\mathrm{R})\}$ 及 $I \leftarrow \left\{\left[\dfrac{\overline{f}}{2\sqrt{u_\mathrm{R}}}, \dfrac{f(u_\mathrm{L},v_\mathrm{R})}{2\sqrt{u_\mathrm{L}}}\right]\right\}$；
4. 如果 $\overline{f} = f(u_\mathrm{L},v_\mathrm{L})$，那么 $\overline{\boldsymbol{X}} \leftarrow \boldsymbol{X}_\mathrm{L}$，否则 $\overline{\boldsymbol{X}} \leftarrow \boldsymbol{X}_\mathrm{R}$；
5. 当 $I \neq \varnothing$ 时进行如下操作：
6. 从 I 中选择并删除间隔；
7. $(u_c,v_c) \leftarrow \left(\dfrac{l_2-l_1}{\lambda_2-\lambda_1}, \dfrac{l_1\lambda_2-l_2\lambda_1}{\lambda_2-\lambda_1}\right); \lambda_3 \leftarrow \dfrac{v_1-v_2}{u_2-u_1}$；
8. 如果 $u_1 \leqslant u_2$ 或 $f(u_c,v_c) \leqslant f$ 或 $\lambda_3 \leqslant \lambda_1$ 或 $\lambda_3 \geqslant \lambda_2$，则继续循环，否则结束；
9. 求解 (P_{λ_3}) 以求得 $\boldsymbol{X}_3 \in \boldsymbol{X}_{\lambda_3}; (u_3,v_3) \leftarrow (u_{X_3},v_{X_3})$；
10. 如果 $(u_i,v_i)(i=1,2,3)$ 共线，则继续；
11. 如果 $f(u_3,v_3) > \overline{f}$，那么 $\overline{f} \leftarrow f(u_3,v_3), \overline{\boldsymbol{X}} \leftarrow \boldsymbol{X}_3$；
12. $I \leftarrow I \cup \{[\lambda_1,\lambda_3],[\lambda_3,\lambda_2]\}$；
13. 返回最优解 $\overline{\boldsymbol{X}}$

输出： $\overline{\boldsymbol{X}}$：最优解

---

4) 子问题加速策略

为高效求解所研究的问题，本节提出基于参数化指派问题的原始对偶信息，以及加速的最短指派路径算法。该算法只需在 $O(n\log n)$ 时间内求解前两个参数化指派问题，即可得加速的最短指派路径算法的初始最优对偶解。

5) 区间搜索算法

参数搜索算法最终会停留在局部最优解，为使算法全局收敛，本节基于分支定界的思想设计区间参数搜索方法。具体而言，对任意区间 $[\lambda_1,\lambda_2]$，其中 $\lambda_2>\lambda_1\geqslant 0$，本节通过计算该区间的下界，将其分割为两个子区间，通过不断更新下界求得全局最优解。

2.3.4 计算实验分析

本节提出的 PS 算法与 Daniels 等[60]针对单机问题提出的 B&B 算法(记为 B&B-DC)进行比较，并验证改进的 PS 算法的效率。PS 算法和 B&B-DC 算法均使用 MATLAB R2016a 实现。

问题实例的生成方式与 Daniels 等[69]和 Alimoradi 等[63]的生成方式相同。具体地，从 $[10,50\delta_1]$ 和 $[0,1/9\mu_i^2\delta_2]$ 中随机选取 μ_i 和 σ_i^2，其中 δ_1 和 δ_2 控制均值和方差的变异性。目标水平由 $T=\mu_{X_0}+\delta\sqrt{\sigma_{X_0}^2}$ 确定，其中 $\boldsymbol{X}_0\in\mathcal{X}_0$ 表示期望处理时间最短准则，δ 控制 $\mathrm{TFT}(\boldsymbol{X}_0)$ 超过目标水平的概率。实验考虑 3 个 δ_1 的取值(0.4、0.7 和 1.0)、3 个 δ_2 的取值(0.4、0.7 和 1.0)、3 个 δ 的取值(1.04、1.65 和 2.33)。对于每个给定 n 和 m 的问题集，随机生成 10 个问题实例。因此，对于每个问题集，共求解 270 个 $(3\times3\times3\times10)$ 问题实例。

小规模单机问题 PS 算法和 B&B-DC 算法结果如表 2.10 所示。前两列给出工件数量和 δ 的取值。对于给定的 n 和 δ，对 $\delta_1,\delta_2\in\{0.4,0.7,1.0\}$ 的每个组合随机生成 10 个问题实例，并展示 90 个实例的平均结果。“时间”列给出以秒为单位的平均 CPU 时间，每行的最小平均 CPU 时间用下划线标出。“实例数”列给出 B&B-DC 算法在 600s 时限内优化求解的问题实例总数。“PAPs 数”列给出 PS 算法求解的 PAPs 数。

表 2.10　小规模单机问题 PS 算法和 B&B-DC 算法结果对比

n	δ	B&B-DC		基本 PS		改进的 PS	
		时间/s	实例数	时间/s	PAPs 数	时间/s	PAPs 数
10	1.04	0.005	90	0.007	3.9	0.004	2.4
	1.65	0.005	90	0.004	4	0.002	3
	2.33	0.006	90	0.003	4.1	0.001	3.1
15	1.04	0.02	90	0.012	5	0.006	2.7
	1.65	0.023	90	0.007	5.2	0.002	3.5

续表

n	δ	B&B-DC		基本 PS		改进的 PS	
		时间/s	实例数	时间/s	PAPs 数	时间/s	PAPs 数
15	2.33	0.02	90	0.008	5.2	0.002	3.8
20	1.04	6.811	90	0.02	5.8	0.007	2.9
	1.65	7.079	90	0.016	6	0.002	3.5
	2.33	11.382	90	0.016	6.2	0.002	4
25	1.04	24.541	87	0.031	6.5	0.007	3.3
	1.65	76.648	82	0.028	6.7	0.003	4
	2.33	77.665	84	0.028	6.7	0.003	4.2
30	1.04	167.481	74	0.046	6.9	0.007	3.2
	1.65	359.687	46	0.043	7	0.003	3.9
	2.33	468.654	25	0.045	7.2	0.004	4.4

由表 2.10 可得出以下结论，当工件数量大于 20 时，基本 PS 算法和改进的 PS 算法在 CPU 时间上都显著优于 B&B-DC 算法。特别地，当任务数等于 30 时，改进的 PS 算法比 B&B-DC 算法速度快了 4 个数量级。此外，改进的 PS 算法通过使用加速的最短增广路径技术，使基本的 PS 速度提高了 40%以上。最后，随着不同工件间加工时间期望和方差的差异增大，B&B-DC 算法的求解时间急剧增加，而 PS 算法求解时间变化很小。

如表 2.11 所示，最后两列展示了改进的 PS 算法相对于基本 PS 算法的改进。时间列给出以秒为单位的平均 CPU 时间，PAPs 数列给出 PS 算法求解的 PAPs 的个数。可以看出，当$n \geqslant 200$时，改进的 PS 算法可以将基本 PS 算法的 CPU 时间减少 2 个数量级。

表 2.11 大规模单机问题的 PS 算法结果

n	基本 PS		改进的 PS		改进/%	
	时间/s	PAPs 数	时间/s	PAPs 数	时间	PAPs 数
100	0.883	11.2	0.013	4.9	98.53	56.49
200	5.056	13.2	0.036	5.2	99.29	60.38
300	15.025	14.4	0.072	5.4	99.52	62.36
400	33.449	15.4	0.144	5.7	99.57	62.65
500	64.147	15.9	0.239	5.9	99.63	62.72

2.4 释放时间随机不确定的鲁棒单机调度问题建模与求解方法

本节研究了作业释放时间(job release time，JRT)不确定情况下，以最小化最大等待时间为目标的单机调度问题(single machine scheduling problem，SMSP)。本节假设每件作业的释放时间隶属一个区间，并建立鲁棒优化模型获得最优调度，使最坏情况下的最大等待时间(maximum waiting time，MWT)最小。虽然从理论上不确定释放时间的场景有无数种，但是只需要获得 n 个场景，即可求得最坏情况下的最大等待时间(maximal waiting time in worst case scenario，W-MWT)，其中 n 是作业数。在此基础上，该问题被表述为一个混合整数线性规划模型。为了求解大规模问题，本节给出一种两阶段启发式算法，实验结果证明提出模型的鲁棒性，以及两阶段启发式算法在计算效率及计算精度上的优势。本节内容取材于作者发表的学术论文[70]。

2.4.1　问题描述与建模

在大多数情况下，释放时间不确定情况下的单机调度鲁棒优化问题(robust SMSP，RSMSP)都是 NP 难的。在该问题中，每个工件仅在一台机器上被加工，每台机器同一时刻只能加工一个工件。工件一旦开始加工，加工过程就不能被中断。假定所有工件的加工时间已知，工件随机释放于一个事先估计出的区间。模型 RSMSP 的优化目标是寻找一个最优的工件加工序列，使该序列在最差场景下的 W-MWT 最小。

确定型的 SMSP 可以描述如下。

工件集合 $J=\{1,2,\cdots,n\}$ 中的 n 个工件均在一台机器上加工，工件 j 的释放时间确定，并表示为 $r_j, j=1,2,\cdots,n$。工件 j 的加工时间为 p_j，加工机器持续可用，每个工件的加工过程不能被中断，并且机器同一时刻只能加工一个工件。第 i 个被加工工件的完成时间可以表示为 $C_i(i=1,2,\cdots,n)$，那么一个调度方案就可以看作工件序列，并表示为矩阵 $\boldsymbol{X}=\{x_{ij},i,j,=1,2,\cdots,n\}$，其中 x_{ij} 的含义为

$$x_{ij}=\begin{cases}1, & \text{工件}j\text{在第}i\text{个位置被加工}\\ 0, & \text{其他}\end{cases}$$

显然，可行的调度集合 $\mathcal{X}$ 可以表示为

$$\mathcal{X}=\left\{\boldsymbol{X}:\sum_{i=1}^{n}x_{ij}=1,\forall j=1,2,\cdots,n;\sum_{j=1}^{n}x_{ij}=1,\forall i=1,2,\cdots,n;x_{ij}\in\{0,1\},\forall i,j=1,2,\cdots,n\right\}$$

基于上述描述，位于调度序列第 i 个位置的工件，其等待时间 WT_i 可以表示为 $\mathrm{WT}_i=\max\left(0,C_{i-1}-\sum_{j=1}^{n}x_{ij}r_j\right)=\left[C_{i-1}-\sum_{j=1}^{n}x_{ij}r_j\right]^+$，其中 $\left[C_{i-1}-\sum_{j=1}^{n}x_{ij}r_j\right]^+$ 的含义是，如果 $C_{i-1}-\sum_{j=1}^{n}x_{ij}r_j\geqslant 0$，则 $\left[C_{i-1}-\sum_{j=1}^{n}x_{ij}r_j\right]^+=C_{i-1}-\sum_{j=1}^{n}x_{ij}r_j$；如果 $C_{i-1}-\sum_{j=1}^{n}x_{ij}r_j<0$，则 $\left[C_{i-1}-\sum_{j=1}^{n}x_{ij}r_j\right]^+=0$。因此，最大等待时间 MWT 可以表示为

$$\text{MWT} = \max_{i=1,2,\cdots,n} \left[C_{i-1} - \sum_{j=1}^{n} x_{ij} r_j \right]^+$$

以最小化 MWT 为目标，确定型的 SMSP 可以建模为如下的混合整数规划问题，即

$$\begin{aligned}
(\text{SMSP}) \quad & \min_{\boldsymbol{X} \in \mathcal{X}} \max_{i=1,2,\cdots,n} \left[C_{i-1} - \sum_{j=1}^{n} x_{ij} r_j \right]^+ \\
\text{s.t.} \quad & C_i \geqslant \sum^{n} x_{ij}(r_j + p_j), \quad i = 1,2,\cdots,n \\
& C_i \geqslant C_{i-1} + \sum_{j=1}^{n} x_{ij} p_j
\end{aligned}$$

其中，第一条约束确保第 i 个被加工工件的完成时间 C_i 不低于该工件的释放时间与加工时间之和；第二条约束表明第 i 个被加工工件的完成时间 C_i 不低于第 $i-1$ 个工件完成时间与第 i 个工件的加工时间之和。

以上确定性模型可以通过先到先服务(earliest release date, ERD)准则来精确求解。在实际的生产过程中，工件的释放时间受前序工艺等不确定因素的影响，无法获得准确值，只能通过历史数据，以及对实际时间的预测估计一个大致的区间范围。为了处理释放时间不确定的问题，本节考虑 RSMSP。在该问题中，假设第 j 个工件的释放时间落在区间 $\left[\underline{r_j}, \overline{r_j}\right]$，令 $\boldsymbol{r}$ 表示工件的释放时间向量，也可以称为释放时间场景。紧接着，令 S 代表所有可能场景的集合，即 $S = \left[\underline{r_1}, \overline{r_1}\right] \times \left[\underline{r_2}, \overline{r_2}\right] \times \cdots \times \left[\underline{r_n}, \overline{r_n}\right]$，并且 $\boldsymbol{r} \in S$。

对于一个给定释放时间场景 $\boldsymbol{r}$ 下的给定作业加工序列 $\boldsymbol{X}$，定义完成时间的可行集为

$$C(\boldsymbol{X}, \boldsymbol{r}) = \left\{ C_i : C_i \geqslant C_{i-1} + \sum_{j=1}^{n} x_{ij} p_j, C_i \geqslant C_{i-1} + \sum_{j=1}^{n} x_{ij}(p_j + r_j), \forall i = 1,2,\cdots,n \right\}$$

那么，MWT 的表达式为

$$f(\boldsymbol{X}, \boldsymbol{r}) = \min \left\{ \max_{i=1,2,\cdots,n} \left[C_{i-1} - \sum_{j=1}^{n} x_{ij} r_j \right]^+ : C_i \in C(\boldsymbol{X}, \boldsymbol{r}) \right\}$$

RSMSP 的目的是找到一个鲁棒调度，使其在所有场景中的最坏情况下仍有最好的系统表现。对此，对于任何工件序列 $\boldsymbol{X}$，首先定义其 W-MWT，即

$$f^{\mathrm{R}}(\boldsymbol{X})=\max_{\boldsymbol{r}\in S} f(\boldsymbol{X},\boldsymbol{r})$$

那么，RSMSP 可以表示为

$$(\text{RSMSP})\quad \min_{\boldsymbol{X}\in\mathcal{X}} f^{\mathrm{R}}(\boldsymbol{X})=\min_{\boldsymbol{X}\in\mathcal{X}}\max_{\boldsymbol{r}\in S} f(\boldsymbol{X},\boldsymbol{r})$$

RSMSP 的优化目标是最小化 W-MWT。由于每个工件可释放于给定区间内的任何时刻，因此 n 个工件释放时间组成的场景有无穷多个，无法由穷举技术找到最差场景。接下来对问题性质进行分析，以期将无限场景集合的最差场景缩小到一个等价的有限集。

2.4.2　问题结构性质分析

本节通过对问题性质的研究，给出将无限的释放时间场景缩小到一个等价有限集的方法，并给出 RSMSP 的等价表达。

令 $\widehat{r_j}$ 表示第 j 个工件释放时间区间的中点，即 $\widehat{r_j}=\frac{1}{2}\left(\underline{r_j}+\overline{r_j}\right)$，采用 δ_j 表示第 j 个工件释放时间相对于中点 $\widehat{r_j}$ 的最大偏差，即 $\delta_j=\overline{r_j}-\widehat{r_j}$，则第 j 个工件释放时间区间可表示为 $r_j\in\left[\widehat{r_j}-\delta_j,\widehat{r_j}+\delta_j\right]$。

首先给出关键工件的定义，即在工件序列 $\boldsymbol{X}$ 中，如果工件 j 在场景 $\boldsymbol{r}$ 下取得最长的等待时间，那么称工件 j 是工件序列在场景 $\boldsymbol{r}$ 下的关键工件。

性质 2.4.1　对于场景集合 $U=\left\{\boldsymbol{r}^1,\boldsymbol{r}^2,\cdots,\boldsymbol{r}^n\right\}$，其中如果工件序列 $\boldsymbol{X}$ 在场景 $\boldsymbol{r}$ 下取到 W-MWT，并且工件 j 是关键工件，那么工件序列 $\boldsymbol{X}$ 同样在场景 $\boldsymbol{r}^j$ 下取到 W-MWT。

$$\boldsymbol{r}^1=\begin{pmatrix}\underline{r_1}\\ \overline{r_2}\\ \vdots\\ \overline{r_n}\end{pmatrix},\quad \boldsymbol{r}^2=\begin{pmatrix}\overline{r_1}\\ \underline{r_2}\\ \vdots\\ \overline{r_n}\end{pmatrix},\quad \cdots,\quad \boldsymbol{r}^j=\begin{pmatrix}\overline{r_1}\\ \vdots\\ \overline{r_{j-1}}\\ \underline{r_j}\\ \overline{r_{j+1}}\\ \vdots\\ \overline{r_n}\end{pmatrix},\quad \cdots,\quad \boldsymbol{r}^n=\begin{pmatrix}\overline{r_1}\\ \overline{r_2}\\ \vdots\\ \underline{r_n}\end{pmatrix}$$

证明：首先，定义 $[i]$ 为工件序列 $\boldsymbol{X}$ 中第 i 个被加工的工件；其次，假设工件 j 在序列 $\boldsymbol{X}$ 中第 k 个被加工，并且其是最坏场景 $\boldsymbol{r}$ 下的关键工件，那么只需要证明序列 $\boldsymbol{X}$ 在场景 $\boldsymbol{r}^j$ 下的 W-MWT 不低于该序列在场景 $\boldsymbol{r}$ 下的 W-MWT 即可。

根据定义，工件序列 $\boldsymbol{X}$ 中第 i 个工件的加工完成时间为 $C_i=\max\{C_{i-1},r_{[i]}\}$

$+p_{[i]}$，第i个工件处的等待时间$\mathrm{WT}_i=[C_{i-1}-r_{[i]}]^+$。在场景$\boldsymbol{r}^j$中，位于第$i$ $(i<k)$被加工的工件，其释放时间$\overline{r_{[i]}}\geqslant r_{[i]}$，因此在场景$\boldsymbol{r}^j$中第$k-1$个工件的加工完成时间不低于在场景$\boldsymbol{r}$下的完成时间。此外，在场景$\boldsymbol{r}^j$中，第$k$个工件的释放时间$\underline{r_j}\leqslant r_j$。因此，在场景$\boldsymbol{r}^j$中，第$k$个工件的等待时间$\mathrm{WT}_k$不低于在场景$\boldsymbol{r}$下的等待时间，因此序列$\boldsymbol{X}$在场景$\boldsymbol{r}^j$下的 W-MWT 也是最差的。

根据性质 2.4.1 易知，对于任意工件序列$\boldsymbol{X}$，W-MWT 只会在包含有限(n个)场景的集合U中取到。因此，RSMSP 可以表述为如下模型，即

$$\text{(RSMSP1)}\quad \min_{\boldsymbol{X}\in\mathcal{X}}\max_{k=1,2,\cdots,n}\max_{i=1,2,\cdots,n}\left[C_{i-1}^k-\sum_{j=1}^n x_{ij}r_j^k\right]^+$$

$$\text{s.t.}\quad C_i^k\geqslant\sum_{j=1}^n x_{ij}(r_j^k+p_j),\quad i=1,2,\cdots,n;k=1,2,\cdots,n$$

$$C_i^k\geqslant C_{i-1}^k+\sum_{j=1}^n x_{ij}p_j,\quad i=1,2,\cdots,n;k=1,2,\cdots,n$$

由于模型(RSMSP1)是一个多阶段优化问题，内层为非线性优化问题，因此该问题仍然难解。

令$y=\max\limits_{k=1,2,\cdots,n}\max\limits_{i=1,2,\cdots,n}\left[C_{i-1}^k-\sum\limits_{j=1}^n x_{ij}r_j^k\right]^+$，即$y$代表最差场景发生时的最大等待时间，则(RSMSP1)模型可转换为一个等价的可解(RSMSP2)模型，上述公式变成(RSMSP2)模型的一个约束，即

$$\text{(RSMSP2)}\quad \min_{\boldsymbol{X},C_1,C_2,\cdots,C_n,y}\ y$$

$$\text{s.t.}\quad C_i\geqslant C_{i-1}+\sum_{j=1}^n x_{ij}p_j,\quad i=1,2,\cdots,n$$

$$C_i\geqslant\sum_{j=1}^n x_{ij}(\hat{r}_j+u_j^l+p_j),\quad i,l=1,2,\cdots,n$$

$$y\geqslant C_{i-1}-\sum_{j=1}^n x_{ij}(\hat{r}_j+u_j^l),\quad i,l=1,2,\cdots,n$$

$$y\geqslant 0$$

求解该问题的一种直接方法是分支定界的方法。它可以通过 CPLEX 求解器(用 CPX1 表示)来实现。实验结果表明，当$n\geqslant 200$时，该方法非常耗时，并且不能在合理的时间内解决问题。为了有效地解决大型问题实例，我们提出一种两阶

段启发式算法。

2.4.3　求解算法

本节给出一个两阶段启发式(two-stage heuristic，TSH)算法来解决上述问题。在第一阶段，使用改进的 Gusfield 启发式(modified Gusfield heuristic，MGH)算法求解 n 个确定的场景，得到 n 个接近最优的序列。然后，评估这 n 个序列的 W-MWT，并选择一个 W-MWT 最小的序列作为初始序列。在第二阶段，为了进一步改进初始序列，提出交换邻域搜索(switch neighborhood search，SNS)方法。TSH 算法描述如下。

1. 第一阶段算法

算法 2.4.1　MGH 算法

输入： n, p, U

1. 在场景 $r_1, r_2, \cdots, r_n$ 条件下，分别通过 GH 求解 n 个 SMSP，并生成工件序列 $\boldsymbol{X}_1, \boldsymbol{X}_2, \cdots, \boldsymbol{X}_n$；
2. 对于每个序列，根据集合 U 计算其 W-MWT，从而得到 $\text{W-MWT}_1, \text{W-MWT}_2, \cdots, \text{W-MWT}_n$；
3. 从 $\{\boldsymbol{X}_1, \boldsymbol{X}_2, \cdots, \boldsymbol{X}_n\}$ 选择具有最小 W-MWT 的最佳序列 $\hat{\boldsymbol{X}}$；

输出： $\hat{\boldsymbol{X}}$

在步骤 1 中，还可以使用 CPLEX 求解器来精确地解决基于 n 个场景的 SMSP。下面把提出的 MGH 算法与此方法(记为 CPX2)进行比较。

MGH 算法只提供一个初始的接近最优的序列。为了进一步提高其性能，本节提出一种交换邻域搜索(switch neighborhood search，SNS)来改进序列 $\hat{\boldsymbol{X}}$。

2. 第二阶段算法

算法 2.4.2　SNS 算法

输入： $\hat{\boldsymbol{X}}, n, p, U$

1. 初始化候选集 $P = \{\hat{\boldsymbol{X}}\}$ 和 $F = \text{True}$；
2. 在 $\hat{\boldsymbol{X}}$ 中找到使用 W-MWT 的作业，并表示其位置为 $\bar{i}$；
3. for　$k = 1, 2, \cdots, \bar{i} - 1$　do
4. 通过在 $\hat{\boldsymbol{X}}$ 中交换作业 $[k]$ 和作业 $[k+1]$ 来生成一个候选序列 $\boldsymbol{X}$；

---

5. 更新 $P = P \cup \{\boldsymbol{X}\}$；
6. end for
7. 计算 P 中每个序列的 W-MWT，并将 W-MWT 最小的序列表示为 $\boldsymbol{X}^{\mathrm{R}}$；
8. 如果 $\boldsymbol{X}^{\mathrm{R}}$ 的 W-MWT 等于 $\hat{\boldsymbol{X}}$，则 $F = \text{False}$；

输出：$\boldsymbol{X}^{\mathrm{R}}$

2.4.4 计算实验结果分析

本节首先将提出的TSH算法与CPX1和CPX2在解决方案质量和计算时间方面进行比较。不同 n 值和 ε 值下算法效果如表2.12所示。

表 2.12 不同 n 值和 ε 值下算法效果

ε	n	W-MTW/%				CPU 时间/s			
		TSH	CPX1	CPX2	LB	TSH	CPX1	CPX2	LB
0.2	50	21.38	21.23	21.37	21.23	0.07	61.23	44.39	43.19
	100	29.85	29.75	29.74	29.45	0.22	1135.62	473.65	530.64
	200	39.42	50.23	40.25	38.62	1.03	3600.00	3600.52	923.53
	300	50.57	—	51.33	48.75	2.72	3600.00	3601.27	1629.12
	400	62.82	—	64.57	60.13	3.75	3600.00	3601.65	2164.88
	500	71.53	—	74.95	68.73	5.48	3600.00	3602.35	2791.76
0.5	50	23.95	23.72	23.91	23.72	0.08	80.64	45.85	47.41
	100	32.52	32.27	32.44	32.07	0.33	1588.37	689.33	687.35
	200	46.94	58.95	47.49	45.62	1.35	3600.00	3600.83	1163.72
	300	60.39	—	61.64	58.18	3.19	3600.00	3601.52	1827.39
	400	65.72	—	68.35	63.24	5.14	3600.00	3602.19	2642.57
	500	80.08	—	83.37	76.35	6.70	3600.00	3603.06	3297.22

首先，当问题规模较小时，CPX1 可以提供最好的解决方案，并且 CPX1 和 CPX2 在解决方案质量方面都优于 TSH 算法。然而，当 $n \geqslant 200$ 时，CPX1 不能在 3600s 内提供可接受的解决方案，对于所有问题实例，TSH 算法可以获得相对差值较小的最佳解决方案(即使 $n = 500$ 也不超过 7%)。其次，在计算时间方面，当 $n \geqslant 300$ 时，CPX1 不能在 1h 内找到可行的解，当 $n \geqslant 200$ 时，CPX2 不能在 1h 内完成第一阶段的搜索。TSH 算法可以在 10s 内解决所有的问题实例。最后，TSH 算法的相对差值较小，也表明该方法对估计下界是有效的。

2.5　加工时间随机不确定的分布鲁棒并行机调度问题建模与求解方法

本节考虑具有同型并行机的调度问题实例，这是一个经典的车间调度问题。问题中假设工件在机器上的加工时间是一个随机变量，在已知随机变量一阶矩和二阶矩取值范围的情况下，通过构建分布鲁棒优化模型，将其转化为确定性问题进行求解，可以得到期望意义下 TFT 最小的分布鲁棒最优调度方案。本节内容取材于作者发表的学术论文[71]。

2.5.1　确定性问题模型

问题中有 J 个工件需要在 M 台机器上进行加工，工件集合与机器集合分别为 $\mathcal{J}=\{1,2,\cdots,J\}$ 与 $\mathcal{M}=\{1,2,\cdots,M\}$。一个基本的假设是，每台机器同时只能加工一个工件，而每个工件仅能在其中一台机器上进行不间断的加工。工件 j 在每台机器上的加工时间均为 p_j， $j\in\mathcal{J}$，而且所有工件在调度时段开始之时均已释放。问题的目标是寻找某种指标下最好的调度方案 S，其中包含 J 个工件在 M 台机器上的指派方案，以及工件在每台机器上的加工次序。调度方案 S 的评价指标选择为工件的总流经时间(TFT，$\sum_j F_j$)，其中流经时间 F_j 表示从工件 j 释放到其加工结束的时间长度。

任意的可行调度方案 S 可以表示为一个三维指派矩阵 $\boldsymbol{Z}$，即

$$\boldsymbol{Z}\in\{0,1\}^{J\times M\times J}=\{z_{jml}\in\{0,1\}:j\in\mathcal{J},m\in\mathcal{M},l\in\mathcal{L}=\mathcal{J}\}$$

其中，z_{jml} 为 0-1 决策变量，$z_{jml}=1$ 意味着工件 j 被分配给机器 m，并且加工次序为倒数第 l 个，否则 $z_{jml}=0$。

基于 $\boldsymbol{Z}$ 的结构，每个工件共有 $M\times J$ 个位置可供指派。为了满足上述问题基本假设，一个可行的指派矩阵 $\boldsymbol{Z}$ 需要服从如下约束，即

$$\sum_{m=1}^{M}\sum_{l=1}^{J}z_{jml}=1,\quad j\in\mathcal{J}$$

$$\sum_{j=1}^{J}z_{jml}\leqslant 1,\quad m\in\mathcal{M},\forall l\in\mathcal{L}$$

第一类约束表示每个工件占用且仅占用 $M\times J$ 个位置中的一个，第二类约束排除了同一个位置被分配给多个工件的情况。由于可分配的位置数是工件数的 M 倍，可能出现某台机器前面的位置为空但后面的位置被占用的不合理情况。为了避免这个问题，一个可行的 $\boldsymbol{Z}$ 应该进一步保证每台机器被占用的位置从第一个开

始，这引出了如下第三类约束，即

$$\sum_{j=1}^{J} z_{jml} \geqslant \sum_{j=1}^{J} z_{jm(l+1)}, \quad m \in \mathcal{M}, l = 1,2,\cdots,J-1$$

基于这三类约束，$\boldsymbol{Z}$ 的可行域可以描述为

$$\mathcal{Z} = \{\boldsymbol{Z} \in \{0,1\}^{J\times M\times J} : \sum_{m=1}^{M}\sum_{l=1}^{J} z_{jml} = 1, \quad j \in \mathcal{J};$$

$$\sum_{j=1}^{J} z_{jml} \leqslant 1, \quad m \in \mathcal{M}, l \in \mathcal{L};$$

$$\sum_{j=1}^{J} z_{jml} \geqslant \sum_{j=1}^{J} z_{jm(l+1)}, \quad m \in \mathcal{M}, l = 1,2,\cdots,J-1\}$$

令所有可行调度方案的集合为 $\mathcal{S}$，则 $\mathcal{S}$ 与可行域 $\mathcal{Z}$ 之间满足一一映射的关系。

模型的评价指标选择为 TFT，由于所有工件的释放时间为零，每个工件的流经时间为它本身的加工时间与同一机器上在它之前加工的所有工件的加工时间之和。因此，在给定指派矩阵 $\boldsymbol{Z}$ 的情况下，TFT 可以通过下式计算，即

$$\text{(TFT-PM)} \quad f(\boldsymbol{Z}, \boldsymbol{p}) = \sum_{j=1}^{J}\sum_{m=1}^{M}\sum_{l=1}^{J} l p_j z_{jml}, \quad \boldsymbol{Z} \in \mathcal{Z}$$

其中，$\boldsymbol{p}$ 为所有工件的加工时间向量；$\mathcal{Z}$ 为满足上述所有关于 $\boldsymbol{Z}$ 的约束的 $\boldsymbol{Z}$ 可行域。

基于 TFT 表达式，确定性的同型并行机调度问题建模为如下的混合整数线性规划问题，即

$$\text{(PMSP-1)} \quad \min_{\boldsymbol{Z} \in \mathcal{Z}} f(\boldsymbol{Z}, \boldsymbol{p})$$

(PMSP-1)模型对于确定性问题已经足够，并且很容易通过商业求解器进行求解。但是，为了在相应的分布集鲁棒模型中有更清晰的表达和更直观的模型含义，我们首先给出(PMSP-1)的等价模型，进而给出同型并行机问题在矩信息不确定情况下的分布集鲁棒优化模型。

注意到，$\boldsymbol{Z}$ 中的机器序号在 TFT 的表达式中并未体现，(PMSP-1)模型可以忽略机器的序号将决策变量从 $\boldsymbol{Z}$ 转化为一个二维矩阵 $\boldsymbol{Y}$，并且保证目标函数值不变。$\boldsymbol{Y}$ 仍为 0-1 矩阵，$\boldsymbol{Y}$ 与 $\boldsymbol{Z}$ 的对应关系为 $y_{jl} = \sum_{m=1}^{M} z_{jml}, \forall j \in \mathcal{J}, \forall l \in \mathcal{L}$。$\boldsymbol{Y}$ 的可行域 $\mathcal{Y}$ 可以直接写为

$$\mathcal{Y} = \left\{\boldsymbol{Y} \in \{0,1\}^{J\times J} : \sum_{l=1}^{J} y_{jl} = 1, \quad j \in \mathcal{J}; \sum_{j=1}^{J} y_{jl} \leqslant M, \forall l \in \mathcal{L};\right.$$

$$\left.\sum_{j=1}^{J} y_{jl} \geqslant \sum_{j=1}^{J} y_{j(l+1)}, \forall l = 1,2,\cdots,J-1\right\}$$

为了便于表述，$\boldsymbol{Y}$ 可以进一步写成向量形式 $\boldsymbol{\pi}=(\pi_1,\pi_2,\cdots,\pi_J)^{\mathrm{T}}\in\mathbf{N}_+^J$，对应关系为 $\pi_j=\sum\limits_{l=1}^{J}ly_{jl},\forall j\in\mathcal{J}$。若元素 $\pi_j=l$，则表示工件 j 被安排在某台机器上的倒数第 l 个位置上进行加工，但具体的分配机器号并不清楚。基于 $\boldsymbol{\pi}$、$\boldsymbol{Y}$ 与 $\boldsymbol{Z}$ 之间的关系，有下式成立，即

$$f(\boldsymbol{Z},\boldsymbol{p})=\sum_{j=1}^{J}\sum_{m=1}^{M}\sum_{l=1}^{J}lp_jz_{jml}=\sum_{j=1}^{J}\sum_{l=1}^{J}ly_{jl}p_j=\boldsymbol{\pi}^{\mathrm{T}}\boldsymbol{p}$$

因此，$f(\boldsymbol{\pi},\boldsymbol{p})=\boldsymbol{\pi}^{\mathrm{T}}\boldsymbol{p}$ 代表给定 $\boldsymbol{\pi}$ 下的 TFT，进而(PMSP-1)的等价模型为

$$\text{(PMSP-2)}\quad \min_{\boldsymbol{\pi}\in\Pi}\ f(\boldsymbol{\pi},\boldsymbol{p})=\boldsymbol{\pi}^{\mathrm{T}}\boldsymbol{p}$$

(PMSP-2)模型的可行域为 $\Pi=\left\{\boldsymbol{\pi}\in\mathbf{N}_+^J:\pi_j=\sum\limits_{l=1}^{J}ly_{jl},\forall j\in\mathcal{J};\boldsymbol{Y}\in\mathcal{Y}\right\}$。

根据可行域 $\mathcal{Y}$ 的结构，$\boldsymbol{\pi}$ 中各分量的值均为集合 $\mathcal{J}$ 中的元素，即 $\pi_j\in\mathcal{J}$。$\mathcal{J}$ 中的每个元素最多可被选择 M 次，并且较大元素值的选择次数不能多于较小元素值的选择次数。(PMSP-2)模型的目标函数 $f(\boldsymbol{\pi},\boldsymbol{p})$ 为 $\boldsymbol{\pi}$ 与 $\boldsymbol{p}$ 的内积，为得到最优的目标函数值，与较大加工时间对应的 π_j 应选择 $\mathcal{J}$ 中较小的元素值。因此，在(PMSP-2)模型的求解过程中，可以首先以 $O(J\log J)$ 的复杂度将工件按照加工时间的非增顺序进行排列，进而基于排序后的工件序列构造最优方案 $\boldsymbol{\pi}^*$。具体构造方法是将对应于序列中前 M 个工件的元素值置为 1，将对应于序列中第 $M+1$～$2M$ 工件的元素值置为 2(假设 $J\geqslant 2M$)，依此类推，直至 $\boldsymbol{\pi}^*$ 中的所有元素均设置完毕。这种基于某种工件排序进行调度方案构造的方法被定义为最优指派规则。在获得 $\boldsymbol{\pi}^*$ 的过程中，最优指派规则依赖的就是工件加工时间的非增排序。

2.5.2　分布鲁棒模型

下面考虑工件加工时间不确定的情况，基于(PMSP-2)模型构建同型并行机问题的分布集鲁棒优化模型。为了与确定性模型进行区分，工件加工时间向量在分布集鲁棒模型中记为 $\tilde{\boldsymbol{p}}$。$\tilde{\boldsymbol{p}}$ 是一个随机变量，假设其分布 F 属于一个基于矩信息的不确定集 $\mathcal{D}^{\mathrm{mp}}$。$\mathcal{D}^{\mathrm{mp}}$ 的具体定义如下，即

$$\begin{aligned}\mathcal{D}^{\mathrm{mp}}=\{F:P(\tilde{\boldsymbol{p}}\in\mathbf{R}_+^J)=1,(E[\tilde{\boldsymbol{p}}]-\boldsymbol{\mu}_s)^{\mathrm{T}}\boldsymbol{\Sigma}_s^{-1}(E(\tilde{\boldsymbol{p}})-\boldsymbol{\mu}_s)\\ \leqslant\gamma_1^2,E[(\tilde{\boldsymbol{p}}-\boldsymbol{\mu}_s)(\tilde{\boldsymbol{p}}-\boldsymbol{\mu}_s)^{\mathrm{T}}]\leqslant\gamma_2^2\boldsymbol{\Sigma}_s\}\end{aligned}$$

其中，$\boldsymbol{\mu}_s$ 为 $\tilde{\boldsymbol{p}}$ 的估计均值；$\boldsymbol{\Sigma}_s$ 为 $\tilde{\boldsymbol{p}}$ 的估计协方差矩阵。

因此，$\tilde{\boldsymbol{p}}$ 的均值向量 $\boldsymbol{\mu}$ 被限定在以其估计值 $\boldsymbol{\mu}_s$ 为中心的椭球范围中；协方差矩阵 $\boldsymbol{\Sigma}$ 被限定在由 $\boldsymbol{\Sigma}_s$ 与 $\boldsymbol{\mu}_s$ 通过矩阵不等式所定义的半正定锥中。估计值 $\boldsymbol{\mu}_s$ 与 $\boldsymbol{\Sigma}_s$

的可信程度由参数γ_1与γ_2的取值表示。特别地，当$\gamma_1=0$且$\gamma_2=1$时，表示估计值即可代表真实值，矩不确定性消失。

基于分布函数集$\mathcal{D}^{\mathrm{mp}}$，与(PMSP-2)相应的考虑矩信息不确定性的分布集鲁棒模型构建为

$$\text{(DRPM-MU1)}\quad \min_{\boldsymbol{\pi}\in\Pi}\max_{F\in\mathcal{D}^{\mathrm{mp}}} E_F[f(\boldsymbol{\pi},\tilde{\boldsymbol{p}})]$$

其中，$f(\boldsymbol{\pi},\tilde{\boldsymbol{p}})=\boldsymbol{\pi}^{\mathrm{T}}\tilde{\boldsymbol{p}}$为不确定情况下调度方案$\boldsymbol{\pi}$的 TFT 表达式。

(DRPM-MU1)模型的目标为最小化分布函数集$\mathcal{D}^{\mathrm{mp}}$中最大的 TFT 期望。

2.5.3　模型转化

命题 2.5.1　(DRPM-MU1)内层的优化问题$\max_{F\in\mathcal{D}^{\mathrm{mp}}}E_F[f(\boldsymbol{\pi},\tilde{\boldsymbol{p}})]$的最优值等价于如下问题(Inner-Cost)的最优值，该问题是凸优化问题，并且问题(Inner-Cost)的最优解为$\boldsymbol{\mu}^*=\boldsymbol{\mu}_s+\gamma_1\boldsymbol{\Sigma}_s\boldsymbol{\pi}/\sqrt{\boldsymbol{\pi}^{\mathrm{T}}\boldsymbol{\Sigma}_s\boldsymbol{\pi}}$，即

$$\begin{aligned}\text{(Inner-Cost)}\quad &\max_{\boldsymbol{\mu}}\ \boldsymbol{\pi}^{\mathrm{T}}\boldsymbol{\mu}\\ &\text{s.t.}\ (\boldsymbol{\mu}-\boldsymbol{\mu}_s)^{\mathrm{T}}\boldsymbol{\Sigma}_s^{-1}(\boldsymbol{\mu}-\boldsymbol{\mu}_s)\leqslant\gamma_1^2,\ \boldsymbol{\mu}\in\mathbf{R}_+^N\end{aligned}$$

证明：在此证明过程中，我们首先计算问题(Inner-Cost)的最优解，进而在此基础上证明问题(Inner-Cost)与$\max_{F\in\mathcal{D}^{\mathrm{mp}}}E_F[f(\boldsymbol{\pi},\tilde{\boldsymbol{p}})]$的最优等价性。

1. 问题(Inner-Cost)的最优解计算

由于问题(Inner-Cost)为具有线性目标函数的凸优化问题，它的最优解一定存在。为了利用 Karush-Kuhn-Tucke(KKT)最优必要条件，问题(Inner-Cost)首先被转化为如下最小化形式，即

$$\begin{aligned}\text{(Inner-Cost}')\quad &\min_{\boldsymbol{\mu}}\ (-\boldsymbol{\pi}^{\mathrm{T}}\boldsymbol{\mu})\\ &\text{s.t.}\ g_i(\boldsymbol{\mu})=-\mu_i\leqslant 0,\quad i=1,2,\cdots,N,\\ &\qquad g_{N+1}(\boldsymbol{\mu})=\boldsymbol{\mu}^{\mathrm{T}}\boldsymbol{\Sigma}_s^{-1}\boldsymbol{\mu}-2\boldsymbol{\mu}_s^{\mathrm{T}}\boldsymbol{\Sigma}_s^{-1}\boldsymbol{\mu}+\boldsymbol{\mu}_s^{\mathrm{T}}\boldsymbol{\Sigma}_s^{-1}\boldsymbol{\mu}_s-\gamma_1^2\leqslant 0\end{aligned}$$

其中，g_i为从$\mathbf{R}^N$映射到$\mathbf{R}$的连续可微函数。

令$\boldsymbol{\mu}^*$为问题(Inner-Cost′)的局部最优解，令$\boldsymbol{\lambda}=(\lambda_1,\lambda_2,\cdots,\lambda_{N+1})\in\mathbf{R}_+^{N+1}$为与$N+1$个不等式约束相对应的乘子向量，则问题(Inner-Cost′)的拉格朗日函数定义为$L(\boldsymbol{\mu},\boldsymbol{\lambda})=-\boldsymbol{\pi}^{\mathrm{T}}\boldsymbol{\mu}-\hat{\boldsymbol{\lambda}}^{\mathrm{T}}\boldsymbol{\mu}+\lambda_{N+1}g_{N+1}(\boldsymbol{\mu})$，其中$\hat{\boldsymbol{\lambda}}=(\lambda_1,\lambda_2,\cdots,\lambda_N)\in\mathbf{R}_+^N$是前$J$个乘子所组成的向量。由于问题(Inner-Cost′)中没有等式约束且所有不等式约束的梯度均线性独立，$\boldsymbol{\mu}^*$是正则的。进而，通过 KKT 条件，问题(Inner-Cost′)存在唯一的拉格朗日乘

子向量 $\boldsymbol{\lambda}^*=(\lambda_1^*,\lambda_2^*,\cdots,\lambda_{N+1}^*)$ ，使 $\nabla_{\boldsymbol{\mu}}L(\boldsymbol{\mu}^*,\boldsymbol{\lambda}^*)=\mathbf{0}$ ，以及 $\lambda_i^* g_i(\boldsymbol{\mu}^*)=0,\forall i=1,2,\cdots,N+1$。将这两个关系式展开，有如下 3 个等式成立，即

$$-\boldsymbol{\pi}+2\lambda_{N+1}^*\boldsymbol{\Sigma}_s^{-1}(\boldsymbol{\mu}^*-\boldsymbol{\mu}_s)-\hat{\boldsymbol{\lambda}}^*=\mathbf{0}$$

$$-\lambda_i^*\mu_i^*=0,\quad i=1,2,\cdots,N$$

$$\lambda_{N+1}^*[(\boldsymbol{\mu}^*-\boldsymbol{\mu}_s)^{\mathrm{T}}\boldsymbol{\Sigma}_s^{-1}(\boldsymbol{\mu}^*-\boldsymbol{\mu}_s)-\gamma_1^2]=0$$

由第 1 个等式可以推导出 $\lambda_{N+1}^*>0$ ，否则 $\hat{\boldsymbol{\lambda}}^*=-\boldsymbol{\pi}<\mathbf{0}$ ，与 $\hat{\boldsymbol{\lambda}}\in\mathbf{R}_+^N$ 的要求矛盾。在此基础上，再由第 3 个等式可以得到 $\gamma_1^2=(\boldsymbol{\mu}^*-\boldsymbol{\mu}_s)^{\mathrm{T}}\boldsymbol{\Sigma}_s^{-1}(\boldsymbol{\mu}^*-\boldsymbol{\mu}_s)$ ，进而有 $\lambda_{N+1}^*=\sqrt{(\boldsymbol{\pi}+\hat{\boldsymbol{\lambda}}^*)^{\mathrm{T}}\boldsymbol{\Sigma}_s(\boldsymbol{\pi}+\hat{\boldsymbol{\lambda}}^*)}/2\gamma_1$ 。此外，由 $\lambda_{N+1}^*>0$ 的结论还可以推导出 $\boldsymbol{\mu}^*=\boldsymbol{\mu}_s+\boldsymbol{\Sigma}_s(\boldsymbol{\pi}+\hat{\boldsymbol{\lambda}}^*)/2\lambda_{N+1}^*$。结合分布集 $\mathcal{D}^{\mathrm{mp}}$ 中 $\boldsymbol{\mu}_s>\mathbf{0}$ 与 $\boldsymbol{\Sigma}_s$ 正定的假设，我们有 $\boldsymbol{\mu}^*>\mathbf{0}$，进而由第 2 个等式可得 $\hat{\boldsymbol{\lambda}}=\mathbf{0}$。整合上述分析，3 个等式组成的等式组的唯一解为

$$\boldsymbol{\mu}^*=\boldsymbol{\mu}_s+\gamma_1\boldsymbol{\Sigma}_s\boldsymbol{\pi}/\sqrt{\boldsymbol{\pi}^{\mathrm{T}}\boldsymbol{\Sigma}_s\boldsymbol{\pi}}$$

$$\lambda_i^*=0,\quad i=1,2,\cdots,N$$

$$\lambda_{N+1}^*=\sqrt{\boldsymbol{\pi}^{\mathrm{T}}\boldsymbol{\Sigma}_s\boldsymbol{\pi}}/2\gamma_1$$

由于 $\boldsymbol{\Sigma}_s^{-1}$ 为正定的且 $\lambda_{N+1}\geqslant 0$ ，$\nabla_{\boldsymbol{\mu}\boldsymbol{\mu}}^2 L(\boldsymbol{\mu},\boldsymbol{\lambda})=2\lambda_{N+1}\boldsymbol{\Sigma}_s^{-1}$ 对于所有可行的 $(\boldsymbol{\mu},\boldsymbol{\lambda})$ 均为正定的，这使二阶最优必要条件也得到满足。因此，$\boldsymbol{\mu}^*$ 即问题(Inner-Cost)的最优解，并且相应的最优值为 $\boldsymbol{\pi}^{\mathrm{T}}\boldsymbol{\mu}^*=\boldsymbol{\pi}^{\mathrm{T}}\boldsymbol{\mu}_s+\gamma_1\sqrt{\boldsymbol{\pi}^{\mathrm{T}}\boldsymbol{\Sigma}_s\boldsymbol{\pi}}$ 。

2. 问题(Inner-Cost)与 $\max_{F\in\mathcal{D}^{\mathrm{mp}}}E_F[f(\boldsymbol{\pi},\tilde{\boldsymbol{p}})]$ 的最优等价性证明

首先，由于 $E_F[\boldsymbol{\pi}^{\mathrm{T}}\tilde{\boldsymbol{p}}]=\boldsymbol{\pi}^{\mathrm{T}}\boldsymbol{\mu}$ ，这两个优化问题的目标函数完全相同。根据分布函数集 $\mathcal{D}^{\mathrm{mp}}$ 的定义，对于任意的分布函数 $F\in\mathcal{D}^{\mathrm{mp}}$ ，其相应的均值向量 $\boldsymbol{\mu}$ 一定满足问题(Inner-Cost)的所有约束条件。因此，分布函数 F 的可行域被均值向量 $\boldsymbol{\mu}$ 的可行域所覆盖。进而，问题(Inner-Cost)的最优值至少为 $\max\limits_{F\in\mathcal{D}^{\mathrm{mp}}}E_F[\boldsymbol{\pi}^{\mathrm{T}}\tilde{\boldsymbol{p}}]$ 的上界。为了进一步证明两个问题的最优等价性，下面说明问题(Inner-Cost)在任意给定 $\boldsymbol{\pi}\in\Pi$ 下的最优值可以被某些分布函数 $F\in\mathcal{D}^{\mathrm{mp}}$ 通过 $E_F[\boldsymbol{\pi}^{\mathrm{T}}\tilde{\boldsymbol{p}}]$ 达到。

我们知道，问题(Inner-Cost)的最优解为 $\boldsymbol{\mu}^*=\boldsymbol{\mu}_s+\gamma_1\boldsymbol{\Sigma}_s\boldsymbol{\pi}/\sqrt{\boldsymbol{\pi}^{\mathrm{T}}\boldsymbol{\Sigma}_s\boldsymbol{\pi}}$ ，若存在一个满足 $E_F[\tilde{\boldsymbol{p}}]=\boldsymbol{\mu}^*$ 的分布函数 F^* 属于 $\mathcal{D}^{\mathrm{mp}}$ ，则证明结束。这样的分布函数 F^* 可以利用一个参数 $\varepsilon\in\mathbf{R}_+$ 按照以下两个条件构造出来。

(1) $\tilde{\boldsymbol{p}}$ 中的所有分量相互独立。

(2) $\tilde{\boldsymbol{p}}$ 中的每个分量均服从一个密度集中在 $\mu_i^*-\varepsilon$ 与 $\mu_i^*+\varepsilon$ 的等概率两点分布，即 $P(\tilde{p}_i=\mu_i^*-\varepsilon)=P(\tilde{p}_i=\mu_i^*+\varepsilon)=1/2,\forall i=1,2,\cdots,N$。其中，$\mu_i^*$ 为 $\boldsymbol{\mu}$ 的第 i 个分量，并且要求 $\varepsilon<\min\ \{\mu_i^*,i=1,2,\cdots,N\}$。

在这样的设定下，$\tilde{\boldsymbol{p}}$ 的均值向量和协方差矩阵分别为 $\boldsymbol{\mu}_{F^*}=\boldsymbol{\mu}^*$，以及 $\boldsymbol{\Sigma}_{F^*}=\varepsilon^2\boldsymbol{I}$，其中 $\boldsymbol{I}$ 为 N 阶单位矩阵。由假设 $\varepsilon<\min\ \{\mu_i^*,i=1,2,\cdots,N\}$ 可推出 $P(\tilde{\boldsymbol{p}}\in\mathbf{R}_+^N)=1$。这符合 $\mathcal{D}^{\text{mp}}$ 中的第一个约束。由于 $\boldsymbol{\mu}^*$ 是问题(Inner-Cost)的最优解，$\mathcal{D}^{\text{mp}}$ 中的第二个约束也自然被 F^* 满足。接下来，只需检验 F^* 是否满足 $\mathcal{D}^{\text{mp}}$ 中的第三个约束，即检验矩阵不等式 $\gamma_2^2\boldsymbol{\Sigma}_s\succcurlyeq\boldsymbol{\Sigma}_{F^*}+(\boldsymbol{\mu}^*-\boldsymbol{\mu}_s)(\boldsymbol{\mu}^*-\boldsymbol{\mu}_s)^{\mathrm{T}}$ 是否成立。

令 $\boldsymbol{Q}=\gamma_2^2\boldsymbol{\Sigma}_s-(\boldsymbol{\mu}^*-\boldsymbol{\mu}_s)(\boldsymbol{\mu}^*-\boldsymbol{\mu}_s)^{\mathrm{T}}$，我们首先证明矩阵 $\boldsymbol{Q}$ 是正定的，进而基于 $\boldsymbol{Q}\succ 0$，说明矩阵 $\boldsymbol{Q}-\boldsymbol{\Sigma}_{F^*}$ 是半正定的。根据 $\boldsymbol{\mu}^*$ 的表达式，有如下等价关系成立，即

$$\boldsymbol{Q}\succ 0\Leftrightarrow\gamma_2^2\boldsymbol{\pi}^{\mathrm{T}}\boldsymbol{\Sigma}_s\boldsymbol{\pi}\boldsymbol{\Sigma}_s-\gamma_1\boldsymbol{\Sigma}_s\boldsymbol{\pi}\boldsymbol{\pi}^{\mathrm{T}}\boldsymbol{\Sigma}_s\succ 0$$

令 $\lambda_1,\lambda_2,\cdots,\lambda_N$ 为 $\boldsymbol{\Sigma}_s$ 的特征值，$\boldsymbol{u}_1,\boldsymbol{u}_2,\cdots,\boldsymbol{u}_N$ 为相应的正交单位特征向量，则任意给定的 $\boldsymbol{\pi}$ 可以被这些特征向量的线性组合表示，即 $\boldsymbol{\pi}=\sum_{i=1}^{N}k_i\boldsymbol{u}_i$。由于 $\boldsymbol{u}_i^{\mathrm{T}}\boldsymbol{\Sigma}_s\boldsymbol{u}_i=\lambda_i$ 对所有的 $i=1,2,\cdots,N$ 成立，因此 $\gamma_2^2\boldsymbol{\pi}^{\mathrm{T}}\boldsymbol{\Sigma}_s\boldsymbol{\pi}\boldsymbol{\Sigma}_s-\gamma_1\boldsymbol{\Sigma}_s\boldsymbol{\pi}\boldsymbol{\pi}^{\mathrm{T}}\boldsymbol{\Sigma}_s\succ 0$ 可进一步等价于 $\gamma_2^2\sum_{i=1}^{N}k_i^2\lambda_i\boldsymbol{\Sigma}_s-\gamma_1^2\sum_{i=1}^{N}k_i^2\boldsymbol{\Sigma}_s\boldsymbol{u}_i\boldsymbol{u}_i^{\mathrm{T}}\boldsymbol{\Sigma}_s\succ 0$。其充分条件为

$$\gamma_2^2k_i^2\lambda_i\boldsymbol{\Sigma}_s-\gamma_1^2k_i^2\boldsymbol{\Sigma}_s\boldsymbol{u}_i\boldsymbol{u}_i^{\mathrm{T}}\boldsymbol{\Sigma}_s\succ 0,\quad i=1,2,\cdots,N;k_i\neq 0$$

另外，任意的 N 维向量 $\boldsymbol{q}\in\mathbf{R}^N$ 可以表示为 $\boldsymbol{u}_1,\boldsymbol{u}_2,\cdots,\boldsymbol{u}_N$ 的线性组合，即 $\boldsymbol{q}=\sum_{i=1}^{N}w_i\boldsymbol{u}_i$。基于正定矩阵的定义，充分条件可以转化为如下等价不等式，即

$$\begin{aligned}&\boldsymbol{q}^{\mathrm{T}}\left(\gamma_2^2k_i^2\lambda_i\boldsymbol{\Sigma}_s-\gamma_1^2k_i^2\boldsymbol{\Sigma}_s\boldsymbol{u}_i\boldsymbol{u}_i^{\mathrm{T}}\boldsymbol{\Sigma}_s\right)\boldsymbol{q}>0\\&\Leftrightarrow\sum_{p=1}^{N}w_p\boldsymbol{u}_p^{\mathrm{T}}\left(\gamma_2^2k_i^2\lambda_i\boldsymbol{\Sigma}_s-\gamma_1^2k_i^2\boldsymbol{\Sigma}_s\boldsymbol{u}_i\boldsymbol{u}_i^{\mathrm{T}}\boldsymbol{\Sigma}_s\right)\sum_{q=1}^{N}w_q\boldsymbol{u}_q>0,\quad i=1,2,\cdots,N;k_i\neq 0\\&\Leftrightarrow\gamma_2^2\sum_{p=1}^{N}w_p^2\lambda_i\lambda_p-\gamma_1^2w_i^2\lambda_i^2>0,\quad i=1,2,\cdots,N;k_i\neq 0\end{aligned}$$

因为正定矩阵的特征值为正，$\boldsymbol{\Sigma}_s\succ 0$ 意味着 $\lambda_i>0,\forall i=1,2,\cdots,N$。根据 $\mathcal{D}^{\text{mp}}$ 中 $\gamma_2\geqslant\gamma_1$ 的设定，$\gamma_2^2\sum_{p=1}^{N}w_p^2\lambda_i\lambda_p-\gamma_1^2w_i^2\lambda_i^2>0$ 成立，进而可得 $\boldsymbol{Q}\succ 0$ 的结论。由于 $\boldsymbol{Q}\succ 0$，$\boldsymbol{Q}$ 的特征值 $\lambda_1^Q,\cdots,\lambda_N^Q$ 均为正，并且为 $\det(\boldsymbol{Q}-\lambda\boldsymbol{I})=0$ 的根。由于 $\boldsymbol{Q}-\boldsymbol{\Sigma}_{F^*}$ 的特征值 $\hat{\lambda}_1^Q,\cdots,\hat{\lambda}_N^Q$ 为方程 $\det(\boldsymbol{Q}-\varepsilon^2\boldsymbol{I}-\lambda\boldsymbol{I})=0$ 的根，我们有 $\hat{\lambda}_i^Q=\lambda_i^Q-\varepsilon^2,\forall i$

$=1,2,\cdots,N$。因此，存在一个正实数$\bar{\varepsilon}\in\mathbf{R}_+$，可使$\hat{\lambda}_i^Q\geqslant 0,\forall i=1,2,\cdots,N$对于任意的$\varepsilon\leqslant\bar{\varepsilon}$均成立。当$\varepsilon$在构造$F^*$过程中选择为$\varepsilon<\min\ \{\bar{\varepsilon};\mu_i^*,i=1,2,\cdots,N\}$，则矩阵$\boldsymbol{Q}-\boldsymbol{\Sigma}_{F^*}$为半正定矩阵。综上所述，$\mathcal{D}^{\mathrm{mp}}$中的第三个约束可以被$F^*$满足，命题得证。

通过将内层问题最大化问题$\max_{F\in\mathcal{D}^{\mathrm{mp}}}E_F[f(\boldsymbol{\pi},\tilde{\boldsymbol{p}})]$用命题 2.5.1 中所示的最优值替代，得到的(DRPM-MU1)模型等价于如下的混合整数二阶锥规划问题，即

$$\text{(DRPM-MU2)}\quad \min_{\boldsymbol{\pi}\in\Pi}\ \boldsymbol{\pi}^{\mathrm{T}}\boldsymbol{\mu}_s+\gamma_1\sqrt{\boldsymbol{\pi}^{\mathrm{T}}\boldsymbol{\Sigma}_s\boldsymbol{\pi}}$$

(DRPM-MU2)模型同时适用于交叉矩和边缘矩的情况，这里考虑协方差矩阵$\boldsymbol{\Sigma}_s$为对角阵的情况，对角线元素为$\sigma_{sj}^2,\forall j\in\mathcal{J}$，则相应的边缘矩模型为

$$\text{(DRPM-MU3)}\quad \min_{\boldsymbol{\pi}\in\Pi}\ \boldsymbol{\pi}^{\mathrm{T}}\boldsymbol{\mu}_s+\gamma_1\sqrt{\sum_{j=1}^{J}\pi_j^2\sigma_{sj}^2}$$

由于边缘矩模型所需要的方差信息相较于完整的协方差矩阵更容易估计，因此之后的实验分析和算法设计等同样直接考虑边缘矩情况的(DRPM-MU3)模型。

2.5.4　模型求解

为了求解(DRPM-MU3)，本节对模型的最优解结构进行分析。令$\boldsymbol{\sigma}_s$为$\tilde{\boldsymbol{p}}$的标准差估计向量，(DRPM-MU3)的目标函数可以拆分成与$\boldsymbol{\mu}_s$和$\boldsymbol{\sigma}_s$分别相关的两个部分。若$\boldsymbol{\mu}_s$与$\boldsymbol{\sigma}_s$的次序一致，即具有更小均值的加工时间同样具有更小的标准差，则将这两部分单独求解对应的最优$\boldsymbol{\pi}$相同，并且直接为(DRPM-MU3)模型的最优解。在这样的情况下，(DRPM-MU3)模型的最优解可基于$\boldsymbol{\mu}_s$或$\boldsymbol{\sigma}_s$的非增排序由最优指派规则获得。

在最优指派规则中，$\boldsymbol{\pi}$的分量值仅从集合$\left\{1,2,\cdots,\left\lfloor\dfrac{J}{M}\right\rfloor+1\right\}$选择，其中$\lfloor\cdot\rfloor$表示向下取整。具体来说，子集$\left\{1,2,\cdots,\left\lfloor\dfrac{J}{M}\right\rfloor\right\}$中的元素被选择了$M$次，$\left\lfloor\dfrac{J}{M}\right\rfloor+1$被选择了$J-\left\lfloor\dfrac{J}{M}\right\rfloor\times M$次。因此，由最优指派规则得到的$\boldsymbol{\pi}$均满足如下的最优指派结构，即

$$\Pi^o=\Big\{\boldsymbol{\pi}\in\mathbf{N}_+^J:\pi_j\in\{1,2,\cdots,\lfloor J/M\rfloor+1\},j\in\mathcal{J};\Big|\Big\{\pi_j:\pi_j=l,j\in\mathcal{J}\Big\}\Big|=M,$$
$$l=1,2,\cdots,\lfloor J/M\rfloor;\Big|\Big\{\pi_j:\pi_j=l,j\in\mathcal{J}\Big\}\Big|=J\%M,l=\lfloor J/M\rfloor+1\Big\}$$

其中，$|\{\cdot\}|$表示内部集合$\{\cdot\}$的元素个数，并且$J\%M=J-\left\lfloor\dfrac{J}{M}\right\rfloor\times M$。

在$\boldsymbol{\mu}_s$与$\boldsymbol{\sigma}_s$次序一致的情况下，(DRPM-MU3)模型的最优解可由基于$\boldsymbol{\mu}_s$或$\boldsymbol{\sigma}_s$

非增排序的最优指派规则获得，因此必然属于Π^o。值得一提的是，在$\boldsymbol{\mu}_s$与$\boldsymbol{\sigma}_s$次序不一致的情况下，(DRPM-MU3)模型的最优解仍需满足最优指派结构。

命题 2.5.2　(DRPM-MU3)模型的最优解必然满足最优指派结构，即$\boldsymbol{\pi}^* \in \Pi^o$。

证明：假设某可行解$\boldsymbol{\pi}_1 = (\pi_{11}, \pi_{12}, \cdots, \pi_{1J})^{\mathrm{T}}$不满足最优指派结构，则$\boldsymbol{\pi}_1$中一定存在某个元素值$l_1$使$\left|\left\{\pi_{1j}:\pi_{1j} = l_1, j \in \mathcal{J}\right\}\right| < M$且$l_1 < \left\lfloor \dfrac{J}{M} \right\rfloor$。令$\boldsymbol{\pi}_1$中最大的元素值为$l_2$，与之相应的分量为$\pi_{1q}$。由$\boldsymbol{\pi}_1 \notin \Pi^o$的假设可知，$l_2 > \left\lfloor \dfrac{J}{M} \right\rfloor$，进而得到$l_1 < l_2$。通过将$\pi_{1q}$对应的元素值由$l_2$改为$l_1$，可以获得一个新的可行解$\boldsymbol{\pi}_2$。由$l_1 < l_2$的关系可知，$\boldsymbol{\pi}_2$的目标函数值比$\boldsymbol{\pi}_1$的目标函数值更小。因此，对于任意不满足最优指派结构的可行解$\boldsymbol{\pi}_1 \in \Pi$，均存在另一个可行解$\boldsymbol{\pi}_2 \in \Pi$具有更优的目标函数值，这说明(DRPM-MU3)模型的最优解必然属于集合Π^o。证毕。

基于命题 2.5.2，(DRPM-MU3)模型的可行域可由原来的Π等价地缩小为Π^o。除此之外，Π^o还存在一个有趣的性质：在工件数量保持一定的前提下，机器数量越多则Π^o中的可行解数量越少。在这样的情况下，机器数量越多时(DRPM-MU3)模型的解空间越小，进而更容易求解。

命题 2.5.3　在工件数量保持一致的前提下，(DRPM-MU3)模型中机器数量的增多会使由Π^o所定义的解空间变小。

证明：根据Π^o的定义，Π^o中可行解数量为$S = \mathrm{C}_J^M \times \mathrm{C}_{J-M}^M \times \mathrm{C}_{J-2M}^M \times \cdots \times \mathrm{C}_{J-\left(\left\lfloor \frac{J}{M} \right\rfloor - 1\right)\times M}^M = J!/\left[(M!)^{\left\lfloor \frac{J}{M} \right\rfloor} \times (J\%M)!\right]$，其中$\mathrm{C}_J^M$表示从$J$个元素中无序地选出$M$个的组合数量，$J!$表示$J$的阶乘。

假设(DRPM-MU3)有两个具有J个工件的问题示例，机器数分别为M_1和M_2且满足$M_2 = M_1 + 1$。为了便于表达，引入$a_1 = \left\lfloor \dfrac{J}{M_1} \right\rfloor$、$b_1 = J\%M_1$、$a_2 = \left\lfloor \dfrac{J}{M_1} \right\rfloor$，以及$b_2 = \left\lfloor \dfrac{J}{M_2} \right\rfloor$。由于$M_2 = M_1 + 1$，$a_1$与$a_2$之间的关系仅可能为$a_1 = a_2$或者$a_1 = a_2 + 1$。另两个问题实例的可行解数量分别为$S_1$和$S_2$，则$S_1/S_2$的表达式可写作$S_1/S_2 = \left[(M_2)^{a_2} \times b_2!\right]/\left[(M_1!)^{a_1 - a_2} \times b_1!\right]$。下面在$a_1 = a_2$和$a_1 = a_2 + 1$的情况下，证明$S_1/S_2 > 1$的关系成立，从而说明命题的正确性。

情况 1　当$a_1 = a_2$时，$b_1 - b_2 = a_1(M_2 - M_1) = a_1$，进而$S_1/S_2$的表达式转化为

$$\frac{S_1}{S_2} = (M_2)^{a_2} \times \frac{b_2!}{b_1!} = \frac{M_2}{b_1} \times \frac{M_2}{b_1 - 1} \times \cdots \times \frac{M_2}{b_1 - a_1 + 1}$$

由于 $b_1 < M_1 < M_2$，很明显在此情况下 $\dfrac{S_1}{S_2} > 1$ 成立。

情况 2　当 $a_1 = a_2 + 1$ 时，有 $S_1 / S_2 = ((M_2)^{a_2} \times b_2!) / (M_1! \times b_1!)$。

如果 $b_1 = b_2$，即 $a_2 = M_1$，则有

$$\frac{S_1}{S_2} = \frac{(M_2)^{a_2}}{M_1!} = \frac{M_2}{M_1} \times \frac{M_2}{M_1 - 1} \times \cdots \times \frac{M_2}{1} > 1$$

如果 $b_1 > b_2$，即 $a_2 > M_1$，则有

$$\begin{aligned}\frac{S_1}{S_2} &= \frac{(M_2)^{a_2}}{M_1! \times b_1 \times (b_1 - 1) \times \cdots \times (b_1 - a_2 + M_1 + 1)} \\ &= \frac{M_2}{M_1} \times \frac{M_2}{M_1 - 1} \times \cdots \times \frac{M_2}{1} \times \frac{M_2}{b_1} \times \frac{M_2}{b_1 - 1} \times \cdots \times \frac{M_2}{b_1 - a_2 + M_1 + 1} \\ &> 1\end{aligned}$$

如果 $b_1 < b_2$，即 $a_2 < M_1$，则有

$$\begin{aligned}\frac{S_1}{S_2} &= \frac{(M_2)^{a_2} \times b_2 \times (b_2 - 1) \times \cdots \times (b_2 - M_1 + a_2 + 1)}{M_1!} \\ &= \frac{M_2}{M_1} \times \frac{M_2}{M_1 - 1} \times \cdots \times \frac{M_2}{M_1 - a_2 + 1} \times \frac{b_2}{M_1 - a_2} \times \frac{b_2 - 1}{M_1 - a_2 - 1} \times \cdots \times \frac{b_2 - M_1 + a_2 + 1}{1} \\ &> 1\end{aligned}$$

综上所述，由 $S_1 / S_2 > 1$ 证明了 $M_2 = M_1 + 1$ 时第二个问题实例的解空间更小。进而通过递推关系，此命题得证。

2.5.5　实验分析

本节以 50 个工件和 3 台机器的情况为例，分析(DRPM-MU3)模型在各种数据情况和参数设置下的鲁棒性能。令(DRPM-MU3)模型基于 $\boldsymbol{\mu}_s$ 和 $\boldsymbol{\sigma}_s$ 得到的调度方案为 $\boldsymbol{\pi}^M$，确定性(PMSP-2)模型中将 $\boldsymbol{p}$ 替换为 $\boldsymbol{\mu}_s$ 得到的方案为 $\boldsymbol{\pi}^D$。$\boldsymbol{\pi}^M$ 的鲁棒性能由如下定义的 RP 和 RB 来衡量，即

$$\begin{cases} \mathrm{RP} = \dfrac{[\mu\mathrm{TFT}(\boldsymbol{\pi}^M) - \mu\mathrm{TFT}(\boldsymbol{\pi}^D)]}{\mu\mathrm{TFT}(\boldsymbol{\pi}^D)} \\ \mathrm{RB} = \dfrac{[\sigma\mathrm{TFT}(\boldsymbol{\pi}^D) - \sigma\mathrm{TFT}(\boldsymbol{\pi}^M)]}{\sigma\mathrm{TFT}(\boldsymbol{\pi}^D)} \end{cases}$$

其中，$\mu\mathrm{TFT}(\cdot)$ 和 $\sigma\mathrm{TFT}(\cdot)$ 为相应调度方案所对应的 TFT 平均值和标准差。

γ_1 取值对(DRPM-MU3)模型性能的影响如表 2.13 所示。对于每个 γ_1 值，均以 $\rho = 1$ 产生 100 组 $\boldsymbol{\mu}$ 与 $\boldsymbol{\sigma}$ 场景，并在每组场景下以 S-Rate=0.1%进行 10 次采样获

得 10 组估计的 $\boldsymbol{\mu}_s$ 与 $\boldsymbol{\sigma}_s$。显然，对于除 0 和 1 之外的每个 γ_1 值，由方案 $\boldsymbol{\pi}^M$ 得到的 TFT 均具有更大的平均值和更小的标准差，并且 RB 比 RP 高出很多。例如，在 $\gamma_1=5$ 的情况下，$\boldsymbol{\pi}^M$ 对应的平均值仅比 $\boldsymbol{\pi}^D$ 对应的平均值大 0.81%，但是由 $\boldsymbol{\pi}^M$ 带来的标准差降低程度可以达到 9.79%。这说明，(DRPM-MU3)模型可以很好地应对估计矩信息的不确定，并且将平均性能方面的牺牲限制在小于 2%的较小范围内。另外，RP 和 RB 的值均随着 γ_1 的减小而降低。特别地，当 $\gamma_1=0$ 时，$\boldsymbol{\pi}^M$ 与 $\boldsymbol{\pi}^D$ 等价，(DRPM-MU3)模型退化为确定性(PMSP-2)模型。此现象表明，(DRPM-MU3)模型的鲁棒程度可以通过 γ_1 值的设定来控制。

除了 γ_1，相关性水平 ρ 和采样率 S-Rate 对(DRPM-MU3)模型效果的影响也进行了相应的分析。如表 2.14 所示，(DRPM-MU3)模型在所有 ρ 的设定下均可降低风险，并且控制平均表现方面的牺牲小于 0.50%。RB 随着 ρ 值的增大而降低，这意味着(DRPM-MU3)模型在平均值和标准差之间相关性较弱时的优势更为显著。如表 2.15 所示，较高的 S-Rate 会得到较小的 γ_1，并使 $\boldsymbol{\pi}^D$ 和 $\boldsymbol{\pi}^M$ 的表现更加相似。(DRPM-MU3)模型的目的是抵御估计值的偏差，因此在较低采样率的情况下，(DRPM-MU3)模型的优势更加明显是合理的。这些结果充分证明(DRPM-MU3)模型的鲁棒性。特别是，在相关性水平较低且可获得的历史数据有限时，采用(DRPM-MU3)模型可以在保证长期平均性能较好的同时，极大地降低调度方案的性能波动。

表 2.13　γ_1 取值对(DRPM-MU3)模型性能的影响(J=50，M=3，ρ=1，S-Rate=0.1%)

γ_1	TFT 的平均值			TFT 的标准差			RB/RP
	μTFT($\boldsymbol{\pi}^M$)	μTFT($\boldsymbol{\pi}^D$)	RP/%	σTFT($\boldsymbol{\pi}^M$)	σTFT($\boldsymbol{\pi}^D$)	RB/%	
0	12176.33	12176.33	0	888.21	888.21	0	—
1	12163.59	12176.34	−0.10	859.48	888.19	3.23	—
2	12177.27	12176.23	0.01	838.87	888.18	5.55	555.00
3	12204.87	12176.09	0.24	823.12	888.20	7.33	30.54
4	12237.75	12176.06	0.51	810.96	888.13	8.69	17.04
5	12274.37	12176.18	0.81	801.38	888.31	9.79	12.09
6	12311.20	12176.24	1.11	793.75	888.20	10.63	9.58
7	12348.67	12176.28	1.42	787.18	888.13	11.37	8.01
8	12384.48	121,76.24	1.71	782.49	888.19	11.90	6.96
9	12418.56	12176.15	1.99	778.52	888.38	12.37	6.22

表 2.14　ρ值对(DRPM-MU3)模型性能的影响(J=50，M=3 , S-Rate=0.1%)

ρ	TFT 的平均值			TFT 的标准差			γ_1
	$\mu\text{TFT}(\boldsymbol{\pi}^M)$	$\mu\text{TFT}(\boldsymbol{\pi}^D)$	RP/%	$\sigma\text{TFT}(\boldsymbol{\pi}^M)$	$\sigma\text{TFT}(\boldsymbol{\pi}^D)$	RB/%	
1	12231.28	12181.23	0.41	829.88	900.64	7.86	3.64
2	12274.25	12246.14	0.23	928.29	984.87	5.74	3.63
3	12365.79	12358.47	0.06	1048.55	1089.82	3.79	3.66
4	12406.24	12406.44	0.00	1159.30	1188.84	2.48	3.69
5	12223.93	12219.94	0.03	1226.53	1249.70	1.85	3.78
6	12404.88	12401.21	0.03	1326.77	1347.71	1.55	3.83
7	12373.69	12357.82	0.13	1411.38	1428.84	1.22	3.97
8	12478.63	12457.71	0.17	1495.65	1512.03	1.08	3.97
9	12366.55	12386.73	−0.16	1200.05	1205.80	0.48	3.67

表 2.15　采样率 S-Rate 对(DRPM-MU3)模型性能的影响(J=50，M=3，ρ=1)

S-Rate	TFT 的平均值			TFT 的标准差			γ_1
	$\mu\text{TFT}(\boldsymbol{\pi}^M)$	$\mu\text{TFT}(\boldsymbol{\pi}^D)$	RP/%	$\sigma\text{TFT}(\boldsymbol{\pi}^M)$	$\sigma\text{TFT}(\boldsymbol{\pi}^D)$	RB/%	
0.1%	12231.28	12181.23	0.41	829.88	900.64	7.86	3.64
0.5%	12093.18	12073.37	0.16	827.07	863.05	4.17	1.45
1%	12032.14	12021.31	0.09	827.80	854.79	3.16	1.01
2%	12011.28	12005.30	0.05	835.01	854.29	2.26	0.71
5%	11985.99	11983.36	0.02	835.46	848.80	1.57	0.45
10%	12248.25	12246.81	0.01	867.92	877.32	1.07	0.31
50%	12350.13	12349.94	0.00	875.69	880.79	0.58	0.14

第3章　钢铁生产多工序过程不确定性与分布鲁棒生产调度问题

3.1　钢铁工业发展现状与趋势

钢铁工业是国民经济的支柱产业，也是关系国计民生的基础产业。1996年，随着钢产量已突破1亿吨，我国成为世界第一产钢大国。这是中国乃至世界钢铁工业发展进程中的一个里程碑。据相关统计数据，2022年，全国生铁、粗钢和钢材产量分别为8.64亿吨、10.13亿吨、13.40亿吨。我国钢铁产品产量波动变化，但整体处于增长趋势。我国钢铁产量已连续26年居于世界第一。

钢铁行业是以从事黑色金属矿物采选和黑色金属冶炼加工等工业生产活动为主的工业行业，包括金属铁、铬、锰等的矿物采选业、炼铁业、炼钢业、钢加工业、铁合金冶炼业、钢丝及其制品业等细分行业，是国家重要的原材料工业。钢铁产品是以铁元素为基础组成成分的金属产品的统称，日常形态包括铁、粗钢、钢材、铁合金等。由于铁合金在钢铁工业生产过程中主要用作炼钢时的脱氧剂和合金添加剂，在管理和统计上通常将铁合金归入钢铁生产主要原材料而非钢铁产品。

根据《2023—2028年中国钢铁工业市场运行形势分析及投资盈利预测研究报告》，按粗钢产量来看，2021年中国宝武钢铁集团有限公司产量全球第一，达到1.20亿吨；紧随其后的是总部位于卢森堡的安赛乐米塔尔集团，粗钢产量达到0.80亿吨；鞍钢集团鞍钢股份有限公司和日本制铁株式会社产量分别排名第三和第四。全球钢铁企业TOP10中，中国企业占据6席，日本、韩国及印度各1家。

目前，“高炉-转炉”长流程生产仍是我国钢铁主流生产工艺，铁矿石及焦炭是炼钢的核心原料。生产1吨生铁大约需要1.6吨铁矿石，我国铁矿石储量丰富，占全球比重超10%，但多为贫矿，导致我国进口规模大，供给受到其他国家的制约。2022年上半年，我国共进口5.36亿吨铁矿石，主要从澳大利亚、巴西等铁矿石生产大国进口。我国焦炭供应充足，产量较为稳定，2015—2021年保持在4亿～5亿吨。

然而，随着全球地缘政治和经济格局的重塑，国际需求急剧萎缩，工业、制造业粗放发展的隐患、弊端逐渐暴露，高投入、高消耗、高排放的粗放发展模式，致使大部分工业品单位能耗与国际先进水平相比存在较大差距，资源、能源使用浪费，对生态环境破坏日趋严重。我国经济自主发展能力、发展的可持续性、国际竞争力面临巨大的压力。我国钢铁制造业也正在面临复杂严峻的国际竞争形势——国际钢铁市场需求放缓、原材料价格波动、企业制造成本加大且利润锐减。为促使我国从“制造业大国”转变为“制造业强国”，必须转变经济发展模式，增强自主创新能力，推进产业升级和结构优化。从国际上看，主要发达国家均把“低碳绿色”发展理念贯穿于经济转型升级的全过程。

围绕绿色低碳发展和智能制造两大主题，未来十年将是钢铁产业从大到强转变的关键期，钢铁企业合理安排生产节奏，全面提高企业在低能耗、低碳、环保等方面的水平，同时努力提高产品附加值，在产量稳定，甚至降低的背景下提高利润空间。因此，如何提升高端产品的生产加工工艺和质量管控水平是我国钢铁制造业面临的主要技术瓶颈问题之一。

3.2　钢铁制造业生产流程概述

钢铁企业生产流程是由一系列的物理、化学处理阶段形成的复杂过程，包括炼铁过程、炼钢过程、热轧过程和冷轧过程，如图 3.1 所示。

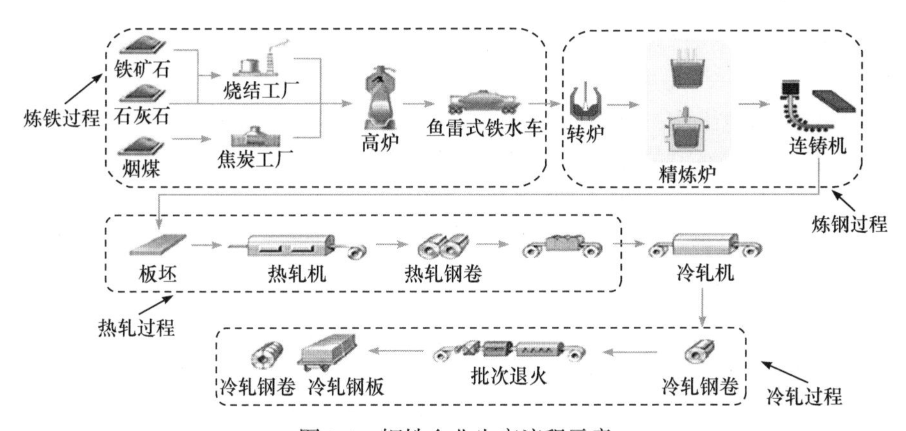

图 3.1　钢铁企业生产流程示意

炼铁过程中铁矿石等原材料在完成预处理后被送入炼铁高炉冶炼成铁水，之后铁水由鱼雷式铁水车运输至转炉。在运输途中或者在转炉前，铁水还会经过扒渣、脱硫(磷)、倒渣等预处理工序，其后送往炼钢区域进行下一步加工。炼钢过程包括三道主要工序，分别为炼钢、精炼，以及连铸。炼铁区域送来的铁水首先在转炉上完成脱碳形成钢水，然后在精炼炉中加入多种其他金属元素进行精炼，使钢水中成分符合特定钢种的需求。最后，钢水在连铸机上进行浇铸形成板坯。在热轧过程，上游的板坯首先在加热炉内加热到合适的温度，之后送往热轧机进行热轧，经过粗轧、中轧、精轧等工序，形成不同规格的板卷或者棒材等。这些材料既可以作为最终产品直接出厂，也可以经过冷轧精加工后再出厂。冷轧过程主要包括酸洗、退火、电镀等工序，主要是对热轧的成品进行进一步的精加工，从而得到符合合同要求的最终成品。

钢铁制造企业具有工序复杂、工艺流程长、生产周期长、工序间强关联性，以及物流交叉多等特点。基本的矿石原料经由烧结、高炉炼铁、炼钢、连铸、热轧、棒线、厚板、冷轧、钢管、型材加工等几十道工序后方可完成其制造过程。容易受到加工和运输时间不确定、设备故障、交货期变动等多重因素干扰。钢铁生产行业具有以下主要特点。

(1) 钢铁加工制造过程复杂，不仅涵盖各种物理加工处理过程，也涉及非常复杂的化学反应过程；依靠人工经验很难合理评价如此复杂且实时变化的生产制造环境。因此，需要利用生产过程的实时数据，在关键生产工序处设定过程控制的相关技术指标，进行实时监控与统计分析，识别加工过程中的产品质量、生产工艺、能源效率，以及工序成本等指标与相应标准指标值的波动变化，并及时实施调度控制方案，以保证产品质量，实现节能降耗，降低成本。

(2) 钢铁制造过程中能耗显著，能源成本占据钢铁产品总生产成本的很大比例。因此，需要借助优化调度和能源控制手段，实现钢铁制造过程中节能降耗、降低成本的目的。将钢铁制造过程中的关键工序“炼钢-连铸-热轧过程”视为一个有机整体编制综合运筹调度计划方案，将显著提高热态连铸坯直接进入后续轧制工序(热装热送)的比例，可大幅降低生产能耗，节约生产成本。

(3) 钢铁生产加工过程工艺及工序复杂，涉及水、电、气等多种能源介质的运输配送问题。考虑这些能源介质的传输线路长、输配标准高、转化过程复杂等特点，需要设计完备的数据采集网络识别钢铁加工过程的相关参数与运行状态，经由在线评测，系统地进行数据分析处理。为在线能源系统制定实时调整方案，能够实现能量的合理分配与优化调度，从而在保证动力工艺系统安全可靠运行的基础上，实现提升系统能源利用率的目标。

(4) 在加工工艺方面，炼铁高炉向炼钢炉的铁水运输匹配调度问题是一个尚未得到解决的世界性难题，而炼钢-连铸-热轧过程则是钢铁整个加工流程中的关键工序。

(5) 钢铁生产过程的连续性约束，极大地提高了其优化调度问题的难度。考虑钢铁生产流程先后工序之间的强关联性，以及紧密衔接的特性，并且多个生产单元的加工时间、产品质量等多种随机性因素并存，使生产质量与调度计划二者之间相互影响，加工过程常常需要进行实时性调整。例如，生产质量的测定结果需要实时地反馈到调度计划中，以判定是否需要对既定的后续调度计划策略进行更改；先前已决定的加工路径也可能在生产过程中随时调整，因此需要紧急更改原调度方案，编制新的调度计划对生产过程进行重新优化控制。

我国钢铁企业在加工过程工艺、质量掌控水平，以及经营管理理念上较国际先进水平还存在着较大的差距。这一差距在钢铁加工的高端产品生产、工艺技术的创新，以及基础材料采购成本等方面的表现尤为显著。绝大多数钢铁企业都存在资源、能源耗费高，排污现象严重等问题。因此，研究钢铁生产制造执行系统(manufacturing execution system，MES)节能降耗生产调度问题的关键技术及其解决方案，为提高钢铁企业对其生产过程的管控能力，具有重要的学术意义与应用价值。

本章以液态连续性生产方式为主的炼铁和炼钢区域为主要研究背景。铁钢区生产运作管理的核心内容是生产计划与调度，包括批量计划、物流调度、生产调度。现有面向确定环境和单一产品加工工艺的生产调度方案存在生产成本高、决策效率低、计划执行难、调度方案可靠性差等生产过程中的“痛点”问题。然而，频繁调整生产计划可能触发对后续有严格准时要求的炼钢-连铸生产过程的“断浇”事件。因此，根据产品的加工工艺和加工路径，在保证钢铁生产过程多阶段调度计划精确性的前提下，如何提升调度方案的鲁棒性来应对加工过程中各种不确定因素，提高抗干扰能力，确保整个生产流程精确、稳定、高效运行，是钢铁制造业亟待解决的共性关键技术难题。

3.3　钢铁生产多工序过程特点与不确定性分析

钢铁生产流程是由一系列的物理、化学处理阶段形成的复杂过程。钢铁生产作为离散与连续相混合的制造过程，具有工艺流程长、工序复杂、生产周期长、工序间关联性强、实时性要求高、物流配送过程交叉多等显著特点。同时，钢铁生产容易受到多种因素的干扰，如加工和运输时间的不确定性、设备故障、交货期变动等。本节介绍钢铁生产过程中涉及的三类重要调度问题，包括炼铁高炉向炼钢炉的铁水输送匹配调度问题、炼钢-连铸生产调度问题，以及连铸-热轧生产调度问题，根据上述问题的特点，对其中存在的不确定性进行分析。

3.3.1　炼铁高炉向炼钢炉的铁水输送匹配调度问题

1. 问题概述

铁水运输是衔接炼铁区域与炼钢区域的关键环节，其调度水平直接影响钢铁的品质，以及钢铁生产的效率与能耗。一次完整的铁水运输过程包括：首先将在高炉端受铁完毕的混铁车按时准确地送到铁水预处理中心进行前扒渣、脱磷、脱硫、补充脱硅，以及后扒渣等预处理，然后将混铁车送到炼钢区域的倒铁坑倒出铁水，最后将倒空的混铁车经过倒渣清理罐口后拉回高炉准备进行下一次高炉受铁。

作为一类特殊的物流调度系统，铁水运输系统具有以下特点。

(1) 在炼铁端需满足高炉出铁的安全性，即高炉出铁过程中炉下必须有空罐进行连续受铁，否则将降低铁水品质，甚至引发安全事故。

(2) 在炼钢端需确保连铸生产的连续性，即一次连浇过程中钢水不能中断。

(3) 在铁水运输过程中，需进行铁水预处理作业以满足铁水在进入炼钢炉前的硫、硅、磷、锰等成分上的要求。

(4) 在运输设备上，混铁车等运输载体数量有限，空罐、重罐将循环使用，而且生产工艺对罐内温度有较严格的要求。

铁水运输匹配调度的主要任务是：建立高炉产铁和炼钢需求的时间对应，鱼雷式铁水车与铁水之间的重量对应，铁水与钢水之间的成分对应，铁水倒罐后，铁水温度符合炼钢炉次的入炉铁水温度要求。即根据生产过程机器实时监视的物流和设备状态等信息，确定铁水的工艺路线和在各工序的时间表，如图 3.2 所示。

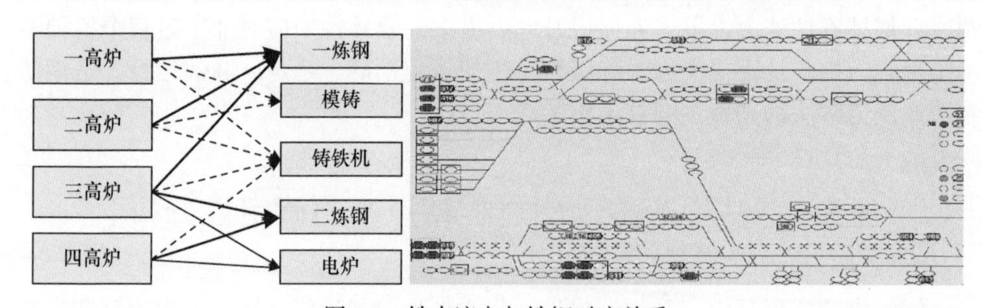

图 3.2　铁水流向与铁钢对应关系

2. 不确定性分析

铁水运输过程中存在着多种随机性。例如，不同高炉、不同出铁口，甚至同一个出铁口的铁水成分均不一致，导致铁水成分具有随机性；由于炼钢钢种的要求不同，铁水需经过的预处理工序和预处理时间均不相同，而且实际处理时间与成分是否达标有关，这造成铁水预处理时间的随机性；由于混铁车等运输载体数量有限，不同的车辆调度方案会导致铁水运输时间的随机性。炼铁-炼钢生产调度问题需要在炼铁区域内连续的、无法保证按计划出铁的生产模式与炼钢区域内按批次、按时、按需生产的需求模式之间建立对应关系，根据高炉出铁规律和炼钢区域的铁水需求，在参数具有随机性的情况下确定铁水与转炉炉次的匹配关系，保证高炉和炼钢车间的正常运转。炼铁高炉向炼钢炉的铁水输送匹配调度问题的建模难点在于如何处理铁水运输过程中的不确定性因素，将复杂的分布集鲁棒模型转化为可求解模型进行求解。

3.3.2　炼钢-连铸生产调度问题

1. 问题概述

炼钢-连铸的生产是在高温下由液态钢水向固态板坯的转化过程，是一个典型的连续型与离散型相混合的高温生产过程。总体而言，炼钢-连铸过程主要包含三道工序，分别是炼钢、精炼和连铸。炼钢-连铸生产过程示意图如图 3.3 所示。在炼钢阶段，上游的铁水被运输至转炉，通过吹氧降低铁水中的含碳量。从转炉出来的一炉钢水称为一个炉次，是炼钢-连铸生产过程的基本单元。在完成炼钢之后，炉次被运送至精炼工序。该工序的目的是对钢水中的化学成分进一步调整，去除钢水中的杂质或者通过加入合金成分来满足不同的钢种需求。常用的精炼方式有 LF、RH、VD、CAS 等。不同的钢种往往采用不同的精炼方式，有的只需要进行单重精炼，有的由于成分要求较高需要进行双重，甚至三重处理。在完成精炼之后，钢水被运输到连铸机进行连铸。该阶段钢水从钢包倒入中间包，接着从中间包底部流出，经过结晶器在连铸机的底部凝固成板坯。在该阶段中，具有相同化学成分并且在连铸机上进行连续浇铸的一批炉次被称为一个浇次。在炼钢-连铸生产过程中，一个浇次内的所有炉次需要尽可能保证连续浇铸。因为一个浇次中所有炉次使用的是同一个中间包，如果没有连续进行浇铸而导致生产过程中断，中间包就不能再继续使用，需要重新更换，这会带来大量的额外固定费用，并消耗大量的时间。同时，剩余没有完成连铸的炉次需要重新进行保温、加热，带来更多的经济损失。因此，断浇惩罚在所有的炼钢-连铸调度问题的研究中都被作为最重要的目标函数之一，减少断浇发生的次数就是减少生产成本。此外，一些常见的生产指标，如等待时间、机器效率、TFT 等也需要在调度模型中考虑。

炼钢-连铸调度问题就是在给定每个炉次的工艺路径的情况下，决定炉次在每一个阶段上的加工机器、加工顺序，以及开始加工的时间，从而在避免断浇的同时最小化给定的生产性能指标，如 TFT、生产周期、拖期等。

炼钢-连铸生产过程具有以下特点。

(1) 生产设备众多，工艺路径复杂，每一个阶段都具有多台相同或相似的机器，并且针对不同钢种，需要经过的工艺路径也不尽相同。

(2) 连铸阶段同一浇次内所有炉次都需要保证连续浇铸。

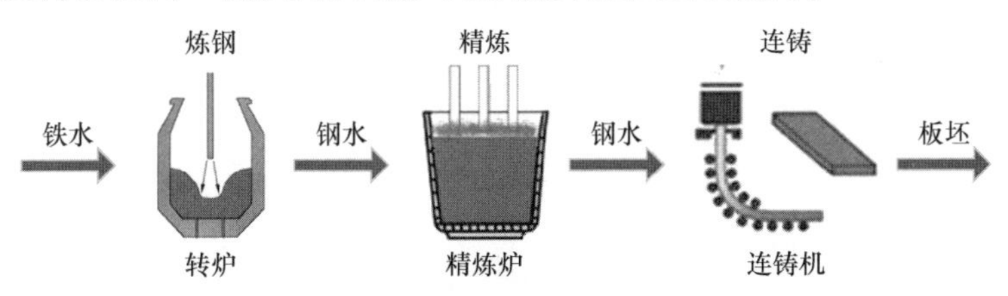

图 3.3　炼钢-连铸生产过程示意图

(3) 现场操作环境复杂，不确定因素众多。实际的加工流程还涉及较多的人工环节，加上机器故障、钢水质量未达标、计划临时变动等原因，生产往往不能按计划执行。

2. 不确定性分析

炼钢-连铸生产调度问题可以看做一个带有复杂工艺约束的混合流水车间调度问题，与混合流水车间不同的地方主要表现为炼钢-连铸调度问题中，同一个浇次内的炉次在连铸阶段需要保证连浇，尽可能避免出现断浇的情况。在连铸阶段，不同浇次之间需要准备时间。由于炼钢-连铸生产过程需要与下游轧钢工序配合，因此在连铸机上工件的加工位置和加工顺序是已知的。不同炉次的工艺路径不完全相同，因此每个阶段可以选择的机器和加工的时间也不完全相同。

总体而言，炼钢-连铸生产过程的随机性主要源于炉次在转炉、精炼炉、连铸机上加工时间的不确定性。作为衔接上下游关键工序，炼钢-连铸生产计划的变动会使上下游的生产计划都随之变动，进而影响钢铁企业的整体生产效率。因此，需要在参数具有随机性的情况下，给出高效、稳定的生产计划，降低连铸过程断浇的可能性。

3.3.3 连铸-热轧生产调度问题

1. 问题概述

钢铁连铸-热轧生产过程也是继炼钢-连铸生产过程后的一个高能耗离散生产过程，热轧板带的工艺流程如图 3.4 所示。其中，连铸过程需要将钢水冷却为钢坯并对钢坯进行矫直。热轧过程需要将钢坯加热到工艺指定再结晶温度后进行轧制，其目的是改变钢铁塑性。连铸机和热轧机之间有加热炉，属于高能耗设备。连铸-热轧生产调度需解决两个决策问题，一是热轧过程调度，即根据板坯的到达时间、规格属性、表面质量、交货期等信息，以惩罚费用最小化和热能损失最小化为目标，确定板坯的加工顺序和开工时间；二是加热炉群调度，即根据热轧生产计划要求的板坯加工顺序，将不同来源的板坯依次分配到多个加热炉中并确定其加热顺序，以降低加热能耗。

连铸-热轧生产调度作为一类特殊的调度问题，其工艺具有如下特点。

(1) 加工原料为板坯，而待轧制来源板坯的温度不同，可分别来自连铸机、保温坑和冷坯库。

(2) 热轧工序的生产方式为滚动生产，除了故障停机等异常情况，生产设备一般要求连续作业，不能停机。

(3) 加工辊与钢卷在生产过程中紧密接触，加工辊的表面质量对钢卷有重要影响。

(4) 对每个轧制单元的总轧制长度与相邻轧制带钢的硬度、厚度、宽度变化均有要求。

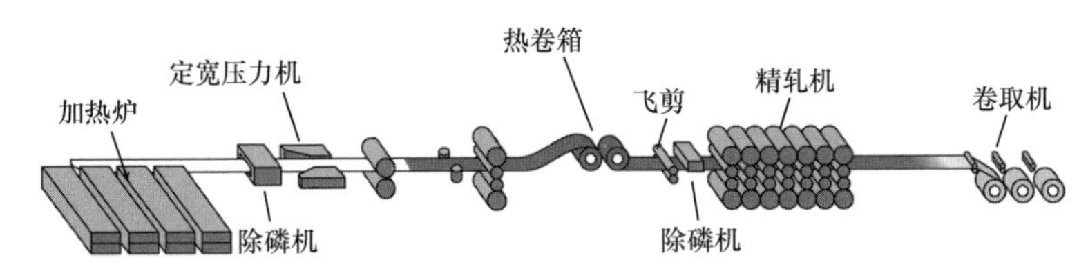

图 3.4　热轧工序相关设备及其流程对接情况

2. 不确定性分析

连铸-热轧生产调度问题需要根据多种类型板坯的到达时间、加工时间、规格属性、合同交货期、装炉方式，以及表面质量等要求，以惩罚费用最小或能量损失最小为目标，编制若干个具有双梯形结构的轧制单元，确定板坯被分配到哪一个轧制单元、哪一条热轧产线，以及板坯的加工顺序和开始加工时间。

连铸-热轧环节包含多种不确定性。考虑工艺设备的定期检修、故障等影响因素，连铸过程生产的板坯到达热轧产线的时间具有不确定性，建模时通常可视为随机变量，寻找最优的热轧组批计划和生产调度计划。此外，加热炉的装炉计划也具有不确定性。加热炉的装炉计划的主要任务是按照已编制好的热轧预计划板坯顺序的要求，即多个加热炉的板坯综合出炉顺序，将多来源的板坯分配到多个加热炉中，确定板坯在各加热炉中的顺序。在保证各板坯出炉温度、板坯加热质量的前提下，使板坯的出炉节奏和轧制的节奏相匹配，减少热能损耗，减少板坯过烧等质量问题。在加热炉的装炉计划问题的建模过程中，板坯的出炉时间具有不确定性，将其设为随机变量，寻找最优的装炉计划，即每块板坯应该在哪一个加热炉进行加热，每一个加热炉的加热顺序。

第 4 章　钢铁生产多工序过程的分布鲁棒建模与求解方法

本章主要介绍智能调度理论与方法在钢铁生产制造中的应用。根据第 3 章描述的钢铁生产制造工艺流程，本章将钢铁生产从上游到下游划分为炼铁-炼钢部分、炼钢-连铸部分、连铸-热轧部分，其中炼铁-炼钢部分主要考虑铁水运输问题。针对各部分具体的生产调度问题，本章给出详细的数学模型，以及智能方法。

4.1　炼铁高炉向炼钢炉的铁水输送匹配调度问题

本节介绍炼铁高炉向炼钢炉的铁水输送匹配调度问题。钢铁企业生产流程主要包括炼铁、炼钢、热轧和冷轧四大区域，其中炼铁是将固体转化为液态铁水的过程，炼钢是根据成分要求进一步对铁水进行处理的过程。在炼钢环节的末期，需要将钢水连续浇铸转化为固态。这一过程对准时性的要求较高，一旦中断会产生较大经济损失。铁水从炼铁的高炉中释放后需要经过预处理才能进入炼钢环节，而预处理的时长取决于当时的温度控制、铁水成分等，具有不确定性。为了提升炼铁-炼钢环节计划的鲁棒性，本节考虑在铁水预处理时长不确定情况下的鲁棒优化建模方法和模型求解方法。本节内容取材于作者发表的学术论文[72]。

4.1.1　问题描述

对于铁水供需能力匹配问题，模型需要在给定转炉炉次的情况下，将具有不同出铁时间的铁水与炉次一一对应匹配，使总加权钢水冶炼完成时间最短。这里给定转炉炉次是指，已知每台转炉上需要冶炼的钢水炉次数，以及每个炉次所对应的钢级。模型的决策内容为铁水与炉次的对应关系，以及每个炉次的冶炼完成时间。模型中的主要参数包括铁水释放时间、铁水预处理时间、转炉冶炼时间，以及截止时间。其中，铁水释放时间为铁水在高炉出铁口的出铁时间，与铁水序号相关；铁水预处理时间和转炉冶炼时间均主要取决于炉次所要求的钢级，因此与炉次序号相关；截止时间为任意铁水从其释放到进入转炉开始冶炼的最长炉外时间，用以保证铁水的温降处于合理范围之中，不会由于温度过低造成铁水质量下降或者混铁车结瘤。若第 j 罐铁水对应于第 i 个炉次，各时间参数之间的关系如图 4.1 所示。

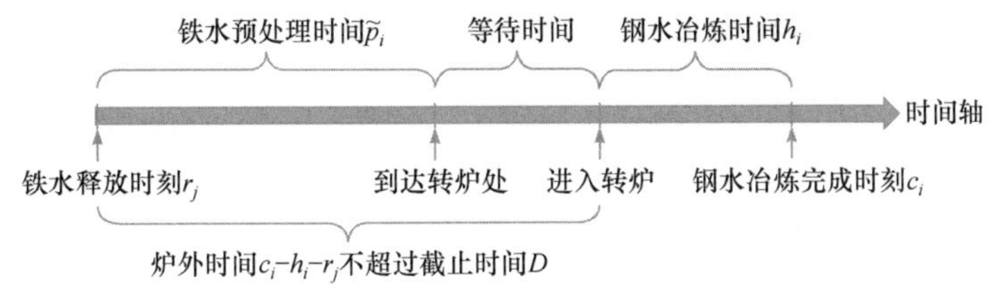

图 4.1　各时间参数之间的关系

值得注意的是，这里的铁水预处理时间包含铁水运输时间，因此铁水运输过程在铁水成分、预处理时间，以及运输时间等方面的随机不确定性均可体现于此。

4.1.2　确定性数学模型

根据上节描述，下面给出铁水供需匹配问题的数学模型。问题同时涉及铁水与炉次对应的离散决策变量和炉次冶炼完工时间的连续决策变量，因此采用混合整数线性规划对其确定性情况进行建模。铁水与炉次的对应关系类似于指派问题，利用 0-1 变量 x_{mij} 来刻画。模型的具体表述如下所示。

1. 问题参数

$\mathcal{J}$：铁水集合，$\mathcal{J}=\{1,2,\cdots,J\}$，$J$ 是铁水总罐数。

$\mathcal{I}$：炉次集合，$\mathcal{I}=\{1,2,\cdots,J\}$，$J$ 是炉次总数，与铁水总罐数相同。

$\mathcal{M}$：转炉集合，$\mathcal{M}=\{1,2,\cdots,M\}$，$M$ 是转炉总数。

N_m：第 m 个转炉上的炉次个数。

h_{mi}：第 m 个转炉上第 i 个炉次的冶炼时间。

w_{mi}：第 m 个转炉上第 i 个炉次的权重系数。

r_j：第 j 罐铁水的释放时间。

D：截止时间，铁水从释放到进入转炉开始冶炼的最长炉外时间。

p_{mi}：第 m 个转炉上第 i 个炉次所对应的铁水预处理时间(包含运输时间)。

2. 决策变量

x_{mij}：0-1 变量，当第 j 罐铁水对应于第 m 个转炉上的第 i 个炉次时，$x_{mij}=1$，否则为 0。

c_{mi}：连续变量，第 m 个转炉上第 i 个炉次的冶炼完成时间。

3. 目标函数(总加权钢水冶炼完成时间)

$$\sum_{m\in\mathcal{M}}\sum_{i=1}^{N_m} w_{mi}\cdot c_{mi}$$

4. 混合整数线性规划模型

$$
\begin{aligned}
\min\ & \sum_{m\in\mathcal{M}}\sum_{i=1}^{N_m} w_{mi}\cdot c_{mi} \\
\text{s.t.}\ & \sum_{m\in\mathcal{M}}\sum_{i=1}^{N_m} x_{mij}=1, \quad j\in\mathcal{J} \\
& \sum_{j\in\mathcal{J}} x_{mij}=1, \quad \forall m\in\mathcal{M};\ i=1,2,\cdots,N_m \\
& c_{mi}-h_{mi}-\sum_{j\in\mathcal{J}} x_{mij}\cdot r_j \leqslant D, \quad m\in\mathcal{M};\ i=1,2,\cdots,N_m \\
& c_{mi}\geqslant c_{m(i-1)}+h_{mi}, \quad m\in\mathcal{M};\ i=2,3,\cdots,N_m \\
& c_{mi}\geqslant \sum_{j\in\mathcal{J}} x_{mij}\cdot r_j+p_{mi}+h_{mi}, \quad m\in\mathcal{M};\ i=1,2,\cdots,N_m \\
& c_{mi}\geqslant 0, \quad m\in\mathcal{M};\ i=1,2,\cdots,N_m \\
& x_{mij}\in\{0,1\}, \quad m\in\mathcal{M};\ i=1,2,\cdots,N_m;\ j\in\mathcal{J}
\end{aligned}
$$

在上述混合整数线性规划模型中，模型的目标函数为总加权钢水冶炼完成时间。第 1 条和第 2 条约束为对应关系指派约束，分别表示一罐铁水仅能分配给一台转炉上的一个炉次，而一个炉次也仅能对应于一罐铁水。第 3 条约束为截止时间约束，表示每罐铁水从释放到进入转炉开始冶炼之间的炉外时长不能超过截止时间 D，否则会影响铁水质量并在混铁车内产生结瘤。第 4 条约束表示排在后面的炉次必须在前一炉次冶炼完成之后才可以开始冶炼。第 5 条约束表示每个炉次必须在其相应的铁水到达转炉之后才可以开始冶炼。

4.1.3 分布函数集鲁棒优化模型

在确定性模型的基础上，本节进一步考虑铁水预处理时间不确定的情况，给出基于机会约束方法构建相应的分布集鲁棒铁钢对应模型。为了区别确定性模型，随机情况下的铁水预处理时间记为 $\tilde{p}_{mi}$，其向量形式为 $\tilde{\boldsymbol{p}}\in\mathbf{R}_+^J$，分布函数集的结构为

$$\mathcal{D}^{\text{is}}=\{F{:}P(\tilde{\boldsymbol{p}}\in\mathbf{R}_+^J)=1,E[\tilde{\boldsymbol{p}}]=\boldsymbol{\mu},\text{Var}[\tilde{\boldsymbol{p}}]=\boldsymbol{\sigma}^2\}$$

其中，$\boldsymbol{\mu}$ 与 $\boldsymbol{\sigma}^2$ 为随机向量 $\tilde{\boldsymbol{p}}$ 的期望向量与方差向量，相应的元素 μ_{mi} 与 σ_{mi}^2 为 $\tilde{p}_{mi}$ 的期望与方差；$\mathcal{D}^{\text{is}}$ 中并未考虑铁水预处理时间之间的相关性影响，一维随机变量 $\tilde{p}_{mi}$ 基于 $\mathcal{D}^{\text{is}}$ 得到的边缘分布函数集为

$$\mathcal{D}^{mi}=\{F^{mi}{:}P(\tilde{p}_{mi}\in\mathbf{R}_+)=1,E[\tilde{p}_{mi}]=\mu_{mi},\text{Var}[\tilde{p}_{mi}]=\sigma_{mi}^2\}$$

当 $\tilde{p}_{mi}$ 为随机变量时，确定性约束 $c_{mi}\geqslant\sum_{j\in\mathcal{J}}x_{mij}\cdot r_j+p_{mi}+h_{mi}$ 已经无效，需要在

分布集鲁棒优化的框架下将其重写为下面的机会约束形式，即

$$\inf_{F\in\mathcal{D}^{mi}} P\left(c_{mi} \geqslant \sum_{j\in\mathcal{J}} x_{mij}\cdot r_j + \tilde{p}_{mi} + h_{mi}\right) \geqslant \alpha, \quad m\in\mathcal{M};\ i=1,2,\cdots,N_m$$

机会约束意味着，不论 $\tilde{p}_{mi}$ 服从于分布函数集 $\mathcal{D}^{mi}$ 中的哪个分布，其相应随机约束成立的概率均不小于 α。值得注意的是，这里将每个随机约束成立的概率独立看待，并没有考虑约束之间的相关性影响，因此属于独立机会约束的范畴。由于模型中的不确定性仅在于 $\tilde{p}_{mi}$ 的取值，与确定性模型所对应的分布集鲁棒模型仅需在原有约束条件的基础上，将约束 $c_{mi} \geqslant \sum_{j\in\mathcal{J}} x_{mij}\cdot r_j + p_{mi} + h_{mi}$ 替换为上式所示的机会约束。

4.1.4　模型转化

求解此分布集鲁棒模型的关键在于，对上述机会约束进行等价的可解性转化。Zymler 等[73]证明，在损失函数满足某些条件的情况下，独立机会约束可以等价地利用 CVaR 的定义来表达。

定理 4.1.1　令 $L:\mathbf{R}^k\to\mathbf{R}$ 为连续的损失函数，并且关于 $\boldsymbol{\xi}\in\mathbf{R}^k$ 是凹的或二次的，则有以下等价关系成立，即

$$\sup_{F\in\mathcal{D}} \mathrm{CVaR}_\alpha(L(\boldsymbol{\xi})) \leqslant 0 \Leftrightarrow \inf_{F\in\mathcal{P}} P(L(\boldsymbol{\xi})\leqslant 0) \geqslant \alpha$$

其中，$\mathcal{D}$ 为分布函数集；CVaR_α 的定义为

$$\mathrm{CVaR}_\alpha(\tilde{z}) = E[\tilde{z}:\tilde{z}\geqslant \inf\{z:P(\tilde{z}>z)\leqslant 1-\alpha\}]$$

下面将模型中的机会约束与定理 4.1.1 对应起来，定义关于 $\tilde{p}_{mi}$ 的损失函数为

$$L_{mi}(\tilde{p}_{mi}) = \tilde{p}_{mi} + h_{mi} + \sum_{j\in\mathcal{J}} x_{mij}\cdot r_j - c_{mi}, \quad m\in\mathcal{M};\ i=1,2,\cdots,N_m$$

显然，$L_{mi}(\tilde{p}_{mi})$ 关于 $\tilde{p}_{mi}$ 是线性的，满足定理 4.1.1 中损失函数为凹的要求。因此，可以根据该定理，将模型中的机会约束等价转化为 CVaR 相关的约束，等价关系为

$$\inf_{F\in\mathcal{D}^{mi}} P(L_{mi}(\tilde{p}_{mi})\leqslant 0) \geqslant \alpha \Leftrightarrow \sup_{F\in\mathcal{D}^{mi}} \mathrm{CVaR}_\alpha(L_{mi}(\tilde{p}_{mi})) \leqslant 0, \quad m\in\mathcal{M};\ i=1,2,\cdots,N_m$$

根据 CVaR 的性质以及 CVaR 的定义，$\sup_{F\in\mathcal{D}^{mi}} \mathrm{CVaR}_\alpha(L_{mi}(\tilde{p}_{mi}))$ 可以进一步表达为

$$\mathrm{RCVaR}_\alpha^{mi}(\tilde{p}_{mi}) + h_{mi} + \sum_{j\in\mathcal{J}} x_{mij}\cdot r_j - c_{mi}, \quad m\in\mathcal{M};\ i=1,2,\cdots,N_m$$

其中，$\mathrm{RCVaR}_{\alpha}^{mi}(\tilde{p}_{mi})=\sup\limits_{F\in\mathcal{D}^{mi}}\mathrm{CVaR}(\tilde{p}_{mi})$；$\mathrm{RCVaR}_{\alpha}^{mi}(\tilde{p}_{mi})$的上标$mi$表示用于计算$\mathrm{RCVaR}_{\alpha}$的分布函数集为$\mathcal{D}^{mi}$；$\tilde{p}_{mi}$为一维非负随机变量，可以直接利用3.4节模型转化相关的结论，得到的$\mathrm{RCVaR}_{\alpha}^{mi}(\tilde{p}_{mi})$的计算表达式为

$$\mathrm{RCVaR}_{\alpha}^{mi}(\tilde{p}_{mi})=\sup_{F\in\mathcal{D}^{mi}}\mathrm{CVaR}_{\alpha}(\tilde{p}_{mi})=\begin{cases}\mu_{mi}+\sqrt{\dfrac{\alpha}{1-\alpha}}\cdot\sigma_{mi}, & \dfrac{\sigma_{mi}^2}{\sigma_{mi}^2+\mu_{mi}^2}<\alpha\leqslant 1\\ \dfrac{\mu_{mi}}{1-\alpha}, & 0\leqslant\alpha\leqslant\dfrac{\sigma_{mi}^2}{\sigma_{mi}^2+\mu_{mi}^2}\end{cases}$$

进而，模型中的机会约束在α的不同取值下，可以等价转化为以下两类线性约束，即

$$\begin{cases}\dfrac{\mu_{mi}}{1-\alpha}\leqslant c_{mi}-h_{mi}-\sum\limits_{j\in\mathcal{J}}x_{mij}\cdot r_j, & 0\leqslant\alpha\leqslant\dfrac{\sigma_{mi}^2}{\sigma_{mi}^2+\mu_{mi}^2},\\ \mu_{mi}+\sqrt{\dfrac{\alpha}{1-\alpha}}\cdot\sigma_{mi}\leqslant c_{mi}-h_{mi}-\sum\limits_{j\in\mathcal{J}}x_{mij}\cdot r_j, & \dfrac{\sigma_{mi}^2}{\sigma_{mi}^2+\mu_{mi}^2}<\alpha\leqslant 1\end{cases}$$

通过引入参数v_{mi}表示α取值与μ_{mi}和σ_{mi}^2之间的关系，基于机会约束的分布集鲁棒模型最终转化为混合整数线性规划模型。

转化后的分布集鲁棒模型(记为DRISA)

$$\begin{aligned}\min\ & \sum_{m\in\mathcal{M}}\sum_{i=1}^{N_m}w_{mi}\cdot c_{mi}\\ \text{s.t.}\ & \sum_{m\in\mathcal{M}}\sum_{i=1}^{N_m}x_{mij}=1,\quad j\in\mathcal{J},\\ & \sum_{j\in J}x_{mij}=1,\quad m\in\mathcal{M};\ i=1,2,\cdots,N_m\\ & c_{mi}-h_{mi}-\sum_{j\in\mathcal{J}}x_{mij}\cdot r_j\leqslant D,\quad m\in\mathcal{M};\ i=1,2,\cdots,N_m\\ & c_{mi}\geqslant c_{m(i-1)}+h_{mi},\quad m\in\mathcal{M};\ i=2,3,\cdots,N_m\\ & c_{mi}\geqslant\sum_{j\in\mathcal{J}}x_{mij}\cdot r_j+\frac{\mu_{mi}}{1-\alpha}+h_{mi}-B(1-v_{mi}),\quad m\in\mathcal{M};\ i=1,2,\cdots,N_m\\ & c_{mi}\geqslant\sum_{j\in\mathcal{J}}x_{mij}\cdot r_j+\mu_{mi}+\beta\cdot\sigma_{mi}+h_{mi}-Bv_{mi},\quad m\in\mathcal{M};\ i=1,2,\cdots,N_m\\ & c_{mi}\geqslant 0,\quad m\in\mathcal{M};\ i=1,2,\cdots,N_m\\ & x_{mij}\in\{0,1\},\quad m\in\mathcal{M};\ i=1,2,\cdots,N_m;\ j\in\mathcal{J}\end{aligned}$$

在上述混合整数线性规划模型中，μ_{mi} 和 σ_{mi} 分别为随机变量 $\tilde{p}_{mi}$ 的均值和标准差，α 为随机约束成立概率的最低要求和 CVaR 的置信水平，$\beta=\sqrt{\alpha/(1-\alpha)}$。另外，转化前后的目标函数与前四条约束的含义完全相同。第 5 条和第 6 条约束对应于前述的两类线性约束，不同情况的选择利用参数 v_{mi} 的取值和大数 B 来实现。若 $\alpha\leqslant\sigma_{mi}^2/(\sigma_{mi}^2+\mu_{mi}^2)$，则 v_{mi} 的取值为 1，此时第 5 条约束生效而第 6 条约束无效；若 $\alpha>\sigma_{mi}^2/(\sigma_{mi}^2+\mu_{mi}^2)$，则 v_{mi} 的取值为 0，此时第 5 条约束无效，第 6 条约束有效；大数 B 的选择需要在 v_{mi} 的取值分别为 0 和 1 的情况下，使第 5 条约束和第 6 条约束的右边小于零，从而将相应的约束退化为无效约束。值得注意的是，这里利用大数 B 控制约束的选择是为了便于通用模型的表述。然而，在实际编程求解的过程中，可以直接根据参数情况为模型添加相应的约束，从而避免由大数带来的额外计算开销。

4.1.5　计算实验

本节分析分布集鲁棒铁钢对应模型的效果，将鲁棒铁水-炉次匹配方案与直接利用均值得到的匹配方案在鲁棒收益、鲁棒代价，以及钢水冶炼完成时间等方面进行比较。令鲁棒铁水-炉次匹配方案为 S_{r}^*，用均值得到的匹配方案为 S_{e}^*，则 S_{r}^* 带来的 RP 和 RB 的定义为

$$\mathrm{RP}=(\mathrm{AVE}(S_{\mathrm{r}}^*)-\mathrm{AVE}(S_{\mathrm{e}}^*))/\mathrm{AVE}(S_{\mathrm{e}}^*)$$

$$\mathrm{RB}=(\mathrm{STD}(S_{\mathrm{e}}^*)-\mathrm{STD}(S_{\mathrm{r}}^*))/\mathrm{STD}(S_{\mathrm{e}}^*)$$

其中，$\mathrm{AVE}(\cdot)$ 和 $\mathrm{STD}(\cdot)$ 为测试实例所得到的总加权钢水冶炼完成时间的平均值和标准差。

值得注意的是，由于分布集鲁棒铁钢对应模型中的随机参数存在于约束之中，模型给定的冶炼完成时间在测试算例中可能并不可行。此时需要将不可行的完成时间向后递推到可行状态，进而重新计算总加权完成时间。因此，完成时间改变的炉次个数，以及改变的平均时长也是模型稳定性的一个重要评价标准。

分布集鲁棒铁钢对应模型在不同 α 取值下的鲁棒性能如表 4.1 所示。其中，CN 表示冶炼完成时间因给定结果不可行而改变的炉次数，CA 表示冶炼完成时间改变的平均时长。对于每个 α 取值，均在铁水罐数为 30 的情况下做了 100 组实验，用以求得平均结果。可以看出，在采用方案 S_{e}^* 时，大约有三分之一的炉次完成时间需要调整，而且改变的平均时长在 280min 左右。这样频繁的计划调整会给生产过程带来极大的不稳定性，还会连带影响后续的精炼、连铸与热轧等工序的正常进行。分布集鲁棒模型得到的方案 S_{r}^*，在 $\alpha\geqslant0.9$ 时调整的平均炉次数不足 0.2 个，而且即使有调整的情况，其改变时长也不超过 3min。结果说明，分布集鲁棒匹配模型得到的方案适应性很强，可以在铁水预处理时间或运输时间随机变化的

情况下，仍保证原定方案的顺利进行。

另外，模型的鲁棒效果随着α值的降低在减弱，当$\alpha=0$时退化为确定性的模型。因此，在分布集鲁棒铁水-炉次匹配模型中，也可以通过设定参数α的取值控制模型的鲁棒性程度。再来看鲁棒代价与鲁棒收益的情况，由于在$\alpha \geqslant 0.9$时，炉次完成时间基本都没有调整,实验算例下的目标函数值与原定最优值的差距很小,因此这部分的 RB 一直保持在 90%以上的较高水平。然而，相应的 RP 变化比较明显，当α由 0.98 降到 0.94 时，RP 由 20.94%骤降到 11.38%。这说明，α的取值不需要过高，以较低的鲁棒损失换来更高的稳定收益才是最为合适的取值。

表 4.1　分布集鲁棒铁钢对应模型在不同α取值下的鲁棒性能($J=30$)

α	RP / %	RB / %	CN(S_r^*) /次	CN(S_e^*) /次	CA(S_r^*) /min	CA(S_e^*) /min
0.98	20.94	99.92	0.00	11.48	0.00	297.89
0.97	17.84	99.65	0.00	10.79	0.01	285.18
0.96	14.69	98.59	0.00	11.49	0.06	289.24
0.95	13.29	97.49	0.01	11.53	0.19	318.72
0.94	11.38	95.95	0.02	10.54	0.37	261.36
0.93	10.48	95.47	0.04	11.31	0.58	269.53
0.92	9.81	93.82	0.07	11.52	1.08	288.75
0.91	9.19	92.19	0.10	11.02	1.64	274.18
0.90	8.57	90.58	0.15	11.39	2.52	292.64
0.80	5.20	77.82	0.80	11.17	12.94	267.01
0.70	3.79	65.70	1.66	10.74	29.84	263.52
0.60	3.01	56.07	2.72	10.89	52.38	278.56
0.50	2.42	46.15	3.53	10.42	70.15	259.50
0.40	1.88	37.71	4.66	10.92	98.02	274.39
0.30	1.61	31.75	5.70	11.11	124.58	282.89
0.20	1.26	24.31	6.85	11.02	156.36	281.51
0.10	0.72	14.36	8.53	11.37	190.58	272.03
0.00	0.00	0.00	11.07	11.07	305.05	305.05

4.2　铁水运输问题鲁棒建模与求解算法

4.2.1　问题描述与建模

给定有向连通图$\mathcal{G}=(\mathcal{V},\mathcal{A})$，其中$\mathcal{V}$是顶点的集合，其基数为$m$，即$|\mathcal{V}|=m$，而$\mathcal{A}$是边的集合，基数为$n$，即$|\mathcal{A}|=n$。令$\xi_{ij}$表示集合$\mathcal{A}$中边$(i,j)$的旅行时间，向量$\boldsymbol{\xi}=\{\xi_{ij}:(i,j)\in\mathcal{A}\}$表示所有边上的旅行时间。在有向图中，一条有向路径是一个顶点序列，序列中每两个相邻顶点间都存在一条边。用向量$\boldsymbol{p}=\{p_{ij}:(i,j)\in\mathcal{A}\}$

表示一条从起点 o 到终点 d 的有向路径，其中 p_{ij} 是 0-1 变量，值等于 1 时表示 (i,j) 是路径 $\boldsymbol{p}$ 上的一条边，否则值等于 0。

经典路径规划问题希望找到一条从起点 o 到终点 d 旅行时间最短的路径[74]。该问题认为，有向连通图 $\mathcal{G}$ 中每条边的旅行时间都是准确已知的，即 $\boldsymbol{\xi}$ 是已知的常数向量。然而实际上，受很多因素影响，如交通管制和天气原因等，旅行时间的不确定性无法避免，但它对最优路径的规划又有较大影响，当忽略旅行时间不确定性时，选择的“最优路径”可能不是真正的最优路径，其可靠性也会受到影响。

为了处理旅行时间的不确定性，现有文献一般假设旅行时间是随机变量，设计了许多经典衡量随机路径可靠性的准则，如有效旅行时间(effective travel time，ETT)[75]、分位数旅行时间(percentile travel time，PTT)[76]、均值-超量旅行时间(mean-excess travel time，METT)[77]等，并期望找到一条在准则下表现最优的可靠路径。与 ETT 和 PTT 准则不同，METT 准则形式更为简单，不需要计算多重积分，并且同时回答了“行人何时出发才可以准时到达”，以及“行人最长迟到时长”两个问题，让决策者可以根据路径风险(迟到时间)合理选择出行路径。因此，本节采用 METT 准则衡量路径可靠性。本节内容取材于作者发表的学术论文[78]。

定义 4.2.1　路径 $\boldsymbol{p}$ 对应的 α-METT 值为

$$\mathrm{METT}_{\alpha} = \min_{t\in\mathbf{R}} \left\{ t + \frac{1}{\alpha} E_F\{h(\boldsymbol{p},t,\boldsymbol{\xi})\} \right\}$$

其中，$h(\boldsymbol{p},t,\boldsymbol{\xi}) = [\boldsymbol{\xi}^{\mathrm{T}}\boldsymbol{p} - t]^{+}$，$[x]^{+} = \max\{x,0\}$。

METT 准则是用来计算随机路径可靠程度的经典准则之一，它不仅衡量了路径的平均旅行时间，还能够计算出选择该路径时的最大迟到时长，能够为行人提供更多的路径信息。计算 METT 准则通常要求旅行时间的真实分布函数 F 已知，但是在实际情况中，真实分布函数 F 是无法准确获得的，通常只能利用随机旅行时间的样本 $\{\hat{\boldsymbol{\xi}}^{i}\}_{i=1,2,\cdots,N}$ 获得关于 F 的部分信息，其中 $\hat{\boldsymbol{\xi}}^{i}$ 表示随机旅行时间的一个独立样本。此时，可以利用样本均值近似(sample average approximation，SAA)方法处理分布函数未知的情况。该方法利用在样本集合上的经验分布函数 F_N 来近似真实分布 F，即

$$F_N(\boldsymbol{\xi}) = \frac{1}{N}\sum_{i=1}^{N} I_{\{\hat{\boldsymbol{\xi}}^{i} \leqslant \boldsymbol{\xi}\}}$$

其中，I_A 表示事件 A 的示性函数。

SAA 方法只有在样本质量足够高，数量足够多的时候才能比较精确地近似原随机问题，否则最终得到的最优解可能具有很差的样本外特性。为了解决 SAA 方法存在的问题，本节采用分布鲁棒方法处理随机变量及其分布函数的不确定性，认为分布函数 F 属于以经验分布 F_N 为中心的集合 $\mathcal{F}_N$，并利用 Wasserstein 距离

计算集合中任意分布函数间的距离。

定义 4.2.2　令$(\Xi,\|\cdot\|_p)$为给定的波利希空间，给定两个分布函数$F^1\in M(\Xi)$和$F^2\in M(\Xi)$，则 Wasserstein 距离$d_{\mathrm{W}}:M(\Xi)\times M(\Xi)\to\mathbf{R}_+$定义为

$$d_{\mathrm{W}}(F^1,F^2)=\inf\left\{\left(\int_{\Xi\times\Xi}\left\|\boldsymbol{\xi}^1-\boldsymbol{\xi}^2\right\|_p K(\mathrm{d}\boldsymbol{\xi}^1,\mathrm{d}\boldsymbol{\xi}^2)\right):\right.$$
$$\left.\int_{\Xi}K(\boldsymbol{\xi}^1,\mathrm{d}\boldsymbol{\xi}^2)=F^1(\boldsymbol{\xi}^1),\int_{\Xi}K(\mathrm{d}\boldsymbol{\xi}^1,\boldsymbol{\xi}^2)=F^2(\boldsymbol{\xi}^2)\right\}$$

其中，集合$M(\Xi)$包含所有支撑集是Ξ的分布函数；$K(\cdot)$为联合分布函数。

为了避免 Wasserstein 距离的值趋向于无穷，并保证 Wasserstein 度量满足范数的性质，引入如下假设[79]。

假设 4.2.1　任意支撑集为Ξ的分布函数，即$F\in M(\Xi)$，都满足下列不等式，即

$$\int_{\Xi}\|\boldsymbol{\xi}\|_p\,F(\mathrm{d}\boldsymbol{\xi})<\infty$$

假设 4.2.1 要求分布函数的一阶矩有限，优化问题中的轻尾分布函数均满足上述假设，因此没有牺牲较多的模型特性[80]。此时，集合$\mathcal{F}_N$可视为一个 Wasserstein 球，即

$$\mathcal{F}_N=\{F\in M(\Xi):d_{\mathrm{W}}(F_N,F)\leqslant\varepsilon_N\}$$

其中，$\varepsilon_N\geqslant 0$，为给定的集合半径。

本节需要求解在 Wasserstein 球内分布函数达到最差情况时，相应的最差α-METT 数值为

$$\text{w-METT}_\alpha(\boldsymbol{p})=\sup_{F\in\mathcal{F}_N}\text{METT}_\alpha(\boldsymbol{p})=\min_{t\in\mathbf{R}}\left\{t+\frac{1}{\alpha}\sup_{F\in\mathcal{F}_N}E_F\{h(\boldsymbol{p},t,\boldsymbol{\xi})\}\right\}$$

基于 w-METT，分布鲁棒最短路(distributionally robust shortest path，DRSP)问题可以写为

$$\min_{\boldsymbol{p}\in\mathcal{P}}\ \text{w-METT}_\alpha(\boldsymbol{p})$$

其中，$\mathcal{P}$为所有可行路径的集合，即

$$\mathcal{P}=\left\{\boldsymbol{p}:\sum_{j:(i,j)\in\mathcal{A}}p_{ij}-\sum_{j:(i,j)\in\mathcal{A}}p_{ji}=b_i,\forall i\in\mathcal{V},p_{ij}\in\{0,1\},\forall(i,j)\in\mathcal{A}\right\}$$

其中，$b_o=1$、$b_d=-1$，当$i\in\mathcal{V}/\{o,d\}$时，$b_i=0$。

关于$\boldsymbol{p}$的等式约束是节点平衡约束，即对路径中的任意的中间节点，流入量等于流出量，对于起点和终点，有且只有一次流出(流入)。

4.2.2 问题结构性质分析

当样本集合规模较大时，Wasserstein 集合$\mathcal{F}_N$通常以较高的概率包含随机旅

行时间的真实分布函数，因此本节提出的 DRSP 模型可以具备较强的鲁棒性。这一点也得到了后续实验结果的验证。此外，DRSP 模型可以等价转换为混合整数 0-1 规划问题，等价后的模型能够由现有优化算法成功求解，如外逼近算法[81]、分支定界算法[82]和割平面算法[83]等。

集合 $\mathcal{F}_N$ 中通常包含无限多个分布函数，导致基于 Wasserstein 分布函数集的 DRSP 模型成为无限维的优化问题，会增加求解难度，甚至无法直接利用求解器求解。为了解决上述问题，本研究工作证明无限维问题可以利用 Wasserstein 分布函数集性质，以及强对偶定理被等价转换为可解的有限维混合整数规划问题，而等价后的问题可以利用已有算法成功求解。

4.2.3　求解算法

本节讨论两种情况，即模型不考虑旅行时间的支撑集信息和模型考虑旅行时间的支撑集信息，并对两种情况下的模型进行等价转换和求解。首先对不考虑旅行时间支撑集的 DRSP 模型进行分析。

1. 不考虑支撑集信息的 DRSP 模型等价转换

首先，研究不考虑旅行时间支撑集的 DRSP 模型的转换方法，推导 w-METT 和 DRSP 模型的等价有限维问题形式。

定理 4.2.1　当假设 4.2.1 成立时，给定可行路径 $\boldsymbol{p}$，基于 Wasserstein 分布函数集 $\mathcal{F}_N$ 的 w-METT 等于下列线性规划问题的最优值，即

$$\begin{aligned}\min_{t,s,\lambda}\ & t+\frac{1}{\alpha}\left\{\frac{1}{N}\sum_{i=1}^{N}s_i+\lambda\varepsilon_N\right\}\\ \text{s.t.}\ & \boldsymbol{p}^{\mathrm{T}}\hat{\boldsymbol{\xi}}^i-t\leqslant s_i,\quad s_i\geqslant 0;\ i\in\{1,2,\cdots,N\}\\ & \|\boldsymbol{p}\|_q\leqslant\lambda\end{aligned}$$

其中，$\|\cdot\|_q$ 为 l_p 范数的对偶范数，满足 $1/p+1/q=1$。

进而，对应的 DRSP 模型可以等价转换为下列有限维的混合整数 0-1 优化问题，即

$$\begin{aligned}\min_{\boldsymbol{p},t,s,\lambda}\ & t+\frac{1}{\alpha}\left\{\frac{1}{N}\sum_{i=1}^{N}s_i+\lambda\varepsilon_N\right\}\\ \text{s.t.}\ & \boldsymbol{p}^{\mathrm{T}}\hat{\boldsymbol{\xi}}^i-t\leqslant s_i,\quad s_i\geqslant 0;\ i\in\{1,2,\cdots,N\}\\ & \|\boldsymbol{p}\|_q\leqslant\lambda\\ & \boldsymbol{p}\in\mathcal{P}\end{aligned}$$

首先，引入一个引理，它是证明定理 4.2.1 的重要基础。

引理 4.2.1　对于任意向量 $\boldsymbol{w}\in\mathbf{R}^n$，下列等式成立，即

$$\sup_{x\in\mathbf{R}^n}\{\boldsymbol{w}^{\mathrm{T}}\boldsymbol{x}-\lambda\|\boldsymbol{x}\|_p\}=\sup_{x\in\mathbf{R}^n}\{(\|\boldsymbol{w}\|_q-\lambda)\|\boldsymbol{x}\|_p\}$$

证明：$\sup\limits_{\|x\|_p=t}\{\boldsymbol{w}^{\mathrm{T}}\boldsymbol{x}\}$ 的最大值可以显式地表示为 $t\|\boldsymbol{w}\|_q$，因此有下列等式成立，即

$$\begin{aligned}&\sup_{x\in\mathbf{R}^n}\{\boldsymbol{w}^{\mathrm{T}}\boldsymbol{x}-\lambda\|\boldsymbol{x}\|_p\}\\&=\sup_{t\geqslant 0}\sup_{\|x\|_p=t}\{\boldsymbol{w}^{\mathrm{T}}\boldsymbol{x}-\lambda\|\boldsymbol{x}\|_p\}\\&=\sup_{t\geqslant 0}\sup_{\|x\|_p=t}\{\boldsymbol{w}^{\mathrm{T}}\boldsymbol{x}-\lambda t\}\\&=\sup_{t\geqslant 0}\{t\|\boldsymbol{w}\|_q-\lambda t\}\\&=\sup_{\|x\|_p\geqslant 0}\{(\|\boldsymbol{w}\|_q-\lambda)\|\boldsymbol{x}\|_p\}\\&=\sup_{x\in\mathbf{R}^n}\{(\|\boldsymbol{w}\|_q-\lambda)\|\boldsymbol{x}\|_p\}\end{aligned}$$

此时已完成该引理的证明。接下来开始证明定理 4.2.1。

定理 4.2.1 的证明：给定任意可行路径 $\boldsymbol{p}\in\mathcal{P}$，根据 Wasserstein 集合 $\mathcal{F}_N$ 和 Wasserstein 距离的定义，问题 $\sup\limits_{F\in\mathcal{F}_N}E_F\{h(\boldsymbol{p},t,\boldsymbol{\xi})\}$ 的最优值可以通过求解下列锥规划问题得到，即

$$\begin{aligned}\max_{K(\xi,\hat{\xi}^i)\geqslant 0}\quad&\int_{\Xi}\sum_{i=1}^{N}h(\boldsymbol{p},t,\boldsymbol{\xi})K(\mathrm{d}\boldsymbol{\xi},\hat{\boldsymbol{\xi}}^i)\\ \text{s.t.}\quad&\int_{\Xi}K(\mathrm{d}\boldsymbol{\xi},\hat{\boldsymbol{\xi}}^i)=\frac{1}{N},\quad i\in\{1,2,\cdots,N\}\\&\int_{\Xi}\sum_{i=1}^{N}d_{\mathrm{W}}(\boldsymbol{\xi},\hat{\boldsymbol{\xi}}^i)K(\mathrm{d}\boldsymbol{\xi},\hat{\boldsymbol{\xi}}^i)\leqslant\varepsilon_N\end{aligned}$$

锥规划问题对应的拉格朗日函数可以写为

$$\begin{aligned}L(\boldsymbol{\xi},\lambda,s)=&\int_{\Xi}\sum_{i=1}^{N}h(\boldsymbol{p},t,\boldsymbol{\xi})K(\mathrm{d}\boldsymbol{\xi},\hat{\boldsymbol{\xi}}^i)-\int_{\Xi}\sum_{i=1}^{N}s_iK(\mathrm{d}\boldsymbol{\xi},\hat{\boldsymbol{\xi}}^i)\\&-\int_{\Xi}\sum_{i=1}^{N}\lambda d_{\mathrm{W}}(\boldsymbol{\xi},\hat{\boldsymbol{\xi}}^i)K(\mathrm{d}\boldsymbol{\xi},\hat{\boldsymbol{\xi}}^i)+\frac{1}{N}\sum_{i=1}^{N}s_i+\lambda\varepsilon_N\end{aligned}$$

其对应的拉格朗日对偶函数可以写为

$$\begin{aligned}g(\lambda,s)=&\sup_{\xi\in\Xi}L(\boldsymbol{\xi},\lambda,s)\\=&\sup_{\xi\in\Xi}\int_{\Xi}\sum_{i=1}^{N}(h(\boldsymbol{p},t,\boldsymbol{\xi})-s_i-\lambda d_{\mathrm{W}}(\boldsymbol{\xi},\hat{\boldsymbol{\xi}}^i))\\&\times K(\mathrm{d}\boldsymbol{\xi},\hat{\boldsymbol{\xi}}^i)+\frac{1}{N}\sum_{i=1}^{N}s_i+\lambda\varepsilon_N\end{aligned}$$

基于上述对偶函数，可以给出原问题的对偶问题，即

$$\min_{s,\lambda}\ \frac{1}{N}\sum_{i=1}^{N}s_i+\lambda\varepsilon_N$$

$$\text{s.t. } h(\boldsymbol{p},t,\boldsymbol{\xi})-\lambda d_{\mathrm{W}}(\boldsymbol{\xi},\hat{\boldsymbol{\xi}}^i)\leqslant s_i,\quad s_i\geqslant 0;\ \lambda\geqslant 0;\ \boldsymbol{\xi}\in\Xi;\ i\in\{1,2,\cdots,N\}$$

对于原问题及其对偶问题，如果 Wasserstein 分布函数集的半径大于 0，则原问题存在一个严格可行解 $K=F_N\times F_N$。上述解的存在可以保证 Slater 条件成立，进而保证强对偶性质成立，即原问题和对偶问题之间没有对偶间隙。如果半径等于 0，那么 Wasserstein 分布函数集 $\mathcal{F}_N$ 退化为一个单点集 $\{F_N\}$，此时问题变成样本均值近似问题 $\frac{1}{N}\sum_{i=1}^{N}h(\boldsymbol{p},t,\hat{\boldsymbol{\xi}}^i)$。同时，对偶问题存在一个可行解满足如下条件，即当 $\boldsymbol{\xi}=\hat{\boldsymbol{\xi}}^i$ 时，$s_i\geqslant h(\boldsymbol{p},t,\hat{\boldsymbol{\xi}}^i),\forall i=1,2,\cdots,N,\lambda\geqslant 0$，并且此时对偶问题的目标函数值等于原问题最优值 $\frac{1}{N}\sum_{i=1}^{N}h(\boldsymbol{p},t,\hat{\boldsymbol{\xi}}^i)$。由此可知，对偶问题的最优值不大于原问题最优值。根据弱对偶定理，对偶问题的最优值应不小于原问题最优值，因此半径为 0 时，原问题和对偶问题之间也不存在对偶间隙。无论半径取何数值，原问题和对偶问题之间都没有对偶间隙，因此本节可以通过求解对偶问题获得原问题的最优值。

由于 $h(\boldsymbol{p},t,\boldsymbol{\xi})=[\boldsymbol{\xi}^{\mathrm{T}}\boldsymbol{p}-t]^+$，对偶问题中的第一个约束可以等价表示为

$$\sup_{\boldsymbol{\xi}\in\Xi}\{\boldsymbol{\xi}^{\mathrm{T}}\boldsymbol{p}-t-\lambda\|\boldsymbol{\xi}-\hat{\boldsymbol{\xi}}^i\|_p\}\leqslant s_i$$

$$\sup_{\boldsymbol{\xi}\in\Xi}\{-\lambda\|\boldsymbol{\xi}-\hat{\boldsymbol{\xi}}^i\|_p\}\leqslant s_i$$

因为 $\lambda\geqslant 0$ 和 $\hat{\boldsymbol{\xi}}'\in\Xi$ 成立，上式可直接写为 $s_i\geqslant 0$。为了表述更加简洁，用 $\Delta\boldsymbol{u}_i$ 表示 $\boldsymbol{\xi}-\hat{\boldsymbol{\xi}}^i$。此时，有

$$\begin{aligned}&\sup_{\Delta\boldsymbol{u}_i}\{\boldsymbol{p}^{\mathrm{T}}(\hat{\boldsymbol{\xi}}^i+\Delta\boldsymbol{u}_i)-t-\lambda\|\Delta\boldsymbol{u}_i\|_p\}\\=&\sup_{\Delta\boldsymbol{u}_i}\{\boldsymbol{p}^{\mathrm{T}}\Delta\boldsymbol{u}_i-\lambda\|\Delta\boldsymbol{u}_i\|_p\}+\boldsymbol{p}^{\mathrm{T}}\hat{\boldsymbol{\xi}}^i-t\\=&\sup_{\Delta\boldsymbol{u}_i}\{(\|\boldsymbol{p}\|_q-\lambda)\|\Delta\boldsymbol{u}_i\|_p\}+\boldsymbol{p}^{\mathrm{T}}\hat{\boldsymbol{\xi}}^i-t\\=&\begin{cases}\boldsymbol{p}^{\mathrm{T}}\hat{\boldsymbol{\xi}}^i-t, & \|\boldsymbol{p}\|_q\leqslant\lambda\\+\infty, & \|\boldsymbol{p}\|_q>\lambda\end{cases}\end{aligned}$$

引理 4.2.1 保证了第二个等式成立。原路径规划问题可行需要不等式 $\lambda\geqslant\|\boldsymbol{p}\|_q$ 成立，因此在对偶问题中添加了此约束。由于 $\sup_{\boldsymbol{\xi}\in\Xi}\{\boldsymbol{\xi}^{\mathrm{T}}\boldsymbol{p}-t-\lambda\|\boldsymbol{\xi}-\hat{\boldsymbol{\xi}}^i\|_p\}\leqslant s_i$ 左侧部分的最大值等于 $\boldsymbol{p}^{\mathrm{T}}\hat{\boldsymbol{\xi}}^i-t$，该约束等价于 $\boldsymbol{p}^{\mathrm{T}}\hat{\boldsymbol{\xi}}^i-t\leqslant s_i$。由此可知，对偶问题中的

第一个约束可改写为 $\boldsymbol{p}^{\mathrm{T}}\hat{\boldsymbol{\xi}}^{i}-t\leqslant s_{i}$ 和 $s_{i}\geqslant 0$ 两个部分。基于上述结果，原问题可以等价转换为下列凸规划(convex programming，CP)问题，即

$$\begin{aligned}&\min_{s,\lambda}\ \frac{1}{N}\sum_{i=1}^{N}s_{i}+\lambda\varepsilon_{N}\\&\text{s.t.}\ \boldsymbol{p}^{\mathrm{T}}\hat{\boldsymbol{\xi}}^{i}-t\leqslant s_{i},\quad s_{i}\geqslant 0;\ i=1,2,\cdots,N;\|\boldsymbol{p}\|_{q}\leqslant\lambda\end{aligned}$$

以此替换 w-METT 中的数学期望 $\sup_{F\in\mathcal{F}_{N}}E_{F}\{h(\boldsymbol{p},t,\boldsymbol{\xi})\}$，即可以证明 w-METT 和定理 4.2.1 的目标函数等价。进一步，分布鲁棒路径规划模型可以被等价转换为混合整数 0-1 规划问题。至此完成了定理 4.2.1 的证明。

定理 4.2.1 表明，分布鲁棒路径规划模型可以从一个无限维的优化问题(Wasserstein 球中含有无限个分布函数) 等价转化为一个有限维的混合整数 0-1 规划问题。当在 Wasserstein 距离中采用不同的范数计算向量之间的距离时，最终的等价结果也会有所不同。例如，当采用 l_1 范数或者 l_2 范数计算距离时，对应的 DRSP 模型是一个混合整数 0-1 线性规划问题或者混合整数 0-1 二阶锥规划(second order conic programming，SOCP)问题。

2. 考虑支撑集信息的 DRSP 模型等价转换

在实际生活中，旅行时间通常都是有限值，而且考虑其上下界信息有助于进一步降低问题的保守程度，因此在模型中不应忽略其支撑集信息。本节利用数据集构造旅行时间的支撑集。令旅行时间 ξ_{ij} 属于给定的区间 $[a_{ij},b_{ij}]$，其中 $a_{ij}=\min_{k=1,2,\cdots,N}\ \xi_{ij}^{k}$ 和 $b_{ij}=\max_{k=1,2,\cdots,N}\ \xi_{ij}^{k}$，进而用 $\Xi=[\boldsymbol{a},\boldsymbol{b}]$ 表示旅行时间的支撑集，其中 $\boldsymbol{a}=\{a_{ij}:(i,j)\in\mathcal{A}\}$，$\boldsymbol{b}=\{b_{ij}:(i,j)\in\mathcal{A}\}$。由于 $\Xi=[\boldsymbol{a},\boldsymbol{b}]$ 是一个紧集，因此 Wasserstein 集合 $\mathcal{F}_{N}$ 中的任意分布函数都满足假设 4.2.1。在此基础上，推导考虑支撑集信息时 DRSP 模型的有限维等价转化问题。

定理 4.2.2　令 $\Xi=[\boldsymbol{a},\boldsymbol{b}]$，当 $\mathcal{F}_{N}$ 是 Wasserstein 分布函数集时，w-METT 可以等价为下列凸优化问题，即

$$\begin{aligned}&\min_{t,s,\lambda,\boldsymbol{\gamma}_i,\boldsymbol{\eta}_i}\ t+\frac{1}{\alpha}\left\{\frac{1}{N}\sum_{i=1}^{N}s_{i}+\lambda\varepsilon_{N}\right\}\\&\text{s.t.}\ (\boldsymbol{p}+\boldsymbol{\gamma}_{i}-\boldsymbol{\eta}_{i})^{\mathrm{T}}\hat{\boldsymbol{\xi}}^{i}-\boldsymbol{\gamma}_{i}^{\mathrm{T}}\boldsymbol{a}+\boldsymbol{\eta}_{i}^{\mathrm{T}}\boldsymbol{b}-t\leqslant s_{i}\\&\quad\ \ \|\boldsymbol{\gamma}_{i}+\boldsymbol{p}-\boldsymbol{\eta}_{i}\|_{q}\leqslant\lambda\\&\quad\ \ \boldsymbol{\eta}_{i}\geqslant\boldsymbol{0},\boldsymbol{\gamma}_{i}\geqslant\boldsymbol{0},s_{i}\geqslant 0,\quad i=1,2,\cdots,N\end{aligned}$$

另外，DRSP 模型可以被等价转换为下列形式，即

$$\begin{aligned}
\min_{\boldsymbol{p},t,s,\lambda,\boldsymbol{\gamma}_i,\boldsymbol{\eta}_i} \quad & t+\frac{1}{\alpha}\left\{\frac{1}{N}\sum_{i=1}^{N}s_i+\lambda\varepsilon_N\right\} \\
\text{s.t.} \quad & (\boldsymbol{p}+\boldsymbol{\gamma}_i-\boldsymbol{\eta}_i)^{\mathrm{T}}\hat{\boldsymbol{\xi}}^i-\boldsymbol{\gamma}_i^{\mathrm{T}}\boldsymbol{a}+\boldsymbol{\eta}_i^{\mathrm{T}}\boldsymbol{b}-t\leqslant s_i \\
& \left\|\boldsymbol{\gamma}_i+\boldsymbol{p}-\boldsymbol{\eta}_i\right\|_q\leqslant\lambda \\
& \boldsymbol{\eta}_i\geqslant\boldsymbol{0},\boldsymbol{\gamma}_i\geqslant\boldsymbol{0},s_i\geqslant 0,\quad i=1,2,\cdots,N \\
& \boldsymbol{p}\in\mathcal{P}
\end{aligned}$$

证明：首先，强对偶性对于 w-METT 仍然成立，因此可以将其等价转换为

$$\begin{aligned}
\min_{t,s,\lambda} \quad & t+\frac{1}{\alpha}\left\{\frac{1}{N}\sum_{i=1}^{N}s_i+\lambda\varepsilon_N\right\} \\
\text{s.t.} \quad & h(\boldsymbol{p},t,\boldsymbol{\xi})-\lambda d_{\mathrm{W}}(\boldsymbol{\xi},\hat{\boldsymbol{\xi}}^i)\leqslant s_i,\quad \boldsymbol{\xi}\in\Xi,i=1,2,\cdots,N \\
& \lambda\geqslant 0
\end{aligned}$$

约束可以表示为

$$\sup_{\boldsymbol{\xi}\in\Xi}\{\boldsymbol{\xi}^{\mathrm{T}}\boldsymbol{p}-t-\lambda\left\|\boldsymbol{\xi}-\hat{\boldsymbol{\xi}}^i\right\|_p\}\leqslant s_i$$

$$\sup_{\boldsymbol{\xi}\in\Xi}\{-\lambda\left\|\boldsymbol{\xi}-\hat{\boldsymbol{\xi}}^i\right\|_p\}\leqslant s_i$$

其中，$\sup_{\boldsymbol{\xi}\in\Xi}\{-\lambda\left\|\boldsymbol{\xi}-\hat{\boldsymbol{\xi}}^i\right\|_p\}\leqslant s_i$ 依旧可以直接改写为 $s_i\geqslant 0$。

我们利用拉格朗日对偶函数解决上述问题。首先，仍然用 $\Delta\boldsymbol{u}_i$ 表示 $\boldsymbol{\xi}-\hat{\boldsymbol{\xi}}^i$，此时 $\sup_{\boldsymbol{\xi}\in\Xi}\{\boldsymbol{\xi}^{\mathrm{T}}\boldsymbol{p}-t-\lambda\left\|\boldsymbol{\xi}-\hat{\boldsymbol{\xi}}^i\right\|_p\}$ 对应的拉格朗日函数可以写为

$$\begin{aligned}
L(\Delta\boldsymbol{u}_i,\boldsymbol{\gamma}_i,\boldsymbol{\eta}_i)=&(\boldsymbol{p}+\boldsymbol{\gamma}_i-\boldsymbol{\eta}_i)^{\mathrm{T}}(\Delta\boldsymbol{u}_i+\hat{\boldsymbol{\xi}}^i)-\lambda\left\|\Delta\boldsymbol{u}_i\right\|_p \\
&-\boldsymbol{\gamma}_i^{\mathrm{T}}\boldsymbol{a}+\boldsymbol{\eta}_i^{\mathrm{T}}\boldsymbol{b}-t
\end{aligned}$$

进一步，可以给出拉格朗日对偶函数，即

$$\begin{aligned}
g(\boldsymbol{\gamma}_i)&=\sup_{\Delta\boldsymbol{u}_i}L(\Delta\boldsymbol{u}_i,\boldsymbol{\gamma}_i,\boldsymbol{\eta}_i) \\
&=\sup_{\Delta\boldsymbol{u}_i}\{(\boldsymbol{p}+\boldsymbol{\gamma}_i-\boldsymbol{\eta}_i)^{\mathrm{T}}\Delta\boldsymbol{u}_i-\lambda\left\|\Delta\boldsymbol{u}_i\right\|_p\} \\
&\quad+(\boldsymbol{p}+\boldsymbol{\gamma}_i-\boldsymbol{\eta}_i)^{\mathrm{T}}\hat{\boldsymbol{\xi}}^i-\boldsymbol{\gamma}_i^{\mathrm{T}}\boldsymbol{a}+\boldsymbol{\eta}_i^{\mathrm{T}}\boldsymbol{b}-t \\
&=\sup_{\Delta\boldsymbol{u}_i}\{\left\|\boldsymbol{p}+\boldsymbol{\gamma}_i-\boldsymbol{\eta}_i\right\|_q-\lambda\left\|\Delta\boldsymbol{u}_i\right\|_p\} \\
&\quad+(\boldsymbol{p}+\boldsymbol{\gamma}_i-\boldsymbol{\eta}_i)^{\mathrm{T}}\hat{\boldsymbol{\xi}}^i-\boldsymbol{\gamma}_i^{\mathrm{T}}\boldsymbol{a}+\boldsymbol{\eta}_i^{\mathrm{T}}\boldsymbol{b}-t \\
&=\begin{cases}+\infty, & \left\|\boldsymbol{p}+\boldsymbol{\gamma}_i-\boldsymbol{\eta}_i\right\|_q>\lambda \\ (\boldsymbol{p}+\boldsymbol{\gamma}_i-\boldsymbol{\eta}_i)^{\mathrm{T}}\hat{\boldsymbol{\xi}}^i-\boldsymbol{\gamma}_i^{\mathrm{T}}\boldsymbol{a}+\boldsymbol{\eta}_i^{\mathrm{T}}\boldsymbol{b}-t, & \left\|\boldsymbol{p}+\boldsymbol{\gamma}_i-\boldsymbol{\eta}_i\right\|_q\leqslant\lambda\end{cases}
\end{aligned}$$

为了保证原最短路径规划问题可行，需要向上述问题中添加约束$\|\boldsymbol{p}+\boldsymbol{\gamma}_i-\boldsymbol{n}_i\|_q \leqslant \lambda$，以及$\boldsymbol{\gamma}_i \geqslant \mathbf{0}$和$\boldsymbol{\eta}_i \geqslant \mathbf{0}$，其中后面两个不等式是关于对偶变量取值范围的约束。

基于上述结果，可以证明问题$\sup\limits_{\xi\in\Xi}\{\boldsymbol{\xi}^{\mathrm{T}}\boldsymbol{p}-t-\lambda\|\boldsymbol{\xi}-\hat{\boldsymbol{\xi}}^i\|_p\}$等价于下列问题，即

$$\begin{aligned}\min_{\gamma_i,\eta_i}\quad & (\boldsymbol{p}+\boldsymbol{\gamma}_i-\boldsymbol{\eta}_i)^{\mathrm{T}}\hat{\boldsymbol{\xi}}^i-\boldsymbol{\gamma}_i^{\mathrm{T}}\boldsymbol{a}+\boldsymbol{\eta}_i^{\mathrm{T}}\boldsymbol{b}-t\\ \text{s.t.}\quad & \|\boldsymbol{p}+\boldsymbol{\gamma}_i-\boldsymbol{\eta}_i\|_q \leqslant \lambda\\ & \boldsymbol{\gamma}_i \geqslant \mathbf{0}, \boldsymbol{\eta}_i \geqslant \mathbf{0}\end{aligned}$$

非空的分布函数集保证了强对偶性的成立。此时，在满足上述问题约束的前提下，不等式$\sup\limits_{\xi\in\Xi}\{\boldsymbol{\xi}^{\mathrm{T}}\boldsymbol{p}-t-\lambda\|\boldsymbol{\xi}-\hat{\boldsymbol{\xi}}^i\|_p\}\leqslant s_i$可以转换为$s_i \geqslant (\boldsymbol{p}+\boldsymbol{\gamma}_i-\boldsymbol{\eta}_i)^{\mathrm{T}}\hat{\boldsymbol{\xi}}^i-\boldsymbol{\gamma}_i^{\mathrm{T}}\boldsymbol{a}+\boldsymbol{\eta}_i^{\mathrm{T}}\boldsymbol{b}-t$。此时，可以证明 w-METT 的值等于原问题的最优值，进而对应的 DRSP 模型最终等价形式得证。

表 4.2 总结了定理 4.2.1 和定理 4.2.2 的结果。观察可知，基于 Wasserstein 分布函数集的单节点对路径规划模型可以等价转换为易于求解的问题，如混合整数 0-1 线性规划和混合整数 0-1 二阶锥规划问题等。

表 4.2　基于分布集鲁棒的交通最短路径模型在不同范数下的转换结果

范数	基于分布集 $\mathcal{F}_N$ 鲁棒的交通最短路径模型
$p=1$	混合 0-1 线性规划
$p=2$	混合 0-1 二阶锥规划
$p=\infty$	混合 0-1 线性规划
其他	混合 0-1 凸优化

上述等价混合整数规划模型可以利用已有的商用求解器，如 CPLEX 和 MOSEK 等有效快速求解，得到最优可行路径$\boldsymbol{p}^*$为

$$\boldsymbol{p}^* = \operatorname*{argmin}_{p\in\mathcal{P}} \text{w-METT}(\boldsymbol{p})$$

4.2.4　计算实验分析

本节进行了多组数值实验验证 DRSP 模型的性能。实验利用l_1范数计算旅行时间向量之间的距离，即在 Wasserstein 距离中设置$\|\cdot\|_p=\|\cdot\|_1$。根据表 4.2 中的结果，此时的 DRSP 模型可以等价转化为混合整数 0-1 线性规划问题，可以利用商用求解器快速有效求解。本节所有的实验都是在 64 位 3.4GHz Intel Core i5 处理器内存为 8GB 的计算机上完成的，利用商用求解器 CPLEX 12.8 求解模型，所有

代码均用 MATLAB 编程实现，并且应用 Yalmip 工具包作为 MATLAB 和 CPLEX 12.8 的媒介。

1. 分布鲁棒路径规划问题

首先在具有 74 个顶点，258 条边的 EMA(Eastern Massachusetts)网络[84](图 4.2)上进行实验，以探究 Wasserstein 分布函数集的半径 ε_N 和样本数量 N 对模型性能的影响。网络中的随机旅行时间用向量 $\boldsymbol{\xi}=\{\xi_{ij}:(i,j)\in A\}$ 表示，希望通过求解基于 Wasserstein 分布函数集的 DRSP 模型，找到一条从起点 1 到终点 74 的最优路径。

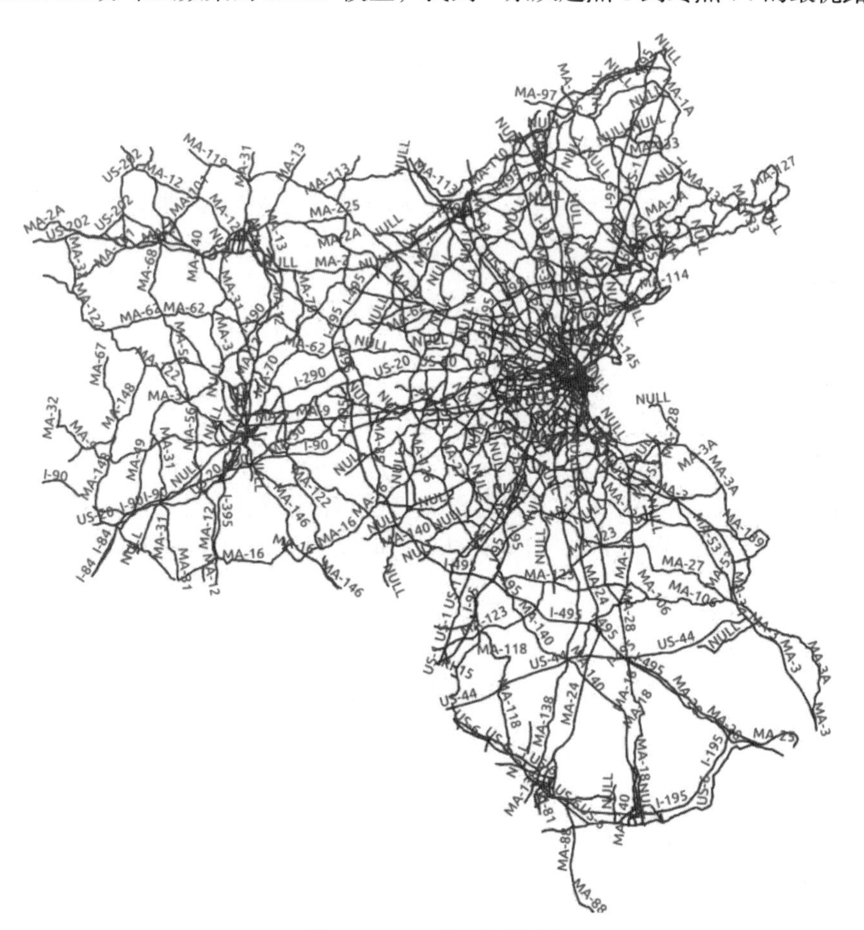

图 4.2　EMA 网络示意图

实验假设网络中每条边的旅行时间 ξ_{ij} 都是独立同分布的随机变量，服从由高斯分布 $N(\mu_{ij},\mu_{ij}\times 10)$ 和均匀分布 $U(0,\mu_{ij})$ 共同组成的一个分布函数，其中参数 μ_{ij} 是给定值。可以发现，上述两个分布均满足假设 4.2.1 的要求。由于实验设定旅行时间服从由高斯分布和均匀分布混合组成的分布函数，因此先用高斯分布 $N(\mu_{ij},\mu_{ij}\times 10)$ 生成一半的样本，再用均匀分布 $U(0,\mu_{ij})$ 生成另一半样本，上述样本共同构成样本集合。利用这些样本分别测试半径为 ε_N 和样本数量为 N 时对模型性能的影响。同时，把 DRSP 模型与基于矩信息的分布鲁棒路径规划问题和 SAA 路径规划问题进行对比，以检验模型的鲁棒性和求解难度。不同实验中模型参数的设置如表 4.3 所示。

表 4.3　不同实验中模型参数的设置

	α	ε_N	N
半径 ε_N 的影响测试	0.1	$\{0,0.001,0.005,0.01,0.05,0.1,0.2,\cdots,1\}$	$\{30,100,300\}$
样本数量 N 的影响测试	0.1	0.1	$\{30,50,\cdots,290\}$

利用样本外特性，即模型的最优解在新样本上的成本来衡量模型的鲁棒性，具体定义为

$$\min_{t\in\mathbf{R}}\left\{t+\frac{1}{\alpha}E_F\{h(\boldsymbol{p},t,\boldsymbol{\xi})\}\right\}$$

其中，$\boldsymbol{p}$ 为 DRSP 模型中的可行路径。

显然，样本外特性值越小，模型越鲁棒。

由于随机旅行时间的真实分布函数是高斯分布和均匀分布的混合，无法准确计算其数值。为了解决上述问题，本节利用 SAA 方法近似计算模型的样本外特性。首先，利用高斯分布和均匀分布分别随机生成 500 个样本，然后使用这些样本近似求解

$$\min_{t\in\mathbf{R}}\left\{t+\frac{1}{\alpha N_T}\sum_{i=1}^{N_T}\{h(\boldsymbol{p},t,\hat{\boldsymbol{\xi}}^i)\}\right\}$$

其中，$\hat{\boldsymbol{\xi}}^i$ 为第 i 个测试样本；N_T 为测试样本的数量。

2. 不考虑支撑集信息的 DRSP 模型性能验证

首先，测试半径 ε_N 对 DRSP 模型样本外特性的影响。按照表 4.3 中第一行数据对本次实验的参数进行设置。

值得注意的是，由于任何可行路径 $\boldsymbol{p}$ 的对偶范数都满足 $\|\boldsymbol{p}\|_\infty=1$，此时，由 DRSP 等价模型中的约束可知，如果在 Wasserstein 距离中使用 l_1 范数计算向量间的距离，那么决策变量 λ 只需要满足 $\lambda\geqslant 1$，因此该变量不会影响模型对路径的选择。实际上，当采取合适的范数时，变量 λ 可以视为对路径上节点数的统计，并且实际问题期望路径上的边数越少越好，因为通常情况下经过的节点越少，不确定性也越小。由此，为了将 λ 和节点数考虑进来，对于 Wasserstein 距离选择 l_2 范

数计算两个随机旅行时间向量的距离。

本节进行 200 次独立重复实验。如图 4.3 所示，DRSP 模型的样本外特性值在开始时会随着半径的变大而减小，表明路径成本在减小，当半径增大到一定值后，样本外特性值随着半径的增加而增大，表示模型鲁棒性开始变差。这表明，模型鲁棒性不会随着 Wasserstein 集合的增大而一直提升。由此可知，DRSP 模型中分布函数集的半径需要根据样本集的大小和质量准确设置，这样模型才能表现出好的样本外特性和较高的鲁棒性。

进而测试不同规模的样本数据集对模型的影响。按照表 4.3 中第二行的数据对本节的实验参数进行设置。如图 4.4 所示，模型的样本外特性值随着样本数目的增加而逐渐减小，表明样本数目越多模型的鲁棒性越强。

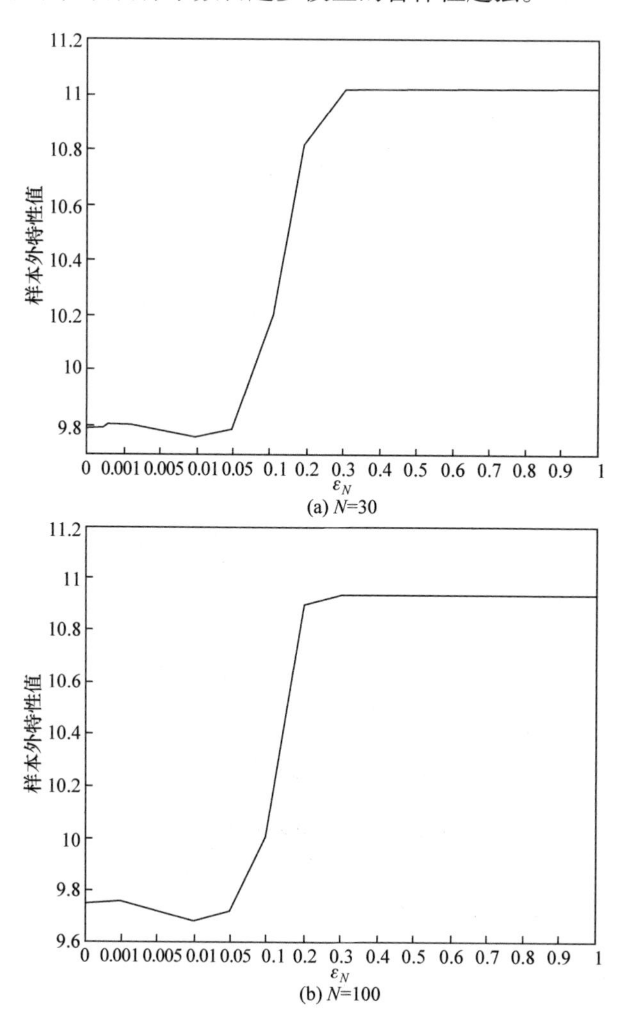

(a) N=30

(b) N=100

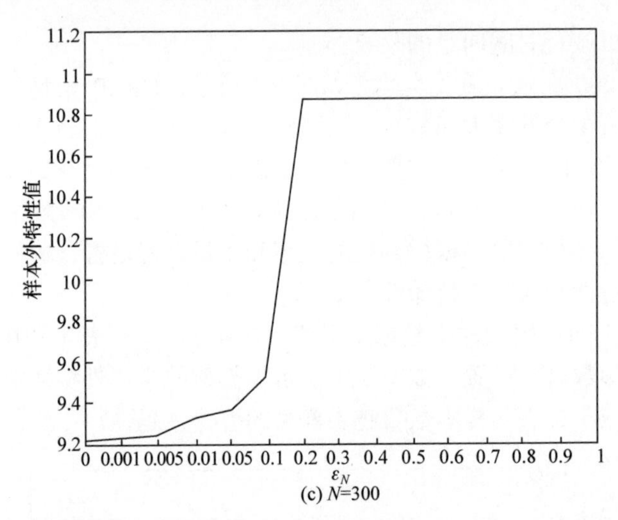

(c) N=300

图 4.3　不考虑支撑集信息时，不同规模数据集下模型的平均样本外特性值随着半径变化的曲线

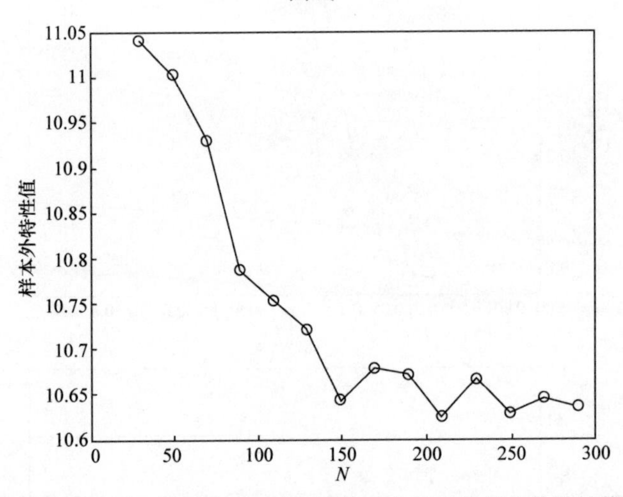

图 4.4　不考虑支撑集信息时，模型在 200 次独立实验上的平均样本外特性值随着样本集规模 N 变化的曲线

3. 考虑支撑集信息的 DRSP 模型性能验证

在考虑支撑集信息的情况下，测试 Wasserstein 分布函数集半径 ε_N 和样本规模 N 对模型性能的影响。首先，利用 4.2.3 节定义的方法构造支撑集 $\Xi=[\boldsymbol{a},\boldsymbol{b}]$，并按照表 4.3 中的数据设置实验参数。

首先，验证半径 ε_N 的影响。考虑支撑集信息时，不同规模数据集下模型的平均样本外特性值随着半径变化的曲线如图 4.5 所示。模型的样本外特性在半径增加至某个值时取得最优值，之后半径继续增大时，模型的性能反而随之下降。

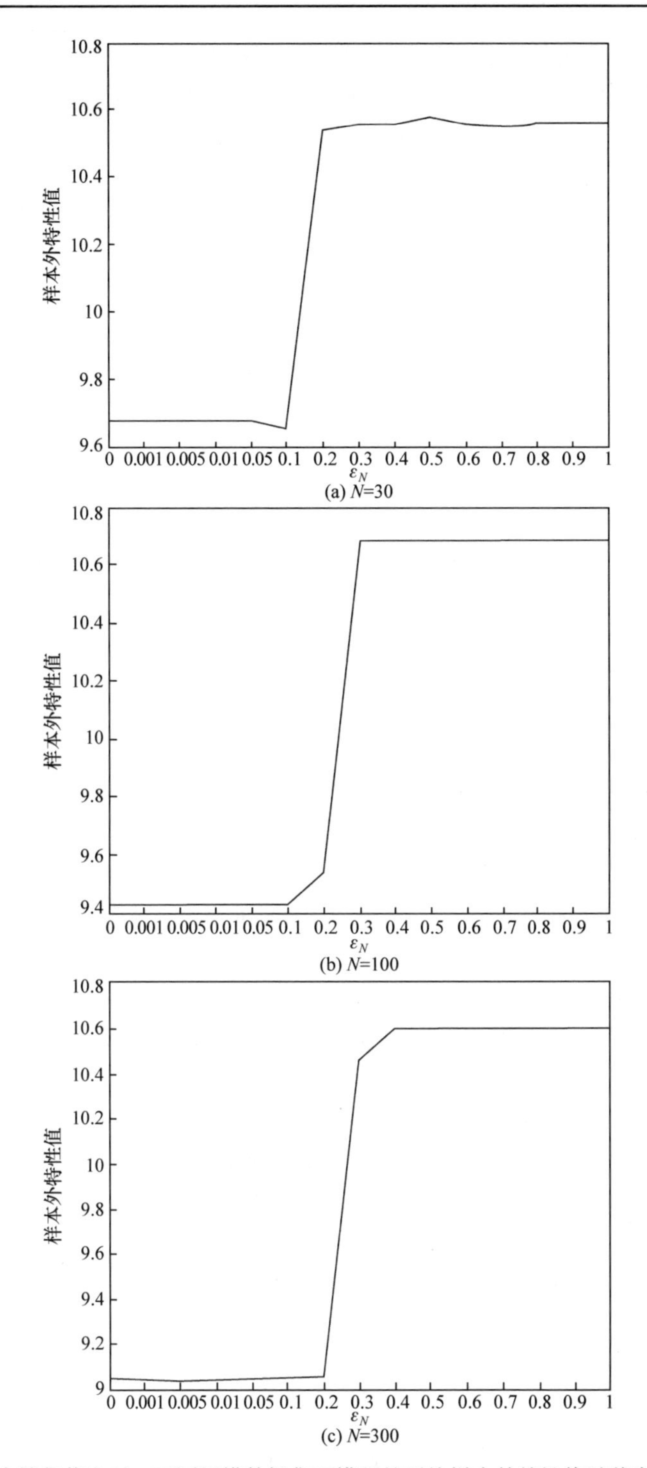

图 4.5　考虑支撑集信息时，不同规模数据集下模型的平均样本外特性值随着半径变化的曲线

本节同样测试样本规模对模型的影响。如图 4.6 所示，模型的样本外特性数值随着样本数目的增加而减小，表示模型的鲁棒性在逐渐提高。

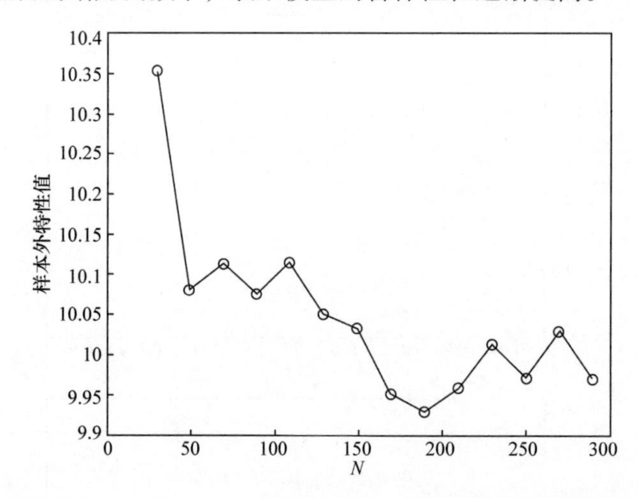

图 4.6　考虑支撑集信息时，模型在 200 次独立实验上的平均样本外特性值随着样本集规模 N 变化的曲线

4. 不同路径规划模型对比验证

下面对 DRSP 模型、SAA 模型，以及基于精确矩信息的分布鲁棒路径规划模型的样本外特性进行对比。在这组实验中，设置 $\alpha = 0.1$，并在 $N = 20,30,50,100,200,300,500$ 共 7 组不同规模数据集上进行测试。注意到，由于 Wasserstein 分布函数集合的半径 ε_N 与样本有关，因此每组实验都根据样本集对半径进行调整，以保证 DRSP 模型能够有比较好的样本外特性表现。

由于基于精确矩信息的分布鲁棒最短路径模型协正定规划问题，暂时无法利用现有的算法对其进行精确求解，因此 Zhang 等利用对偶方法推导了原问题的上下界，并将上下界对应的解作为其问题的近似最优解。我们用 M-LB 和 M-UB 分别表示该问题下界和上界对应的解。

本节分别求解这几个模型并计算模型最优解的样本外特性。为了对比几个模型的性能，利用百分比差表示模型的样本外特性差异，即

$$\left(\frac{\text{DR}}{\text{SAA}} - 1\right) \times 100\%$$

其中，DR 表示分布鲁棒方法(包括基于 Wasserstein 分布鲁棒方法和基于精确矩信息的分布鲁棒方法两种)对应的最优路径的样本外特性值；SAA 表示最优路径的样本外特性值。

分布鲁棒模型和 SAA 模型关于样本外特性值的百分比差如表 4.4 所示。不同

路径规划模型的平均计算时间如表 4.5 所示。表 4.4 中的数值小于 0，表示分布鲁棒方法的鲁棒性比 SAA 方法的要好，并且数值越小，鲁棒性越强。可以发现，当样本集规模比较小时，我们设计的考虑支撑集信息的 DRSP 模型(用 DRSP-S 表示)表现出最佳的样本外特性，但是对应的计算时间也比较长。当样本规模逐渐增大时，无支撑集信息的 DRSP 模型的性能表现也优于基于精确矩信息的分布鲁棒路径规划模型和 SAA 模型。更重要的是，无支撑集信息的模型求解时间一般不会太长。值得注意的是，基于精确矩信息的模型需要获得旅行时间的准确均值和方差，但是实际中很难满足这一条件。从这个方面看，本节模型需要的精确信息更少，比较适合不确定环境下的网络优化问题。

表 4.4　分布鲁棒模型和 SAA 模型关于样本外特性值的百分比差　(单位：%)

方法	样本数						
	20	30	50	100	200	300	500
DRSP	1.6	−0.3	−1.8	−2.5	−3.2	−5.2	−5.4
DRSP-S	−7.1	−6.4	−6.4	−6.1	−6.6	−5.0	−3.3
M-LB	−0.1	−0.2	−0.2	−0.5	−0.6	−0.3	−0.8
M-UB	0.6	−0.5	−1.6	−2.4	−2.0	−0.2	−0.6

表 4.5　不同路径规划模型的平均计算时间　(单位：s)

方法	样本数						
	20	30	50	100	200	300	500
DRSP	0.13	0.16	0.16	0.23	1.93	3.16	3.85
DRSP-S	0.66	1.05	2.02	5.93	18.26	37.48	100.72
M-LB	68.16	113.13	180.66	413.46	844.54	1158.12	2090.82
M-UB	3.4	3.73	3.71	6.44	11.66	23.2	29.77
SAA	0.73	0.83	1.89	2.43	3.98	7.58	11.5

4.3　炼钢-连铸生产过程的调度问题建模与求解

本节介绍炼钢-连铸生产过程的排产与调度问题。炼钢-连铸排产问题可以分为炉次计划编制和浇次计划编制。炼钢-连铸生产调度则是在已知排产计划后，以保证连续浇铸为前提，以炉次为最小计划单位，最优化某一给定的评价指标(如最小等待时间、最小提前/拖期费用或最小完成时间)，可以看作一类多工件、多阶段、多并行机的混合流水车间调度问题。本节首先建立混合整数线性规划模型求解炉次计划和浇次计划，然后在此基础上考虑加工时间的不确定性，建立鲁棒机会约束模型求解调度问题。本节内容取材于作者发表的学术论文[85]。

4.3.1　炉次计划的编制

在制订炉次计划方面，首先根据炼钢工艺的要求和构成同一炉次的合同特征要求，利用机器学习的聚类分析[86-88]等方法，对可编制在同一炉次的合同进行初始分类；然后以合同之间的交货期差异最小、成材率最高、生产成本最低，以及比例最小为优化目标，以每个炉次的最低冶炼炉容要求为约束，建立混合整数线性规划模型，利用 CPLEX 等求解器解出最终的炉次方案。建立的混合整数线性规划模型如下所示。

1. 问题参数

N：需调度的板坯编号集合。

g_i：板坯 i 的重量。

t_i：板坯 i 的交货期。

t：板坯的交货期距今限制，即小于该天数则必须进行处理。

T：标准炉容。

T_s：最小炉容。

T_g：最大炉容。

c_{ij}：板坯 j 合并到板坯 i 为中心的炉次时带来的钢级附加费用，如果钢级相同为 0，可兼并默认根据元素估价，不可兼并则为较大正数。

ω_i：中心板坯 i 对应炉次非标准炉容时的单位重量价格损失。

p_i：板坯 i 的交货期优先参数，交货期距离现在 t 天数内为较大正数，否则为 0。

M：较大正数。

λ_1、λ_2、λ_3：0～1 区间内三个预设的不同目标函数项的权重，并且满足 $\lambda_1+\lambda_2+\lambda_3=1$。

2. 决策变量

x_{ij}：板坯 j 被分配到以板坯 i 为中心的炉次内为 1，否则为 0。

x_{ii}：板坯 i 被定位为中心板坯为 1，否则为 0。

Y_i：中心板坯 i 对应炉次的炉容和标准炉容的差距，如果板坯 i 不为中心板坯则为 0。

3. 优化模型

$$\min\ \lambda_1\sum_{i\in N}\sum_{j\in N}c_{ij}x_{ij}+\lambda_2\sum_{i\in N}\omega_i\left|Y_i\right|+\lambda_2\sum_{i\in N}\sum_{j\in N}p_j(1-x_{ij})$$

$$\text{s.t.}\ \sum_{i\in N}x_{ij}\leqslant 1$$

$$x_{ij} \leqslant x_{ii}, \quad i,j \in N$$

$$T_s \leqslant \sum_{j\in N} g_j x_{ij} \leqslant T_g, \quad i \in N$$

$$\sum_{j\in N} g_j x_{ij} + Y_i = T, \quad i \in N$$

$$x_{ij} \in \{0,1\}$$

目标函数的各项分别对应以优充次、非标准炉容、未选优先板坯的惩罚费用。第 1 条约束限制每个板坯最多只能被分配到一个中心板坯。第 2 条约束保证仅当该板坯为中心板坯时，其他板坯才可分配至该板坯。第 3、4 条约束限制各炉次炉容的上下限及距离标准炉容的偏差。第 5 条约束定义决策变量的取值范围。

4.3.2　浇次计划的编制

在制订浇次计划方面，需要将各炉次组合成多个浇次，并确定各炉次在每个浇次内的浇铸次序，使其满足一定的工艺约束，并且总成本最小。构建的模型以总成本(包括相邻炉次的钢级差异、宽度差异、交货期差异等导致的额外成本，以及一个浇次的中间包和结晶器等固定成本)最小为优化目标，满足相邻炉次钢级差、同一浇次的各炉次板坯厚度相等、相邻炉次的板坯宽度差、中间包使用寿命等因素的相关约束条件。项目构建的具体模型如下所示。

1. 问题参数

P：需调度的总炉次编号集合。

M：需分成的总浇次编号集合。

w_T：使用一次中间包的费用。

r_l：炉次 l 所属钢级在中间包内可最大连浇炉次数的倒数。

f_{kl}：炉次 k 和炉次 l 之间的钢级切换惩罚，如果钢级相同为 0，可连浇默认根据元素估价，不可连浇则为较大正数。

q_l：炉次 l 的交货期优先参数，计算公式为 $q_l = \sum_{j\in N} p_j x_{ij}$，其中炉次 l 对应于中心板坯 i。

μ_1、μ_2、μ_3：0～1 区间内三个预设的不同目标函数项的权重，并且满足 $\mu_1 + \mu_2 + \mu_3 = 1$。

2. 决策变量

z_{klr}：如果炉次 l 紧接着炉次 k 在浇次 r 中连浇为 1，否则为 0。

y_{lr}：如果炉次 l 包含在浇次 r 中为 1，否则为 0。

3. 优化模型

$$\min\ \mu_1 w_T \sum_{r\in M}\left(\sum_{l\in P} z_{0lr} - \sum_{l\in P} r_l y_{lr}\right) + \mu_2 \sum_{r\in M}\sum_{k\in P}\sum_{l\in P} f_{kl} z_{klr} + \mu_3 \sum_{r\in M}\sum_{l\in P} p_l (1-y_{lr})$$

$$\text{s.t.}\ \sum_{k\in\{0\}\cup P} z_{klr} = \sum_{k\in\{0\}\cup P} z_{lkr} = y_{lr},\quad l\in P;\ r\in M$$

$$\sum_{l\in P} z_{0lr} = \sum_{l\in P} z_{l0r} \leqslant 1,\quad r\in M$$

$$\sum_{r\in M} y_{lr} \leqslant 1,\quad l\in P$$

$$\sum_{l\in P} r_l y_{lr} \leqslant 1,\quad r\in M$$

$$z_{klr}, y_{lr} \in \{0,1\}$$

目标函数的各项分别对应中间包未充分利用、不同钢级炉次连浇、未选优先炉次的惩罚费用。第 1 条约束确保炉次 l 在浇次 r 内时，假设开始和结束时均有一个空炉次，则前后均仅紧接着一个炉次。第 2 条约束限制各浇次内开始和结束的位置均至多仅有一个炉次。第 3 条约束限制各炉次至多在一个浇次内。第 4 条约束限制一个浇次内包含的炉次数不大于中间包允许的连浇次数。第 5 条约束限制决策变量的取值范围。

对上述炉次计划与浇次计划的混合整数线性规划模型采用动态规划算法求解，详见 5.2 节组炉-组浇模块软件设计与应用的算法设计部分。

4.3.3　基于分布函数集的鲁棒机会约束模型与求解方法

根据前两节的模型，可以得到炼钢-连铸生产过程中的炉次排产计划和浇次排产计划。由于炼钢-连铸动态调度过程涉及的生产设备多种、工艺路径复杂，将炉次在转炉及精炼炉上的加工时间视为随机变量。以炉次在连铸机上断浇时间惩罚费用最小、炉次在工序间等待时间总惩罚费用最小和提前或拖期于交货期惩罚费用最小为调度目标，构造分布函数集，建立炼钢-连铸过程动态调度问题的单目标、多目标随机鲁棒优化模型。

1. 问题建模

炼钢-连铸调度问题往往可以写成带有复杂生产约束的混合流水车间问题，在大多数情况下该问题都是 NP 难的，同时再考虑加工时间的不确定性，会使模型的求解变得更为困难。注意到在给定炉次加工机器和加工顺序的情况下，确定工件开始加工时间的问题就变成线性规划问题，因此，我们采用分解优化的思路，将问题拆解为确定炉次加工位置和加工顺序的外层问题和确定炉次开始加工时间的内层问题。首先，固定炉次的加工位置和加工顺序，考虑确定加工时间的子问题。然后，在外层通过禁忌搜索算法对炉次加工位置和顺序进行邻域搜索，从而快速有效地解决炼钢-连铸调度问题。本节针对内层问题给出确定加工时间的确定性线性规划模型和不确定加工时间的鲁棒机会约束模型。外层问题求解使用的禁忌搜索算法将在下一节详细介绍。

(1) 模型参数。

$\mathcal{N}$：所有炉次集合。

N：炉次总数，$|\mathcal{N}|=N$。

$\mathcal{K}$：所有浇次集合。

K：浇次总数，$|\mathcal{K}|=K$。

$\mathcal{M}$：所有机器集合。

M：机器总数，$|\mathcal{M}|=M$。

$\mathcal{M}_i$：所有加工炉次 i 的机器集合。

$\mathcal{C}$：连铸机集合。

Φ_k：第 k 个浇次中所有炉次集合。

s_j^i：炉次 i 在机器 j 上加工的直接后继炉次。

t_{j_1,j_2}：从机器 j_1 到 j_2 的运输时间。

ms_j^i：加工炉次 i 的机器 j 的直接后继机器。

p_{ij}：炉次 i 在机器 j 上的加工时间。

st：相邻浇次的准备时间。

c_1：断浇惩罚系数。

c_2：等待时间惩罚系数。

c_3：TFT 惩罚系数。

(2) 决策变量。

x_{ij}：炉次 i 在机器 j 上的开始加工时间。

(3) 炼钢-连铸调度问题确定性线性规划模型。

$$
\begin{aligned}
\min\ Z = {} & c_1 \sum_{j=1}^{M} \sum_{\substack{i\in\Phi_k,\, j\in\mathcal{M}_i\cap\mathcal{C} \\ s_j^i\in\Phi_k}} \left(x_{s_j^i,j} - x_{ij} - p_{ij} \right) \\
& + c_2 \sum_{i=1}^{N} \sum_{j\in\mathcal{M}_i,\, \mathrm{ms}_j^i\in\mathcal{M}_i} \left(x_{i,\mathrm{ms}_j^i} - x_{ij} - p_{ij} - t_{j,\mathrm{ms}_j^i} \right) \\
& + c_3 \sum_{i=1}^{N} \sum_{j\in\mathcal{C}} \left(x_{ij} + p_{ij} \right)
\end{aligned}
$$

$$\text{s.t.}\ x_{s_j^i,j} - x_{ij} \geqslant p_{ij}, \quad i \in \mathcal{N}; j \in \mathcal{M}_i; s_j^i \in \mathcal{N}$$

$$x_{i,\mathrm{ms}_j^i} - x_{ij} \geqslant p_{ij} + t_{j,\mathrm{ms}_j^i}, \quad i \in \mathcal{N}; j \in \mathcal{M}_i; \mathrm{ms}_j^i \in \mathcal{M}_i$$

$$x_{s_j^i,j} - x_{ij} \geqslant p_{ij} + \mathrm{st}, \quad i \in \Phi_p; j \in \mathcal{M}_i \cap \mathcal{C}; s_j^i \in \Phi_q; p,q = 1,2,\cdots,K; p \neq q$$

$$x_{ij} \geqslant 0, \quad i \in \mathcal{N}; j \in \mathcal{M}_i$$

目标函数中包含三项，分别为断浇惩罚、炉次等待时间惩罚和 TFT 惩罚。第 1 条约束保证在同一台机器上进行加工的两个炉次，下一个炉次必须在上一个炉次完成加工后才能开始加工。第 2 条约束表示对于同一个炉次的两道工序，后一道工序只有在前一道工序完成且该炉次被运输到下一道工序时才能开始加工。第 3 条约束表示两个连续浇铸的浇次之间需要有准备时间。第 4 条约束限制决策变量的取值范围。

本节在确定性模型的基础上，进一步考虑炉次加工时间不确定的情况，构建炼钢-连铸调度问题分布式鲁棒独立机会约束模型和分布式鲁棒联合机会约束模型。为了区别于确定性模型，使用 $\tilde{p}_{ij}$ 表示炉次 i 在机器 j 上的加工时间，所有不确定的加工时间构成向量 $\tilde{\boldsymbol{p}}$，其具体分布未知，但是属于一个支撑集、一阶矩和二阶矩信息已知的分布函数集。该分布函数集的定义为

$$\mathcal{F}^{\tilde{p}} = \{F: P(\tilde{\boldsymbol{p}} \in \Omega) = 1, E_F(\tilde{\boldsymbol{p}}) = \boldsymbol{\mu}, \mathrm{Cov}(\tilde{\boldsymbol{p}}) = \boldsymbol{\Sigma}\}$$

其中，Ω 为 $\tilde{\boldsymbol{p}}$ 的支撑集；$\boldsymbol{\mu}$ 和 $\boldsymbol{\Sigma}$ 为 $\tilde{\boldsymbol{p}}$ 的均值和协方差矩阵。

(4) 炼钢-连铸调度问题分布式鲁棒独立机会约束模型。

$$\min\ Z = c_1 \sum_{j=1}^{M} \sum_{\substack{i \in \Phi_k, j \in \mathcal{M}_i \cap \mathcal{C} \\ s_j^i \in \Phi_k}} E_F\left(x_{s_j^i,j} - x_{ij} - \tilde{p}_{ij}\right)$$

$$+ c_2 \sum_{i=1}^{N} \sum_{j \in \mathcal{M}_i, \mathrm{ms}_j^i \in \mathcal{M}_i} E_F\left(x_{i,\mathrm{ms}_j^i} - x_{ij} - \tilde{p}_{ij} - t_{j,\mathrm{ms}_j^i}\right)$$

$$+ c_3 \sum_{i=1}^{N} \sum_{j \in \mathcal{C}} E_F\left(x_{ij} + \tilde{p}_{ij}\right)$$

$$\text{s.t.}\ \inf_{F \in \mathcal{F}^{\tilde{p}}} P\left(x_{s_j^i,j} - x_{ij} \geqslant \tilde{p}_{ij}\right) \geqslant 1 - \varepsilon, \quad i \in \mathcal{N}; j \in \mathcal{M}_i; s_j^i \in \mathcal{N}$$

$$\inf_{F \in \mathcal{F}^{\tilde{p}}} P\left(x_{i,\mathrm{ms}_j^i} - x_{ij} \geqslant \tilde{p}_{ij} + t_{j,\mathrm{ms}_j^i}\right) \geqslant 1 - \varepsilon, \quad i \in \mathcal{N}; j \in \mathcal{M}_i; \mathrm{ms}_j^i \in \mathcal{M}_i$$

$$\inf_{F \in \mathcal{F}^{\tilde{p}}} P\left(x_{s_j^i,j} - x_{ij} \geqslant \tilde{p}_{ij} + \mathrm{st}\right) \geqslant 1 - \varepsilon, \quad i \in \Phi_p; j \in \mathcal{M}_i \cap \mathcal{C}; s_j^i \in \Phi_q; p,q = 1,2,\cdots,K; p \neq q$$

$$x_{ij} \geqslant 0, \quad i \in \mathcal{N}; j \in \mathcal{M}_i$$

目标函数相同，包含断浇惩罚、炉次等待时间惩罚和 TFT 惩罚三项。前 3 条约束为分布式鲁棒联合机会约束形式。第 4 条约束限制决策变量的取值范围。

(5) 炼钢-连铸调度问题分布式鲁棒联合机会约束模型。

$$\min \ Z = c_1\sum_{j=1}^{M}\sum_{\substack{i\in\Phi_k, j\in\mathcal{M}_i\cap\mathcal{C}\\ s_j^i\in\Phi_k}} E_F\left(x_{s_j^i,j} - x_{ij} - \tilde{p}_{ij}\right)$$

$$+ c_2\sum_{i=1}^{N}\sum_{j\in\mathcal{M}_i,\mathrm{ms}_j^i\in\mathcal{M}_i} E_F\left(x_{i,\mathrm{ms}_j^i} - x_{ij} - \tilde{p}_{ij} - t_{j,\mathrm{ms}_j^i}\right)$$

$$+ c_3\sum_{i=1}^{N}\sum_{j\in\mathcal{C}} E_F\left(x_{ij} + \tilde{p}_{ij}\right)$$

$$\text{s.t.} \ \inf_{F\in\mathcal{F}^{\tilde{p}}} P\Big\{x_{s_j^i,j} - x_{ij} \geqslant \tilde{p}_{ij}, \forall i\in\mathcal{N}, j\in\mathcal{M}_i, s_j^i\in\mathcal{N}, x_{i,\mathrm{ms}_j^i} - x_{ij} \geqslant \tilde{p}_{ij} + t_{j,\mathrm{ms}_j^i}, \forall i\in\mathcal{N},$$

$$j\in\mathcal{M}_i, \mathrm{ms}_j^i\in\mathcal{M}_i, x_{s_j^i,j} - x_{ij} \geqslant \tilde{p}_{ij} + \mathrm{st}, \forall i\in\Phi_p, j\in\mathcal{M}_i\cap\mathcal{C}, s_j^i\in\Phi_q,$$

$$p,q = 1,2,\cdots,K, p\neq q\Big\} \geqslant 1-\varepsilon$$

$$x_{ij}\geqslant 0, \quad i\in\mathcal{N}; j\in\mathcal{M}_i$$

目标函数相同。第 1 条约束为分布式鲁棒联合机会约束形式。第 2 条约束限制决策变量的取值范围。

2. 鲁棒独立机会约束模型转化方法(一维随机变量)

包含一维随机变量的鲁棒独立机会约束模型可以写为如下一般化形式，即

$$\begin{aligned} \min \ & \sup_{F^{\tilde{p}}\in\mathcal{F}^{\tilde{p}}} f(\boldsymbol{x},\tilde{p}) \\ \text{s.t.} \ & \inf_{F^{\tilde{p}}\in\mathcal{F}^{\tilde{p}}} P(\tilde{p}\leqslant \boldsymbol{g}^{\mathrm{T}}\boldsymbol{x}+h)\geqslant 1-\varepsilon \\ & \boldsymbol{x}\geqslant \boldsymbol{0} \end{aligned}$$

其中，$\varepsilon\in(0,1)$；$\tilde{p}$ 为一维随机变量，其确切分布未知，但是属于一个支撑集、矩信息已知的分布函数集，其中 $\omega=[a,b]$，$\mathcal{F}^{\tilde{p}}=\{F^{\tilde{p}}:P(\tilde{p}\in\omega)=1, E(\tilde{p})=\mu, \mathrm{Var}(\tilde{p})=\sigma^2\}$。

记上述模型的可行域为 $\mathcal{X}_{cc}$，下述定理给出随机变量一维情况下上述问题的线性近似结果。

定理 4.3.1　如下所示的确定性线性规划问题可行域 $\mathcal{X}_{\mathrm{LP}}$ 是 $\mathcal{X}_{cc}$ 的保守近似，即 $\mathcal{X}_{\mathrm{LP}}\subseteq\mathcal{X}_{cc}$，即

$$\min \ \{Z : \boldsymbol{g}^{\mathrm{T}}\boldsymbol{x} + h \geqslant p_0, \boldsymbol{x} \geqslant \boldsymbol{0}\}$$

其中，p_0 为满足 $h(p_0) \geqslant 1-\varepsilon$ 的最小值，$h(p_0)$ 定义为

$$h(p_0)=\begin{cases} 0, \quad p_0 < \mu - \dfrac{\sigma^2}{b-\mu} \\ \dfrac{(p_0-\mu)(b-\mu)+\sigma^2}{(p_0-a)(b-a)}, \quad \mu - \dfrac{\sigma^2}{b-\mu} \leqslant p_0 < \mu + \dfrac{\sigma^2}{\mu - a} \\ \dfrac{(p_0-\mu)^2}{(p_0-\mu)^2+\sigma^2}, \quad \mu + \dfrac{\sigma^2}{\mu-a} \leqslant p_0 < b \\ 1, \quad p_0 \geqslant b \end{cases}$$

在给出定理 4.3.1 的证明之前，我们引入以下引理。

引理 4.3.1 令 $\boldsymbol{Q}, \boldsymbol{P}$ 是阶数相同的对称矩阵，且存在 $\boldsymbol{x}$ 使得 $\boldsymbol{x}^{\mathrm{T}}\boldsymbol{Q}\boldsymbol{x} + \boldsymbol{q}^{\mathrm{T}}\boldsymbol{x} + q > 0$ 成立。当且仅当存在 $\lambda \geqslant 0$，使得

$$\begin{bmatrix} \boldsymbol{P} - \lambda\boldsymbol{Q} & \dfrac{1}{2}(\boldsymbol{p} - \lambda\boldsymbol{q}) \\ \dfrac{1}{2}(\boldsymbol{p} - \lambda\boldsymbol{q})^{\mathrm{T}} & \boldsymbol{p} - \lambda\boldsymbol{q} \end{bmatrix} \geqslant 0$$

成立时，则下式成立，即

$$\boldsymbol{x}^{\mathrm{T}}\boldsymbol{Q}\boldsymbol{x} + \boldsymbol{q}^{\mathrm{T}}\boldsymbol{x} + q \geqslant 0 \Rightarrow \boldsymbol{x}^{\mathrm{T}}\boldsymbol{P}\boldsymbol{x} + \boldsymbol{p}^{\mathrm{T}}\boldsymbol{x} + p \geqslant 0$$

基于上述引理，我们给出定理 4.3.1 的证明。

证明：不失一般性，可以假设 $a,b \geqslant 0$，因为总能找到足够大的值 M 使得新随机变量 $\tilde{p} = \tilde{t} + M$ 的支撑集大于等于 0，此时原约束可以记为

$$\inf_{F \in \mathcal{F}^{\tilde{t}}} P(\tilde{p} \leqslant \boldsymbol{g}^{\mathrm{T}}\boldsymbol{x} + h_1)$$

其中，$h_1 = h + M$，与原约束形式相同。因此，考虑如下对偶优化问题，即

$$\begin{aligned} \inf \quad & E[I(\tilde{t} < t_0)] \\ \text{s.t.} \quad & \int_a^b 1 \mathrm{d}F(\boldsymbol{\eta}) = 1, \int_a^b \boldsymbol{\eta} \mathrm{d}F(\boldsymbol{\eta}) = \mu \\ & \int_a^b \boldsymbol{\eta}^2 \mathrm{d}F(\boldsymbol{\eta}) = \sigma^2 + \mu^2 \end{aligned}$$

由于 Slater 假设条件成立，根据强对偶原理，对相应的约束引入对偶变量 θ、α、β，则问题可以等价转化为如下对偶问题，即

$$\begin{aligned} \max \quad & \theta + \mu\alpha + (\sigma^2 + \mu^2)\beta \\ \text{s.t.} \quad & \theta + \alpha\tilde{t} + \beta\tilde{t}^2 \leqslant 1(\tilde{t} < t_0), \quad \tilde{t} \in [a,b] \end{aligned}$$

约束等价于如下约束，即

$$\theta+\alpha\tilde{t}+\beta\tilde{t}^2\leqslant 1,\quad (\tilde{t}-a)(\tilde{t}-t_0)\leqslant 0$$

$$\theta+\alpha\tilde{t}+\beta\tilde{t}^2\leqslant 0,\quad (\tilde{t}-t_0)(\tilde{t}-b)\leqslant 0$$

根据引理 4.3.1 有

$$\exists\lambda\geqslant 0,\quad \begin{bmatrix} -\beta+\lambda & -\dfrac{\alpha}{2}-\dfrac{a+t_0}{2}\lambda \\ -\dfrac{\alpha}{2}-\dfrac{a+t_0}{2}\lambda & 1-\theta+at_0\lambda \end{bmatrix}\geqslant 0$$

因此

$$\lambda\geqslant 0,\quad -\beta+\lambda\geqslant 0,\quad 1-\theta+at_0\lambda\geqslant 0$$

$$(-\beta+\lambda)(1-\theta+at_0\lambda)\geqslant\frac{1}{4}[\alpha+(a+t_0)\lambda]^2$$

同理

$$\tau\geqslant 0,\quad -\beta+\tau\geqslant 0,\quad -\theta+bt_0\tau\geqslant 0$$

$$(-\beta+\tau)(-\theta+bt_0\tau)\geqslant\frac{1}{4}[\alpha+(b+t_0)\tau]^2$$

因此，对偶优化问题等价于如下问题，即

$$\begin{aligned} \max\ & \theta+\mu\alpha+(\sigma^2+\mu^2)\beta \\ \text{s.t.}\ & u,v\geqslant 0,u+\beta\geqslant 0,v+\beta\geqslant 0 \\ & \theta\leqslant-\frac{[\alpha+(a+t_0)(u+\beta)]^2}{4u}+1+at_0(u+\beta) \\ & \theta\leqslant-\frac{[\alpha+(b+t_0)(v+\beta)]^2}{4v}+bt_0(v+\beta) \end{aligned}$$

其中，$u=-\beta+\lambda$；$v=-\beta+\tau$。

从上述优化问题可以看出，θ 的最优值是上述关于 θ 的两个约束右边项的最小值，通过对约束右边两项进行重写可以得到

$$\begin{aligned} & -\frac{[\alpha+(a+t_0)(u+\beta)]^2}{4u}+1+at_0(u+\beta) \\ = & \frac{-\alpha^2-(a+t_0)^2(u+\beta)^2-2(a+t_0)\alpha(u+\beta)+4at_0u(u+\beta)}{4u}+1 \\ = & \frac{-(a-t_0)^2u}{4}+\frac{-(a+t_0)^2\beta-(a+t_0)\alpha+2at_0\beta}{2}+\frac{-[(a+t_0)\beta+\alpha]^2}{4u}+1 \\ \leqslant & -\frac{1}{2}|a-t_0||(a+t_0)\beta+\alpha|+\frac{-(a+t_0)^2\beta-(a+t_0)\alpha+2at_0\beta}{2}+1 \end{aligned}$$

当且仅当$u=\dfrac{|(a+t_0)\beta+\alpha|}{t_0-a}$等号成立。同理

$$\begin{aligned}&-\frac{[\alpha+(b+t_0)(v+\beta)]^2}{4v}+bt_0(v+\beta)\\&=\frac{-(b-t_0)^2u}{4}+\frac{-(b+t_0)^2\beta-(b+t_0)\alpha+2bt_0\beta}{2}+\frac{-[(b+t_0)\beta+\alpha]^2}{4u}\\&\leqslant-\frac{1}{2}|b-t_0||(b+t_0)\beta+\alpha|+\frac{-(b+t_0)^2\beta-(b+t_0)\alpha+2bt_0\beta}{2}\end{aligned}$$

(1) 如果$\dfrac{|(a+t_0)\beta+\alpha|}{t_0-a}\leqslant-\beta$且$\dfrac{|(b+t_0)\beta+\alpha|}{b-t_0}\leqslant-\beta$，则有$2t_0\beta\leqslant-\alpha\leqslant2a\beta$, $2b\beta\leqslant-\alpha\leqslant2t_0\beta$，即$2b\beta\leqslant-\alpha=2t_0\beta\leqslant2a\beta$，此时$\theta=\min\ \{t_0^2\beta+1,t_0^2\beta\}=t_0^2\beta$，则对偶问题可以简化为

$$\max_{\beta\leqslant0} t^2\beta-2t\mu\beta+(\sigma^2+\mu^2)\beta$$

此时最优解为$\beta^*=0$，最优值为0。

(2) 如果$\dfrac{|(a+t_0)\beta+\alpha|}{t_0-a}\leqslant-\beta$且$\dfrac{|(b+t_0)\beta+\alpha|}{b-t_0}\geqslant-\beta$，则有$2t_0\beta\leqslant-\alpha\leqslant2a\beta$, $\beta\leqslant0,-\dfrac{(b+t_0)\beta+\alpha}{b-t_0}\geqslant0$。此时$\theta=\min\ \left\{\dfrac{\alpha^2}{4\beta}+1,-t_0^2\beta-\alpha t_0\right\}$,可以验证当$\theta=-t_0^2\beta-\alpha t_0=\dfrac{\alpha^2}{4\beta}+1$时，对偶问题取得最优值。因此有$\alpha=-2\beta t_0-2\sqrt{-\beta}$，对偶问题可以写为

$$\begin{aligned}&\max\ (\sigma^2+\mu^2+t_0^2-2t_0\mu)\beta-2(\mu-t_0)\sqrt{-\beta}\\&\text{s.t. }\beta\leqslant-\frac{1}{(t_0-a)^2}\end{aligned}$$

当$t_0\geqslant\dfrac{\sigma^2+\mu^2-\mu a}{\mu-a}$时，$\beta^*=-\dfrac{(\mu-t_0)^2}{((\mu-t_0)^2+\sigma^2)^2}$，$f^*=\dfrac{(\mu-t_0)^2}{(\mu-t_0)^2+\sigma^2}$；当$t_0\leqslant\dfrac{\sigma^2+\mu^2-\mu a}{\mu-a}$时，$\beta^*=-\dfrac{1}{(t_0-a)^2}$，$f^*=1-\dfrac{(\mu-a)^2+\sigma^2}{(t_0-a)^2}$。

(3) 如果$\dfrac{|(a+t_0)\beta+\alpha|}{t_0-a}\geqslant-\beta$且$\dfrac{|(b+t_0)\beta+\alpha|}{b-t_0}\leqslant-\beta$，则有$\beta\leqslant0,2b\beta\leqslant-\alpha\leqslant 2t_0\beta,\dfrac{(a+t_0)\beta+\alpha}{t_0-a}\geqslant0$，且

$$\theta = \min \left\{ -t_0^2\beta - \alpha t_0 + 1, \frac{\alpha^2}{4\beta} \right\} = \frac{\alpha^2}{4\beta}$$

则对偶问题可以写为

$$\begin{aligned} &\max \ \frac{\alpha^2}{4\beta} + (\sigma^2 + \mu^2)\beta + \mu\alpha \\ &\text{s.t.} \ 2b\beta + \alpha \leqslant 0, 2t_0\beta + \alpha \geqslant 0 \end{aligned}$$

此时最优解为 $\beta^* = 0$ ， $\alpha^* = 0$ ，最优值为 $f^* = 0$ 。

(4) 如果 $\dfrac{|(a+t_0)\beta + \alpha|}{t_0 - a} \geqslant -\beta, \dfrac{|(b+t_0)\beta + \alpha|}{b - t_0} \geqslant -\beta$ 且 $\beta \leqslant 0$ 。

① 如果 $\dfrac{(a+t_0)\beta + \alpha}{t_0 - a} \geqslant -\beta$ 且 $\dfrac{(b+t_0)\beta + \alpha}{b - t_0} \geqslant -\beta$ ，则有 $2b\beta + \alpha \geqslant 0$ ， $2t_0\beta + \alpha \geqslant 0$ ，则

$$\theta = \min \{ -t_0^2\beta - \alpha t_0 + 1, -b^2\beta - \alpha b \} = -b^2\beta - \alpha b$$

对偶问题可以写为

$$\begin{aligned} &\max \ -b^2\beta - \alpha b + \alpha\mu + (\sigma^2 + \mu^2)\beta \\ &\text{s.t.} \ 2b\beta + \alpha \geqslant 0 \end{aligned}$$

此时最优解为 $\beta^* = 0, \alpha^* = 0$ ，最优值为 $f^* = 0$ 。

② 如果 $\dfrac{(a+t_0)\beta + \alpha}{t_0 - a} \geqslant -\beta$ 且 $-\dfrac{(b+t_0)\beta + \alpha}{b - t_0} \geqslant -\beta$ ，则有 $2t_0\beta + \alpha \geqslant 0$ ， $2t_0\beta + \alpha \leqslant 0$ ，则

$$\theta = \min \{ -t_0^2\beta - \alpha t_0 + 1, -t_0^2\beta - \alpha t_0 \} = -t_0^2\beta - \alpha t_0$$

对偶问题可以写为

$$\begin{aligned} &\max \ -t_0^2\beta - \alpha t_0 + \alpha\mu + (\sigma^2 + \mu^2)\beta \\ &\text{s.t.} \ 2t_0\beta + \alpha = 0 \end{aligned}$$

此时最优解为 $\beta^* = 0, \alpha^* = 0$ ，最优值为 $f^* = 0$ 。

③ 如果 $-\dfrac{(a+t_0)\beta + \alpha}{t_0 - a} \geqslant -\beta$ 且 $\dfrac{(b+t_0)\beta + \alpha}{b - t_0} \geqslant -\beta$ ，则有 $2a\beta + \alpha \leqslant 0$ ， $2b\beta + \alpha \geqslant 0$ 。此时最优解为 $\beta^* = 0$ ， $\alpha^* = 0$ ，最优值为 $f^* = 0$ 。

④ 如果 $-\dfrac{(a+t_0)\beta + \alpha}{t_0 - a} \geqslant -\beta$ 且 $-\dfrac{(b+t_0)\beta + \alpha}{b - t_0} \geqslant -\beta$ ，则有 $2a\beta + \alpha \leqslant 0$ ， $2t_0\beta + \alpha \leqslant 0$ 。此时

$$\theta = \min \ \{-a^2\beta - \alpha a + 1, -t_0^2\beta - \alpha t_0\}$$

如果$-a^2\beta - \alpha a + 1 \leqslant -t_0^2\beta - \alpha t_0$，则对偶问题可以写为

$$\begin{aligned} \max \ & (\sigma^2 + \mu^2 - a^2)\beta + (\mu - a)\alpha + 1 \\ \text{s.t.} \ & 2a\beta + \alpha \leqslant 0 \end{aligned}$$

此时有$t_0 \geqslant \dfrac{(\sigma^2 + \mu^2) - a\mu}{\mu - a}$，最优解为$\beta^* = -\dfrac{1}{(t_0 - a)^2}$，$\alpha^* = \dfrac{2a}{(t_0 - a)^2}$，最优值为$f^* = 1 - \dfrac{(\mu - a)^2 + \sigma^2}{(t_0 - a)^2}$。

如果$-a^2\beta - \alpha a + 1 \geqslant -t_0^2\beta - \alpha t_0$，则对偶问题可以写为

$$\begin{aligned} \max \ & (\sigma^2 + \mu^2 - t^2)\beta + (\mu - t)\alpha \\ \text{s.t.} \ & 2a\beta + \alpha \leqslant 0 \end{aligned}$$

此时有$t_0 \geqslant \dfrac{\sigma^2 + \mu^2 - a\mu}{\mu - a}, t_0 \geqslant \sqrt{(u - a)^2 + \sigma^2} + a$，最优解为$\beta^* = -\dfrac{1}{(t_0 - a)^2}, \alpha = \dfrac{2a}{(t_0 - a)^2}$，最优值为$f^* = 1 - \dfrac{(\mu - a)^2 + \sigma^2}{(t_0 - a)^2}$。

(5) 如果$\dfrac{|(a + t_0)\beta + \alpha|}{t_0 - a} \geqslant -\beta, \dfrac{|(b + t_0)\beta + \alpha|}{b - t_0} \geqslant -\beta$且$\beta \geqslant 0$。

① 如果$\dfrac{(a + t_0)\beta + \alpha}{t_0 - a} \geqslant 0$且$\dfrac{(b + t_0)\beta + \alpha}{b - t_0} \geqslant 0$，则有$(a + t_0)\beta + \alpha \geqslant 0$。

此时

$$\theta = \min \ \{-t_0^2\beta - \alpha t_0 + 1, -b^2\beta - \alpha b\} = -b^2\beta - \alpha b$$

对偶问题可以写为

$$\begin{aligned} \min \ & -b^2\beta - \alpha b + \alpha\mu + (\sigma^2 + \mu^2)\beta \\ \text{s.t.} \ & (a + t_0)\beta + \alpha \geqslant 0 \end{aligned}$$

此时最优解为$\beta^* = 0, \alpha^* = 0$，最优值为$f^* = 0$。

② 如果$\dfrac{(a + t_0)\beta + \alpha}{t_0 - a} \geqslant 0$且$-\dfrac{(b + t_0)\beta + \alpha}{b - t_0} \geqslant 0$，则有$(b + t_0)\beta + \alpha \leqslant 0 \leqslant (a + t_0)\beta + \alpha$，则最优解为$\beta^* = 0, \alpha^* = 0$，最优值为$f^* = 0$。

③ 如果$-\dfrac{(a + t_0)\beta + \alpha}{t_0 - a} \geqslant 0$且$\dfrac{(b + t_0)\beta + \alpha}{b - t_0} \geqslant 0$，则有$(a + t_0)\beta + \alpha \leqslant 0 \leqslant (b + t_0)\beta + \alpha$，则

$$\theta=\min\ \{-a^2\beta-\alpha a+1,-b^2\beta-\alpha b\}$$

如果$-b^2\beta-\alpha b\leqslant-a^2\beta-\alpha a+1$，则对偶问题可以写为

$$\begin{aligned}\max\ & -b^2\beta-\alpha b+\alpha\mu+(\sigma^2+\mu^2)\beta\\ \text{s.t.}\ & (a+t_0)\beta+\alpha\leqslant 0\leqslant(b+t_0)\beta+\alpha\\ & -b^2\beta-\alpha b\leqslant-a^2\beta-\alpha a+1\end{aligned}$$

此时$t_0\geqslant\dfrac{\mu b-(\sigma^2+\mu^2)}{b-\mu}$，通过计算可得最优解$\beta^*=\dfrac{1}{(b-a)(t_0-a)},\alpha^*=-\dfrac{b+t_0}{(b-t_0)(t_0-a)}$，最优值为$f^*=\dfrac{\sigma^2+\mu^2-\mu b-\mu t_0+bt_0}{(b-a)(t_0-a)}$。

如果$-b^2\beta-\alpha b\geqslant-a^2\beta-\alpha a+1$，则对偶问题可以写为

$$\begin{aligned}\max\ & -a^2\beta-\alpha a+\alpha\mu+(\sigma^2+\mu^2)\beta+1\\ \text{s.t.}\ & (a+t_0)\beta+\alpha\leqslant 0\leqslant(b+t_0)\beta+\alpha\\ & -b^2\beta-\alpha b\geqslant-a^2\beta-\alpha a+1\end{aligned}$$

此时$t_0\geqslant\dfrac{\sigma^2+\mu^2-a^2-\mu b+ab}{\mu-a}$，通过计算可得最优解为$\beta^*=\dfrac{1}{(b-a)(t_0-a)},\alpha^*=-\dfrac{b+t_0}{(b-a)(t_0-a)}$，最优值为$f^*=1+\dfrac{\sigma^2+\mu^2-a^2-\mu b-\mu t_0+ab+at_0}{(b-a)(t_0-a)}$。

④ 如果$-\dfrac{(a+t_0)\beta+\alpha}{t_0-a}\geqslant 0$且$-\dfrac{(b+t_0)\beta+\alpha}{b-t_0}\geqslant 0$，则有$(b+t_0)\beta+\alpha\leqslant 0$。

此时

$$\theta=\min\ \{-a^2\beta-\alpha a+1,-t_0^2\beta-\alpha t_0\}$$

如果$-t_0^2\beta-\alpha t_0\leqslant-a^2\beta-\alpha a+1$，则对偶问题可以写为

$$\begin{aligned}\max\ & -t_0^2\beta-\alpha t_0+\alpha\mu+(\sigma^2+\mu^2)\beta\\ \text{s.t.}\ & (b+t_0)\beta+\alpha\leqslant 0\end{aligned}$$

此时有

$$\frac{\mu b-(\sigma^2+\mu^2)}{b-\mu}\leqslant t_0\leqslant\frac{\sigma^2+\mu^2-a\mu}{\mu-a}$$

经计算可得最优解为$\beta^*=\dfrac{1}{(b-a)(t_0-a)}$，$\alpha^*=-\dfrac{b+t_0}{b-a}$，最优值为$f^*=\dfrac{\sigma^2+\mu^2-\mu b+bt_0-\mu t_0}{(b-a)(b-t_0)}$。

如果$-t_0^2\beta-\alpha t_0 \geqslant -a^2\beta-\alpha a+1$，则对偶问题可以写为

$$\begin{aligned}&\max\ -a^2\beta-\alpha a+1+\alpha\mu+(\sigma^2+\mu^2)\beta\\&\text{s.t. } (b+t_0)\beta+\alpha\leqslant 0\end{aligned}$$

此时有

$$\frac{\sigma^2+\mu^2-a^2-\mu b+ab}{\mu-a}\leqslant t_0\leqslant\frac{\sigma^2+\mu^2-a\mu}{\mu-a}$$

经过计算可得最优解为$\beta^*=\dfrac{1}{(b-a)(t_0-a)}$，$\alpha^*=-\dfrac{b+t_0}{(b-a)(t_0-a)}$，最优值为$f^*=\dfrac{\sigma^2+\mu^2-\mu b+bt_0-\mu t_0}{(b-a)(b-t_0)}$。

综上，对所有可能情况进行对比和计算，可得

(1) 当$a\leqslant t_0<\dfrac{\mu b-(\sigma^2+\mu^2)}{b-\mu}$时，则有$\inf_{F\in\mathcal{F}^i}P(\tilde{t}<t_0)=0$。

(2) 当$\dfrac{\mu b-(\sigma^2+\mu^2)}{b-\mu}\leqslant t_0<\dfrac{\mu^2+\sigma^2-a\mu}{\mu-a}$时，则有

$$\inf_{F\in\mathcal{F}^i}P(\tilde{t}<t_0)=\frac{bt_0-\mu b-\mu t_0+\mu^2+\sigma^2}{(b-a)(t_0-a)}$$

(3) 当$\mu+\dfrac{\sigma^2}{\mu-a}\leqslant t_0\leqslant b$时，则有

$$\inf_{F\in\mathcal{F}^i}P(\tilde{t}<t_0)=\frac{(t_0-\mu)^2}{(t_0-\mu)^2+\sigma^2}$$

(4) 当$t_0>b$时，则有$\inf_{F\in\mathcal{F}^i}P(\tilde{t}<t_0)=1$。

因此对于属于$\mathcal{X}_{\text{LP}}$且满足$\boldsymbol{g}^{\text{T}}\boldsymbol{x}+h\geqslant b$的解，则有

$$\inf_{F\in\mathcal{F}^i}P(\tilde{t}\leqslant\boldsymbol{g}^{\text{T}}\boldsymbol{x}+h)=1\geqslant 1-\varepsilon$$

对于属于$\mathcal{X}_{\text{LP}}$且满足$\boldsymbol{g}^{\text{T}}\boldsymbol{x}+h<b$的解，因为$h(t_0)$关于$t_0$是非递减函数，因此有

$$\inf_{F\in\mathcal{F}^i}P(\tilde{t}\leqslant\boldsymbol{g}^{\text{T}}\boldsymbol{x}+h)\geqslant\inf_{F\in\mathcal{F}^i}P(\tilde{t}<\boldsymbol{g}^{\text{T}}\boldsymbol{x}+h)=h(\boldsymbol{g}^{\text{T}}\boldsymbol{x}+h)\geqslant h(t_0)\geqslant 1-\varepsilon$$

综上所述，对于所有$\boldsymbol{x}\in\mathcal{X}_{\text{LP}}$，都有$\boldsymbol{x}\in\mathcal{X}_{cc}$，命题得证。

3. 鲁棒联合机会约束模型转化方法

鲁棒联合机会约束模型的一般表达形式为

$$\begin{aligned}&\min \sup_{F^{\tilde{p}}\in\mathcal{F}^{\tilde{p}}} f(\boldsymbol{x},\tilde{\boldsymbol{p}})\\&\text{s.t.} \inf_{F^{\tilde{p}}\in\mathcal{F}^{\tilde{p}}} P(\boldsymbol{g}_i^{\mathrm{T}}(\tilde{\boldsymbol{p}})\boldsymbol{x}\leqslant h_i(\tilde{\boldsymbol{p}}),i=1,2,\cdots,m)\geqslant 1-\varepsilon\\&\quad\boldsymbol{x}\in\mathcal{X}\end{aligned}$$

其中，参数 $\boldsymbol{g}_i^{\mathrm{T}}(\tilde{\boldsymbol{p}})$ 和 $h_i(\tilde{\boldsymbol{p}})$ 关于不确定的炉次加工时间 $\tilde{\boldsymbol{p}}$ 可以表示为线性形式，即

$$\boldsymbol{g}_i(\tilde{\boldsymbol{p}})=\boldsymbol{g}_i^0+\sum_j^L\boldsymbol{g}_i^j\tilde{p}_j,h_i(\tilde{\boldsymbol{p}})=h_i^0+\sum_j^L h_i^j\tilde{p}_j$$

其中，$\tilde{\boldsymbol{p}}$ 为 L 维的随机向量，其分布函数集的定义如前所述。

对于如第 1 条约束所示的分布式鲁棒联合机会约束，可以将其重写为

$$\inf_{F^{\tilde{p}}\in\mathcal{F}^{\tilde{p}}} P(\boldsymbol{a}_i^{\mathrm{T}}(\boldsymbol{x})\tilde{\boldsymbol{p}}+b_i(\boldsymbol{x})\leqslant 0,i=1,2,\cdots,m)\geqslant 1-\varepsilon$$

其中，$\boldsymbol{a}_i^{\mathrm{T}}(\boldsymbol{x})=[\boldsymbol{x}^{\mathrm{T}}\boldsymbol{g}_i^1+h_i^1,\cdots,\boldsymbol{x}^{\mathrm{T}}\boldsymbol{g}_i^L+h_i^L];b_i(\boldsymbol{x})=\boldsymbol{x}^{\mathrm{T}}\boldsymbol{g}_i^0+h_i^0$。

考虑联合机会约束中每个约束成立概率独立的情况，则鲁棒联合机会约束可以近似转化为鲁棒独立机会约束，即

$$\inf_{F^{\tilde{p}}\in\mathcal{F}^{\tilde{p}}} P(\boldsymbol{a}_i^{\mathrm{T}}(\boldsymbol{x})\tilde{\boldsymbol{p}}+b_i(\boldsymbol{x})\leqslant 0)\geqslant(1-\varepsilon)^{y_i},\quad i=1,2,\cdots,m;\textstyle\sum_i^m y_i=1,y_i\geqslant 0$$

然而，上述约束是非凸的，很难直接进行求解。注意，针对该约束，如果固定概率分配向量 $\boldsymbol{y}$ 的取值，则约束可以等价转化为 m 个分布式鲁棒独立机会约束，进而可以利用分布式鲁棒独立机会约束的近似转化方法对模型进行转化。如何确定 $\boldsymbol{y}$ 的取值是问题求解的关键。本节设计迭代提升算法(iterative improvement algorithm，IIA)，通过不断迭代改进 $\boldsymbol{y}$ 的取值。在每一次的迭代中，首先固定每个约束成立的概率，即固定 $\boldsymbol{y}$ 的取值，进而将鲁棒联合机会约束转化为多个鲁棒独立机会约束。随后，根据求得的最优解 $\boldsymbol{x}$，更新 $\boldsymbol{y}$ 的取值，使目标函数能够在迭代过程中不断下降。

具体流程如下。

在第 i 次迭代过程中，假设 $\boldsymbol{y}$ 的取值为 $\boldsymbol{y}^i$，则鲁棒联合机会约束中第 j 个约束成立的概率为 $(1-\varepsilon)^{y_j^i}$，通过求解一个含有 m 个半正定约束或者线性约束的优化问题可以得到第 i 次迭代的最优解 $\boldsymbol{x}^i$，则根据 $\boldsymbol{x}^i$ 的取值可以得到每一个约束能够成立的最大概率。令 $p_0=\boldsymbol{g}^{\mathrm{T}}\boldsymbol{x}^i+h$，由定理 4.3.1 中 $h(p_0)$ 的定义，我们可以得到当前解下约束成立的最大概率，即 $p_{\sup}=h(p_0)$。

将每一个鲁棒独立机会约束成立的最大概率记为 $\boldsymbol{p}^i=(1-\varepsilon)^{z^i}$，根据定义显然有 $\boldsymbol{z}^i\leqslant\boldsymbol{y}^i$。直观而言，如果 y_j^i 的值比 z_j^i 的值大得多，则说明在当前概率分配 $\boldsymbol{y}^i$ 下，第 j 个约束被过度满足。因此，该约束的成立概率可以减小，并重新分配给其他

约束。基于 $\boldsymbol{y}^i$ 和 $\boldsymbol{z}^i$ 的取值，设计调整函数 $G(\boldsymbol{y}^i,\boldsymbol{z}^i)$，根据 $\boldsymbol{y}^i$ 和 $\boldsymbol{z}^i$ 的取值重新对概率进行分配，从而生成 $\boldsymbol{y}^{i+1}$，继续下一轮的迭代。调整的方式，即 $G(\boldsymbol{y},\boldsymbol{z})$ 并不唯一，这里选取的调整函数为

$$G(\boldsymbol{y},\boldsymbol{z})=\frac{\boldsymbol{z}+\alpha(\boldsymbol{y}-\boldsymbol{z})}{\langle 1,\ \boldsymbol{z}+\alpha(\boldsymbol{y}-\boldsymbol{z})\rangle},\quad \alpha=\frac{b-\sum\limits_i z_i}{\sum\limits_i y_i-\sum\limits_i z_i},\quad b\in\left(\sum_i z_i,1\right)$$

在实验中，b 的取值为 $\left(1+\sum\limits_i z_i\right)/2$。

从 $G(\boldsymbol{y},\boldsymbol{z})$ 的定义可以看出，该函数以第 j 个约束在当前解下能够成立的最大概率和给定需要保证成立的概率之间的差距大小(体现在 $y_j^i-z_j^i$ 值的大小上)，作为约束 j 是否被过度满足的度量，从而以一定的步长调整现有概率 $\boldsymbol{y}^i$, $y_j^i-z_j^i$ 越大调整幅度越大，最后将新的结果重新投影回 $\boldsymbol{y}$ 的可行域 $\left\{\boldsymbol{y}:\sum\limits_i y_i=1\right\}$。可以通过简单计算验证，$\|G(\boldsymbol{y},\boldsymbol{z})\|=1$。

在初始解设置方面，由于 IIA 算法可能在迭代过程中陷入局部极小，为尽可能避免该情况的出现，选取多个初始解，对每一个初始解都进行迭代求解。当算法执行过程满足如下条件之一时，算法终止。

(1) 算法迭代次数大于某一个固定值 $\mathrm{TN}_{\max}$。

(2) 连续 $\mathrm{CN}_{\max}$ 次，两次迭代过程中目标函数值的改进小于固定阈值 η。

算法 4.3.1 给出了 IIA 的完整流程，定理 4.3.2 则说明 IIA 是下降算法，可以在有限步内收敛。

算法 4.3.1　IIA

输入：$\mu_0,\boldsymbol{\Sigma}_0,\Omega,\mathrm{CN}_{\max}$ 和 $\mathrm{TN}_{\max}$

1. 初始化：生成 K 个初始解 $y_0^j, j=1,\cdots,K,Q^0=M,i=0,\mathrm{CN}=0$，其中 M 为一个足够大的数；
2. 对每一个初始解，执行以下步骤：
3. **while** $i<\mathrm{TN}_{\max}$ **do**
4. 如果 $\mathrm{CN}>\mathrm{CN}_{\max}$，算法结束；否则，执行下一步；
5. 第 i 次迭代过程中，根据给定 $\boldsymbol{y}^i$ 值，对鲁棒独立机会约束进行近似转化，通过求解得到问题最优值 Q^i 和最优解 $\boldsymbol{x}^i$，如果 $\dfrac{Q^{i-1}-Q^i}{Q^{i-1}}\leqslant\eta$，则令 $\mathrm{CN}=\mathrm{CN}+1$，否则令 $\mathrm{CN}=0$；

6.　　获得每个约束在当前解 $\boldsymbol{x}^i$ 下能够成立的最大概率，以及对应的 $\boldsymbol{z}^i$；
7.　　计算 $\boldsymbol{y}^{i+1}$ 的值，即 $\boldsymbol{y}^{i+1} = G(\boldsymbol{y}^i, \boldsymbol{z}^i), i = i+1$；
8.　　**end while**

输出： $\boldsymbol{x}^*, Q^*$

定理 4.3.2　对于上述鲁棒联合机会约束模型，考虑最小化问题，如果该问题最优值有界，并且对于初始的 $\boldsymbol{y}^0$ 该问题有解，则 IIA 是下降算法，即算法迭代过程始终有 $Q_i \geqslant Q_{i+1}$，其中 Q_i 表示第 i 次迭代过程的目标函数值，并且算法在有限步后终止并返回原问题的上界。

证明： 对于某一个固定的解 $\boldsymbol{x}^i$，其对应的 $\boldsymbol{z}^i$ 代表了使得约束成立的最大概率。$\boldsymbol{z}^i$ 的值越小，则说明约束可以保证成立的概率越大。因此，在每一次迭代过程中，如果我们令 $\boldsymbol{y}^{i+1} \geqslant \boldsymbol{z}^i$，则 $\boldsymbol{x}^i$ 也是第 $i+1$ 次迭代中问题的可行解，第 $i+1$ 次迭代过程中问题的最优值 Q_{i+1} 必然满足 $Q_{i+1} \leqslant Q_i$。根据定义，显然有 $\boldsymbol{y}^i \geqslant \boldsymbol{z}^i$，又因为 $\sum_i z_i \leqslant 1$，则

$$\mathbf{1} \cdot (\boldsymbol{z} + \alpha(\boldsymbol{y} - \boldsymbol{z})) = \sum_i z_i + \alpha\left(\sum_i y_i - \sum_i z_i\right) = b \leqslant 1$$

因此

$$\boldsymbol{y}^{i+1} \geqslant G(\boldsymbol{y}, \boldsymbol{z}) \geqslant \boldsymbol{z} + \alpha(\boldsymbol{y} - \boldsymbol{z}) \geqslant \boldsymbol{z}$$

即 $G(\boldsymbol{y}, \boldsymbol{z}) \geqslant \boldsymbol{z}$，从而有 $Q_{i+1} \leqslant Q_i$ 成立，也就是说 IIA 是下降算法。又问题最优值有界，因此算法必然于有限步内收敛。

4. 计算实验结果

考虑一个由三台转炉、三台精炼炉和三台连铸机，以及 30 个炉次组成的炼钢-连铸调度系统。首先，从确定性模型得到确定性调度方案，从鲁棒优化模型得到鲁棒调度方案，其中鲁棒优化模型选择分布式鲁棒独立机会约束模型和分布式鲁棒联合机会约束模型。然后，根据正态分布、均匀分布、伽马分布和拉普拉斯分布等不同分布生成数据作为生产过程中的实际加工时间，进而比较两个调度方案在这些数据下的实际性能。如果在某个时间点调度方案不可行，那么重新调度剩余的炉次。当所有的炉次调度完成后，比较两类调度方案的目标值和重调度次数。

表 4.6 所示为炼钢-连铸调度问题在不同分布下确定性调度方案和鲁棒调度方案的对比。$\mathrm{Obj_d}$ 和 $\mathrm{Obj_r}$ 分别代表确定性调度方案和鲁棒调度方案的目标值，$\mathrm{RT_d}$ 和 $\mathrm{RT_r}$ 对应两种调度方案的重调度次数。由此可知，分布式鲁棒独立机会约束模型和分布式鲁棒联合机会约束模型在四种分布下都是有效的。分布式鲁棒独立机

会约束模型在数据服从拉普拉斯分布时，重调度次数最多为 1.19 次，分布式鲁棒联合机会约束模型在四种分布下重调度次数均为 0；相比之下，确定性模型平均需要重调度约 9 次。当然，稳定性是以性能损失为代价的，分布式鲁棒独立机会约束模型的目标值比确定性模型的目标值高出约 8%，分布式鲁棒联合机会约束模型的目标值提升近 25%。

表 4.6 确定性调度方案与鲁棒调度方案对比

方案		正态分布	均匀分布	伽马分布	拉普拉斯分布
分布式鲁棒独立机会约束模型 $\varepsilon=0.1$	$\mathrm{Obj_d}$	8989.2	9732.6	9002.8	8969.5
	$\mathrm{Obj_r}$	9732.6	9004.0	9728.4	9688.9
	$\mathrm{RT_d}$	9.6	9.48	9.51	9.16
	$\mathrm{RT_r}$	0	0	0.21	1.19
分布式鲁棒联合机会约束模型 $\varepsilon=0.4$	$\mathrm{Obj_d}$	8870.9	8915.0	8891.6	8837.9
	$\mathrm{Obj_r}$	11011.3	11011.3	11011.3	11011.3
	$\mathrm{RT_d}$	8.63	9.35	9.17	9.11
	$\mathrm{RT_r}$	0	0	0	0

4.3.4 基于分布函数集的改进多维独立鲁棒机会约束模型

在实际生产过程中，由于在连铸阶段同一浇次内的炉次需要进行连续浇铸，对于两个连续浇铸的炉次而言，后一个炉次的开始加工时间就是上一个炉次的完工时间，因此把炉次在连铸机上的开工时间作为决策变量是不合理的。针对这一点，我们对求解炼钢-连铸调度内层问题的分布式鲁棒独立机会约束模型进行改进，并设计用于求解外层问题的禁忌搜索算法，给出完整的炼钢-连铸调度方案。

1. 内层问题模型

与炼钢-连铸调度问题分布式鲁棒独立机会约束模型相比，本节介绍的模型中不再决策每个炉次在连铸机上的开始加工时间，只是决策每个浇次的开工时间。每一个炉次的开工时间等于所处浇次的开浇时间加上之前炉次的实际加工时间。因此，我们考虑炉次加工时间 $\tilde{p}_{ij}$ 不确定的情况，修改有关连铸机上加工时间的约束，新增相关参数，建立改进多维鲁棒独立机会约束模型。其中，不确定的加工时间构成向量 $\tilde{\boldsymbol{p}}$，其具体分布未知，但属于前面定义的分布函数集。

(1) 新增问题参数。

$\mathcal{C}_k$：加工浇次 k 的连铸机。

mp_j^i：加工炉次 i 的机器 j 的直接前继机器。

o_{ij}：炉次 i 在机器 j 上加工的顺序编号。

cs_k：同一个连铸机上浇次 k 的直接后继浇次。

λ_1：炉次在连铸机前等待时间惩罚系数。

λ_2：炉次在其他工序前等待时间惩罚系数。

λ_3：TFT 惩罚系数。

(2) 决策变量。

sx_k：浇次 k 中的第一个炉次的开浇时间。

x_{ij}：炉次 i 在机器 j 上的开始加工时间，$j \notin \mathcal{C}$。

(3) 炼钢-连铸调度问题改进多维分布式鲁棒独立机会约束模型为

$$
\begin{aligned}
\min\ & \lambda_1 \sum_{k=1}^{K} \sum_{i\in\Phi_k} E_F\left(\sum_{l\in\Phi_k, o_{l,\mathcal{C}_k} < o_{i,\mathcal{C}_k}} \tilde{p}_{l,\mathcal{C}_k} + \mathrm{sx}_k - x_{i,\mathrm{mp}_{\mathcal{C}_k}^i} - \tilde{p}_{i,\mathrm{mp}_{\mathcal{C}_k}^i} - t_{\mathrm{mp}_j^i,\mathcal{C}_k} \right) \\
& + \lambda_2 \sum_{i=1}^{N} \sum_{i\in\mathcal{M}_i, \mathrm{ms}_j^i \notin \mathcal{C}} E_F\left(x_{i,\mathrm{ms}_j^i} - x_{ij} - \tilde{p}_{ij} - t_{j,\mathrm{ms}_j^i} \right) \\
& + \lambda_3 \sum_{k=1}^{K} \sum_{i\in\Phi_k} E_F\left(\sum_{l\in\Phi_k, o_{l,\mathcal{C}_k} < o_{i,\mathcal{C}_k}} \tilde{p}_{l,\mathcal{C}_k} + \mathrm{sx}_k + \tilde{p}_{i,\mathcal{C}_k} \right) \\
\text{s.t.}\ & \inf_{F\in\mathcal{F}^{\tilde{p}}} P\left(\sum_{l\in\Phi_k, o_{l,\mathcal{C}_k} < o_{i,\mathcal{C}_k}} \tilde{p}_{l,\mathcal{C}_k} + \mathrm{sx}_k \geqslant x_{i,\mathrm{mp}_{\mathcal{C}_k}^i} + t_{\mathrm{mp}_{\mathcal{C}_k}^i,\mathcal{C}_k} \right) \geqslant 1-\varepsilon, \quad k\in\mathcal{K};\ i\in\Phi_k \\
& \mathrm{sx}_k \geqslant \mathrm{st}, \quad k\in\mathcal{K} \\
& \inf_{F\in\mathcal{F}^{\tilde{p}}} P\left(\mathrm{sx}_{\mathrm{cs}_k} \geqslant \mathrm{sx}_k + \sum_{l\in\Phi_k} \tilde{p}_{l,\mathcal{C}_k} + \mathrm{st} \right) \geqslant 1-\varepsilon, \quad k\in\mathcal{K} \\
& \inf_{F\in\mathcal{F}^{\tilde{p}}} P\left(\mathrm{sx}_k \geqslant x_{i_0,\mathrm{mp}_{\mathcal{C}_k}^{i_0}} + t_{\mathrm{mp}_{\mathcal{C}_k}^{i_0},\mathcal{C}_k} \right) \geqslant 1-\varepsilon, \quad i_0\in\Phi_k;\ o_{i_0,\mathcal{C}_k} = 1 \\
& \inf_{F\in\mathcal{F}^{\tilde{p}}} P\left(x_{s_j^i,j} - x_{ij} \geqslant \tilde{p}_{ij} \right) \geqslant 1-\varepsilon, \quad i\in\mathcal{N};\ j\in\mathcal{M}_i / \mathcal{C} \\
& \inf_{F\in\mathcal{F}^{\tilde{p}}} P\left(x_{i,\mathrm{ms}_j^i} - x_{ij} \geqslant \tilde{p}_{ij} + t_{j,\mathrm{ms}_j^i} \right) \geqslant 1-\varepsilon, \quad i\in\mathcal{N};\ \mathrm{ms}_j^i;\ j\in\mathcal{M}_i;\ \mathrm{ms}_j^i \notin \mathcal{C}
\end{aligned}
$$

对于上述多维分布式鲁棒独立机会约束，可以采用线性近似和对偶近似方法将模型转化为半正定规划问题进行求解。

2. 鲁棒独立机会约束模型求解

上节，我们考虑了一维随机变量的鲁棒独立机会约束模型。这里进一步考虑约束中含有多个相关随机变量的情况，给出鲁棒独立约束模型在更一般情况下的近似转化方法。考虑如下约束，即

$$\inf_{F^{\tilde{p}}\in\mathcal{F}^{\tilde{p}}} P(\boldsymbol{a}^{\mathrm{T}}(\boldsymbol{x})\tilde{\boldsymbol{p}}+b(\boldsymbol{x})\leqslant 0)\geqslant 1-\varepsilon,\quad \varepsilon\in(0,1)$$

由于约束中 $\boldsymbol{a}^{\mathrm{T}}(\boldsymbol{x})\tilde{\boldsymbol{p}}+b(\boldsymbol{x})$ 关于 $\tilde{\boldsymbol{p}}$ 是连续且线性的，上述约束等价于如下鲁棒CVaR约束，即

$$\sup_{F^{\tilde{p}}\in\mathcal{F}^{\tilde{p}}} F-\mathrm{CVaR}_{\varepsilon}(\boldsymbol{a}(\boldsymbol{x})^{\mathrm{T}}\tilde{\boldsymbol{p}}+b(\boldsymbol{x}))\leqslant 0$$

根据Min-max定理，不等号左边可以写为

$$\begin{aligned}
&\sup_{F^{\tilde{p}}\in\mathcal{F}^{\tilde{p}}} F-\mathrm{CVaR}_{\varepsilon}(\boldsymbol{a}(\boldsymbol{x})^{\mathrm{T}}\tilde{\boldsymbol{p}}+b(\boldsymbol{x}))\\
&=\sup_{F^{\tilde{p}}\in\mathcal{F}^{\tilde{p}}}\inf_{\beta\in\mathbf{R}}\left\{\beta+\frac{1}{\varepsilon}E([\boldsymbol{a}(\boldsymbol{x})^{\mathrm{T}}\tilde{\boldsymbol{p}}+b(\boldsymbol{x})-\beta]^{+})\right\}\\
&=\inf_{\beta\in\mathbf{R}}\left\{\beta+\frac{1}{\varepsilon}\sup_{F^{\tilde{p}}\in\mathcal{F}^{\tilde{p}}}E([\boldsymbol{a}(\boldsymbol{x})^{\mathrm{T}}\tilde{\boldsymbol{p}}+b(\boldsymbol{x})-\beta]^{+})\right\}
\end{aligned}$$

其中，$[x]^{+}=\max\{0,x\}$。对于任意给定的 $\boldsymbol{x}$，按照 β 的取值范围应该在随机变量 $\boldsymbol{a}(\boldsymbol{x})^{\mathrm{T}}\tilde{\boldsymbol{p}}+b(\boldsymbol{x})$ 的支撑集内，但是可以证明在 $\mathbf{R}$ 上进行优化结果是等价的。

证明：不妨设随机变量 $\boldsymbol{a}(\boldsymbol{x})^{\mathrm{T}}\tilde{\boldsymbol{p}}+b(\boldsymbol{x})$ 的支撑集为 $\Omega_{\beta}=[\underline{\beta},\overline{\beta}]$，则需要证明

$$\sup_{F\in\mathcal{F}^{\tilde{p}}}\inf_{\beta\in\mathbf{R}}\left\{\beta+\frac{1}{\varepsilon}E([\boldsymbol{a}(\boldsymbol{x})^{\mathrm{T}}\tilde{\boldsymbol{p}}+b(\boldsymbol{x})-\beta]^{+})\right\}=\sup_{F\in\mathcal{F}^{\tilde{p}}}\inf_{\beta\in\Omega_{\beta}}\left\{\beta+\frac{1}{\varepsilon}E([\boldsymbol{a}(\boldsymbol{x})^{\mathrm{T}}\tilde{\boldsymbol{p}}+b(\boldsymbol{x})-\beta]^{+})\right\}。$$

记 $\Omega^{-}=(-\infty,\underline{\beta}],\Omega^{+}=[\overline{\beta},+\infty)$，由于 $\varepsilon\in(0,1)$，因此我们有

$$\begin{aligned}
&\sup_{F\in\mathcal{F}^{\tilde{p}}}\inf_{\beta\in\Omega^{-}}\left\{\beta+\frac{1}{\varepsilon}E([\boldsymbol{a}(\boldsymbol{x})^{\mathrm{T}}\tilde{\boldsymbol{p}}+b(\boldsymbol{x})-\beta]^{+})\right\}\\
&=\sup_{F\in\mathcal{F}^{\tilde{p}}}\inf_{\beta\in\Omega^{-}}\left\{\beta-\frac{1}{\varepsilon}\beta+\frac{1}{\varepsilon}E((\boldsymbol{a}(\boldsymbol{x})^{\mathrm{T}}\tilde{\boldsymbol{p}}+b(\boldsymbol{x})))\right\}\\
&=\sup_{F\in\mathcal{F}^{\tilde{p}}}\left\{\left(1-\frac{1}{\varepsilon}\right)\beta+\frac{1}{\varepsilon}E((\boldsymbol{a}(\boldsymbol{x})^{\mathrm{T}}\tilde{\boldsymbol{p}}+b(\boldsymbol{x})))\right\}
\end{aligned}$$

此时极值在 $\beta=\underline{\beta}$ 处取到。同时有

$$\sup_{F\in\mathcal{F}^{\tilde{p}}}\inf_{\beta\in\Omega^{+}}\left\{\beta+\frac{1}{\varepsilon}E([\boldsymbol{a}(\boldsymbol{x})^{\mathrm{T}}\tilde{\boldsymbol{p}}+b(\boldsymbol{x})-\beta]^{+})\right\}=\sup_{F\in\mathcal{F}^{\tilde{p}}}\inf_{\beta\in\Omega^{+}}\beta=\overline{\beta}$$

此时极值在 $\beta=\overline{\beta}$ 处取到。因此

$$\begin{aligned}&\sup_{F\in\mathcal{F}^{\tilde{p}}}\inf_{\beta\in\mathbf{R}}\left\{\beta+\frac{1}{\varepsilon}E([\boldsymbol{a}(\boldsymbol{x})^{\mathrm{T}}\tilde{\boldsymbol{p}}+b(\boldsymbol{x})-\beta]^{+})\right\}\\&=\sup_{F\in\mathcal{F}^{\tilde{p}}}\inf_{\beta\in(\Omega^{-}\cup\Omega\cup\Omega^{+})}\left\{\beta+\frac{1}{\varepsilon}E([\boldsymbol{a}(\boldsymbol{x})^{\mathrm{T}}\tilde{\boldsymbol{p}}+b(\boldsymbol{x})-\beta]^{+})\right\}\\&=\sup_{F\in\mathcal{F}^{\tilde{p}}}\inf_{\beta\in\Omega}\left\{\beta+\frac{1}{\varepsilon}E([\boldsymbol{a}(\boldsymbol{x})^{\mathrm{T}}\tilde{\boldsymbol{p}}+b(\boldsymbol{x})-\beta]^{+})\right\}\end{aligned}$$

因此得到在 $\mathbf{R}$ 上优化的结果与在 Ω 上进行优化的结果是相等的，命题得证。

如下定理给出鲁棒 CVaR 的对偶形式。

定理 4.3.3　对于任意给定的 $\boldsymbol{x}$，鲁棒 CVaR 可以等价转化为

$$\begin{aligned}\text{(P1)}\quad&\inf\ \beta+\frac{1}{\varepsilon}(y_0+\boldsymbol{u}_0^{\mathrm{T}}\boldsymbol{y}+\langle\boldsymbol{\Sigma}_0+\boldsymbol{\mu}_0\boldsymbol{\mu}_0^{\mathrm{T}},\boldsymbol{Y}\rangle)\\&\text{s.t.}\ y_0-b(\boldsymbol{x})+\beta+(\boldsymbol{y}^{\mathrm{T}}-\boldsymbol{a}(\boldsymbol{x})^{\mathrm{T}})\tilde{\boldsymbol{p}}+\langle\boldsymbol{Y},\tilde{\boldsymbol{p}}\tilde{\boldsymbol{p}}^{\mathrm{T}}\rangle\geqslant 0,\quad\tilde{\boldsymbol{p}}\in\Omega\\&\qquad y_0+\boldsymbol{y}^{\mathrm{T}}\tilde{\boldsymbol{p}}+\langle\boldsymbol{Y},\tilde{\boldsymbol{p}}\tilde{\boldsymbol{p}}^{\mathrm{T}}\rangle\geqslant 0,\quad\tilde{\boldsymbol{p}}\in\Omega\\&\qquad y_0\in\mathbf{R},\quad\beta\in\mathbf{R},\quad\boldsymbol{y}\in\mathbf{R}^{L},\quad\boldsymbol{Y}\in\mathbf{R}^{L\times L}\end{aligned}$$

其中，$\boldsymbol{Y}$、$\boldsymbol{y}$、y_0、β 均为近似转换的中间变量；$\boldsymbol{\mu}_0$ 和 $\boldsymbol{\Sigma}_0$ 为不确定的炉次加工时间 $\tilde{\boldsymbol{p}}$ 的一阶矩和二阶矩。

证明：考虑子问题

$$\sup_{F\in\mathcal{F}^{\tilde{p}}}E([\boldsymbol{a}(\boldsymbol{x})^{\mathrm{T}}\tilde{\boldsymbol{p}}+b(\boldsymbol{x})-\beta]^{+})$$

该问题可以写为如下形式，即

$$\begin{aligned}&\sup\ E([\boldsymbol{a}(\boldsymbol{x})^{\mathrm{T}}\tilde{\boldsymbol{p}}+b(\boldsymbol{x})-\beta]^{+})\\&\text{s.t.}\int_{\Omega}1\mathrm{d}F(\boldsymbol{\eta})=1,\ \int_{\Omega}\boldsymbol{\eta}\mathrm{d}F(\boldsymbol{\eta})=\boldsymbol{\mu}_0\\&\qquad\int_{\Omega}\boldsymbol{\eta}^2\mathrm{d}F(\boldsymbol{\eta})=\boldsymbol{\Sigma}_0+\boldsymbol{\mu}_0\boldsymbol{\mu}_0^{\mathrm{T}}\end{aligned}$$

对上述问题中各约束引入对偶变量 $y_0,\boldsymbol{y},\boldsymbol{Y}$，根据强对偶定理，该问题等价于如下对偶问题，即

$$\begin{aligned}\text{(SP1)}\quad&\inf\ y_0+\boldsymbol{u}_0^{\mathrm{T}}\boldsymbol{y}+\langle\boldsymbol{\Sigma}_0+\boldsymbol{\mu}_0\boldsymbol{\mu}_0^{\mathrm{T}},\boldsymbol{Y}\rangle\\&\text{s.t.}\ y_0+\boldsymbol{y}^{\mathrm{T}}\tilde{\boldsymbol{p}}+\langle\boldsymbol{Y},\tilde{\boldsymbol{p}}\tilde{\boldsymbol{p}}^{\mathrm{T}}\rangle\geqslant[\boldsymbol{a}(\boldsymbol{x})^{\mathrm{T}}\tilde{\boldsymbol{p}}+b(\boldsymbol{x})-\beta]^{+},\quad\tilde{\boldsymbol{p}}\in\Omega\\&\qquad y_0\in\mathbf{R},\boldsymbol{y}\in\mathbf{R}^{L},\boldsymbol{Y}\in\mathbf{R}^{L\times L}\end{aligned}$$

约束可以重写为

$$y_0 - b(\boldsymbol{x}) + \beta + (\boldsymbol{y}^{\mathrm{T}} - \boldsymbol{a}(\boldsymbol{x})^{\mathrm{T}})\tilde{\boldsymbol{p}} + \left\langle \boldsymbol{Y}, \tilde{\boldsymbol{p}}\tilde{\boldsymbol{p}}^{\mathrm{T}} \right\rangle \geqslant 0, \quad \tilde{\boldsymbol{p}} \in \Omega$$

$$y_0 + \boldsymbol{y}^{\mathrm{T}}\tilde{\boldsymbol{p}} + \left\langle \boldsymbol{Y}, \tilde{\boldsymbol{p}}\tilde{\boldsymbol{p}}^{\mathrm{T}} \right\rangle \geqslant 0, \quad \tilde{\boldsymbol{p}} \in \Omega$$

将问题(SP1)代入约束，即得到结果。

对于问题(SP1)，不同支撑集下求解方法和求解难度均不相同。当$\Omega = \mathbf{R}^L$时，第 2、3 条约束可以等价地写为半正定约束的形式，因此可以采用常用的求解器进行求解。如果支撑集不是整个实数空间，则第 2、3 条约束为协正定约束，约束要求如下矩阵，即

$$\begin{bmatrix} y_0 - b(\boldsymbol{x}) + \beta & \frac{1}{2}(\boldsymbol{y}^{\mathrm{T}} - \boldsymbol{a}(\boldsymbol{x})^{\mathrm{T}}) \\ \frac{1}{2}(\boldsymbol{y} - \boldsymbol{a}(\boldsymbol{x})) & \boldsymbol{Y} \end{bmatrix} \cdot \begin{bmatrix} y_0 & \frac{1}{2}\boldsymbol{y}^{\mathrm{T}} \\ \frac{1}{2}\boldsymbol{y} & \boldsymbol{Y} \end{bmatrix}$$

在$1 \times \Omega$上是协正定矩阵。然而，即使是确定一个矩阵是否协正定的问题也是 NP 难的。针对这种情况，可以采用近似方法对原约束进行近似处理。如果支撑集是多面体形式，即$\Omega = \{\tilde{\boldsymbol{p}}{:}\boldsymbol{H}\tilde{\boldsymbol{p}} \leqslant \boldsymbol{h}\}$，求解问题(SP1)也是极其困难的，现有的工作并没有研究该情况下的鲁棒机会约束模型的转化方法。因此，针对这种情况，我们设计了一种对偶近似方法用于近似求解问题(P1)。

定理 4.3.4 假设$\boldsymbol{H}$是一个$l \times L$矩阵，则对于任意给定的$\boldsymbol{x} \in \mathbf{R}^n$，如果存在$y_0, v, z \in \mathbf{R}$, $\boldsymbol{y} \in \mathbf{R}^L, \boldsymbol{\tau}, \boldsymbol{\eta} \in \mathbf{R}^l, \boldsymbol{Y} \in \mathbf{R}^{L \times L}, \boldsymbol{U}, \boldsymbol{W} \in \mathbf{R}^{l \times l}, \boldsymbol{V}_0 = \begin{bmatrix} v & \boldsymbol{v}^{\mathrm{T}} \\ \boldsymbol{v} & \boldsymbol{V} \end{bmatrix}, \boldsymbol{Z}_0 = \begin{bmatrix} z & \boldsymbol{z}^{\mathrm{T}} \\ \boldsymbol{z} & \boldsymbol{Z} \end{bmatrix} \in \mathbf{R}^{(L+1)\times(L+1)}$满足如下约束，即

$$\beta + \frac{1}{\varepsilon}\left(y_0 + \boldsymbol{u}_0^{\mathrm{T}}\boldsymbol{y} + \left\langle \boldsymbol{\Sigma}_0 + \boldsymbol{\mu}_0\boldsymbol{\mu}_0^{\mathrm{T}}, \boldsymbol{Y} \right\rangle\right) \leqslant 0$$

$$y_0 - b(\boldsymbol{x}) + \beta - \boldsymbol{\tau}^{\mathrm{T}}\boldsymbol{h} - \left\langle \boldsymbol{U}, \boldsymbol{h}\boldsymbol{h}^{\mathrm{T}} \right\rangle - v \geqslant 0$$

$$y_0 - \boldsymbol{\eta}^{\mathrm{T}}\boldsymbol{h} - \left\langle \boldsymbol{W}, \boldsymbol{h}\boldsymbol{h}^{\mathrm{T}} \right\rangle - z \geqslant 0$$

$$(\boldsymbol{y} - \boldsymbol{a}(x)) + \boldsymbol{H}^{\mathrm{T}}\boldsymbol{\tau} + 2\boldsymbol{H}^{\mathrm{T}}\boldsymbol{U}\boldsymbol{h} - 2\boldsymbol{v} = \boldsymbol{0}$$

$$\boldsymbol{Y} - \boldsymbol{V} - \boldsymbol{H}^{\mathrm{T}}\boldsymbol{U}\boldsymbol{H} = \boldsymbol{0}$$

$$\boldsymbol{V}_0 \geqslant 0, \quad \boldsymbol{\tau} \geqslant \boldsymbol{0}, \quad \boldsymbol{U} = \boldsymbol{U}^{\mathrm{T}}, \quad \boldsymbol{U} \geqslant 0$$

$$\boldsymbol{y} + \boldsymbol{H}^{\mathrm{T}}\boldsymbol{\eta} + 2\boldsymbol{H}^{\mathrm{T}}\boldsymbol{W}\boldsymbol{h} - 2\boldsymbol{z} = \boldsymbol{0}$$

$$\boldsymbol{Y} - \boldsymbol{Z} - \boldsymbol{H}^{\mathrm{T}}\boldsymbol{W}\boldsymbol{H} = \boldsymbol{0}$$

$$\boldsymbol{Z}_0 \geqslant 0, \quad \boldsymbol{\eta} \geqslant \boldsymbol{0}, \quad \boldsymbol{W} = \boldsymbol{W}^{\mathrm{T}}, \quad \boldsymbol{W} \geqslant 0$$

则$\boldsymbol{x}$也是鲁棒 CVaR 约束的可行解，即上述约束的可行解集合是鲁棒 CVaR 约束可行解集合的保守近似。

证明：通过构建可解的凸约束从而近似上述约束。考虑如下问题，即

$$\begin{aligned}(\text{SP2})\quad &\min\ y_0-b(\boldsymbol{x})+\beta+(\boldsymbol{y}^{\mathrm{T}}-\boldsymbol{a}(\boldsymbol{x})^{\mathrm{T}})\tilde{\boldsymbol{p}}+\langle \boldsymbol{Y},\boldsymbol{\Xi}\rangle\\ &\text{s.t. } \boldsymbol{H}\tilde{\boldsymbol{p}}\leqslant \boldsymbol{h},\boldsymbol{\Xi}=\tilde{\boldsymbol{p}}\tilde{\boldsymbol{p}}^{\mathrm{T}}\end{aligned}$$

对于任意的 $\tilde{\boldsymbol{p}}\in\Omega$，我们都有 $(\boldsymbol{H}\tilde{\boldsymbol{p}}-\boldsymbol{h})(\boldsymbol{H}\tilde{\boldsymbol{p}}-\boldsymbol{h})^{\mathrm{T}}\geqslant 0$，即 $\boldsymbol{H}\tilde{\boldsymbol{p}}\tilde{\boldsymbol{p}}^{\mathrm{T}}\boldsymbol{H}^{\mathrm{T}}-\boldsymbol{h}\tilde{\boldsymbol{p}}^{\mathrm{T}}\boldsymbol{H}^{\mathrm{T}}-\boldsymbol{H}\tilde{\boldsymbol{p}}\boldsymbol{h}^{\mathrm{T}}+\boldsymbol{h}\boldsymbol{h}^{\mathrm{T}}\geqslant 0$。将约束 $\boldsymbol{\Xi}=\tilde{\boldsymbol{p}}\tilde{\boldsymbol{p}}^{\mathrm{T}}$ 松弛为一个半正定约束，因此得到(SP2)的松弛问题，即

$$\begin{aligned}(\text{SP3})\quad &\min\ y_0-b(\boldsymbol{x})+\beta+(\boldsymbol{y}^{\mathrm{T}}-\boldsymbol{a}(\boldsymbol{x})^{\mathrm{T}})\tilde{\boldsymbol{p}}+\langle \boldsymbol{Y},\boldsymbol{\Xi}\rangle\\ &\text{s.t. } \boldsymbol{H}\tilde{\boldsymbol{p}}\leqslant \boldsymbol{h},\begin{bmatrix}1 & \tilde{\boldsymbol{p}}^{\mathrm{T}}\\ \tilde{\boldsymbol{p}} & \boldsymbol{\Xi}\end{bmatrix}\geqslant 0\\ &\qquad \boldsymbol{H}\boldsymbol{\Xi}\boldsymbol{H}^{\mathrm{T}}-\boldsymbol{h}\tilde{\boldsymbol{p}}^{\mathrm{T}}\boldsymbol{H}^{\mathrm{T}}-\boldsymbol{H}\tilde{\boldsymbol{p}}\boldsymbol{h}^{\mathrm{T}}+\boldsymbol{h}\boldsymbol{h}^{\mathrm{T}}\geqslant 0\end{aligned}$$

对应上述各个约束引入对偶变量 $\boldsymbol{\tau}\in\mathbf{R}^{l}$, $\boldsymbol{V}_0=\begin{bmatrix}v & \boldsymbol{v}^{\mathrm{T}}\\ \boldsymbol{v} & \boldsymbol{V}\end{bmatrix}\in\mathbf{R}^{(L+1)\times(L+1)},\boldsymbol{U}\in\mathbf{R}^{l\times l}$，可以得到如下对偶问题，即

$$\begin{aligned}(\text{SP4})\quad &\max\ y_0-b(\boldsymbol{x})+\beta-\boldsymbol{\tau}^{\mathrm{T}}\boldsymbol{h}-\langle \boldsymbol{U},\boldsymbol{h}\boldsymbol{h}^{\mathrm{T}}\rangle-v\\ &\text{s.t. } (\boldsymbol{y}-\boldsymbol{a})+\boldsymbol{H}^{\mathrm{T}}\boldsymbol{\tau}+2\boldsymbol{H}^{\mathrm{T}}\boldsymbol{U}\boldsymbol{h}-2\boldsymbol{v}=\boldsymbol{0}\\ &\qquad \boldsymbol{Y}-\boldsymbol{V}-\boldsymbol{H}^{\mathrm{T}}\boldsymbol{U}\boldsymbol{H}=\boldsymbol{0}\\ &\qquad \boldsymbol{V}_0\geqslant 0,\boldsymbol{\tau}\geqslant\boldsymbol{0},\boldsymbol{U}=\boldsymbol{U}^{\mathrm{T}},\boldsymbol{U}\geqslant 0\end{aligned}$$

令 f_2^*,f_3^*,f_4^* 分别表示问题(SP2)，(SP3)和(SP4)的最优值。显然有 $f_2^*\geqslant f_3^*$，根据弱对偶定理可以得到 $f_3^*\geqslant f_4^*$。因此对于某一个解 $(y_0,\boldsymbol{y},\boldsymbol{Y},\boldsymbol{x},\beta)$ 如果存在 $(\boldsymbol{\tau}_1,\boldsymbol{U},\boldsymbol{V}_0)$ 使得 $f_4^*\geqslant 0$，则 $(y_0,\boldsymbol{y},\boldsymbol{Y},\boldsymbol{x},\beta)$ 对于约束也是可行的。

同样对于解 $(y_0,\boldsymbol{y},\boldsymbol{Y},\boldsymbol{x},\beta)$，如果存在 $\left(\boldsymbol{\eta},\boldsymbol{W},\boldsymbol{Z}_0=\begin{bmatrix}z & \boldsymbol{z}^{\mathrm{T}}\\ \boldsymbol{z} & \boldsymbol{Z}\end{bmatrix}\right)$ 是如下问题的可行解，即

$$\begin{aligned}(\text{SP5})\quad &\max\ y_0-\boldsymbol{\eta}^{\mathrm{T}}\boldsymbol{h}-\langle \boldsymbol{W},\boldsymbol{h}\boldsymbol{h}^{\mathrm{T}}\rangle-z\\ &\text{s.t. } \boldsymbol{y}+\boldsymbol{H}^{\mathrm{T}}\boldsymbol{\eta}+2\boldsymbol{H}^{\mathrm{T}}\boldsymbol{W}\boldsymbol{h}-2\boldsymbol{z}=\boldsymbol{0}\\ &\qquad \boldsymbol{Y}-\boldsymbol{Z}-\boldsymbol{H}^{\mathrm{T}}\boldsymbol{W}\boldsymbol{H}=\boldsymbol{0}\\ &\qquad \boldsymbol{Z}_0\geqslant 0,\boldsymbol{\eta}\geqslant\boldsymbol{0},\boldsymbol{W}=\boldsymbol{W}^{\mathrm{T}},\boldsymbol{W}\geqslant 0\end{aligned}$$

则 $(y_0,\boldsymbol{y},\boldsymbol{Y},\boldsymbol{x},\beta)$ 对于约束也是可行的。

因此，如下所示的 SDP 问题的目标函数值是问题 (P1) 的一个上界，即

$$
\begin{aligned}
\text{(P2)}\quad \inf\ & \beta+\frac{1}{\varepsilon}(y_0+\boldsymbol{u}_0^{\mathrm{T}}\boldsymbol{y}+\langle\boldsymbol{\Sigma}_0,\boldsymbol{Y}\rangle)\\
\text{s.t. }& y_0-b(\boldsymbol{x})+\beta-\boldsymbol{\tau}^{\mathrm{T}}\boldsymbol{h}-\langle\boldsymbol{U},\boldsymbol{h}\boldsymbol{h}^{\mathrm{T}}\rangle-v\geqslant 0\\
& y_0-\boldsymbol{\eta}^{\mathrm{T}}\boldsymbol{h}-\langle\boldsymbol{W},\boldsymbol{h}\boldsymbol{h}^{\mathrm{T}}\rangle-z\geqslant 0\\
& y_0\in\mathbf{R},\boldsymbol{y}\in\mathbf{R}^d,\boldsymbol{Y}\in\mathbf{R}^{d\times d}\\
& \text{(SP4)和(SP5)中的约束}
\end{aligned}
$$

如果问题(P2)的最优值小于 0，则约束显然成立，定理得证。

进而，可以得到如下推论。

推论 4.3.1　当不确定参数 $\tilde{\boldsymbol{p}}$ 的支撑集是一个立方体时，即 $\Omega=\{\tilde{\boldsymbol{p}}:\underline{\boldsymbol{p}}\leqslant\tilde{\boldsymbol{p}}\leqslant\overline{\boldsymbol{p}}\}$，鲁棒 CVaR 约束可以近似转化为如下形式的约束，即

$$
\begin{gathered}
\beta+\frac{1}{\varepsilon}(y_0+\boldsymbol{u}_0^{\mathrm{T}}\boldsymbol{y}+\langle\boldsymbol{\Sigma}_0+\boldsymbol{\mu}_0\boldsymbol{\mu}_0^{\mathrm{T}},\boldsymbol{Y}\rangle)\leqslant 0\\
y_0-b(\boldsymbol{x})+\beta+\boldsymbol{\tau}_1^{\mathrm{T}}\underline{\boldsymbol{p}}-\boldsymbol{\tau}_2^{\mathrm{T}}\overline{\boldsymbol{p}}-\langle\boldsymbol{U},\underline{\boldsymbol{p}}\,\underline{\boldsymbol{p}}^{\mathrm{T}}\rangle-v\geqslant 0\\
y_0+\boldsymbol{\eta}_1^{\mathrm{T}}\underline{\boldsymbol{p}}-\boldsymbol{\eta}_2^{\mathrm{T}}\overline{\boldsymbol{p}}-\langle\boldsymbol{W},\underline{\boldsymbol{p}}\,\underline{\boldsymbol{p}}^{\mathrm{T}}\rangle-z\geqslant 0\\
\boldsymbol{y}-\boldsymbol{a}(\boldsymbol{x})-\boldsymbol{\tau}_1+\boldsymbol{\tau}_2+2\boldsymbol{U}\underline{\boldsymbol{p}}-2\boldsymbol{v}=\boldsymbol{0}\\
\boldsymbol{Y}-\boldsymbol{U}-\boldsymbol{V}=\boldsymbol{0}\\
\boldsymbol{V}_0\geqslant 0,\quad \boldsymbol{\tau}_1\geqslant\boldsymbol{0},\quad \boldsymbol{\tau}_2\geqslant\boldsymbol{0},\quad \boldsymbol{U}=\boldsymbol{U}^{\mathrm{T}},\quad \boldsymbol{U}\geqslant 0\\
\boldsymbol{y}-\boldsymbol{\eta}_1+\boldsymbol{\eta}_2+2\boldsymbol{W}\underline{\boldsymbol{p}}-2\boldsymbol{z}=\boldsymbol{0}\\
\boldsymbol{Y}-\boldsymbol{Z}-\boldsymbol{W}=\boldsymbol{0}\\
\boldsymbol{Z}_0\geqslant 0,\quad \boldsymbol{\eta}_1\geqslant\boldsymbol{0},\quad \boldsymbol{\eta}_2\geqslant\boldsymbol{0},\quad \boldsymbol{W}=\boldsymbol{W}^{\mathrm{T}},\quad \boldsymbol{W}\geqslant 0
\end{gathered}
$$

证明：将约束 $\boldsymbol{H}\tilde{\boldsymbol{p}}\leqslant\boldsymbol{h}$ 替换成约束 $\underline{\boldsymbol{p}}\leqslant\tilde{\boldsymbol{p}}\leqslant\overline{\boldsymbol{p}}$，并引入对应的对偶变量，通过同样的方式就可以得到上述结果。

从定理 4.3.4 可以看出，对偶近似方法得到约束的可行域包含于原约束的可行域，因此对于最小(大)化问题，该方法得到的目标函数值是原问题最优值的上(下)界。

针对 4.3.4 节内层问题的改进多维分布式鲁棒独立机会约束模型，可以采用上述推论给出对偶近似方法，将模型转化为半正定规划问题进行求解。

针对 4.3.3 节炼钢-连铸调度问题的分布式鲁棒联合机会约束模型，可以采用算法 4.3.1 将约束等价转化为 m 个鲁棒独立机会约束，进而利用对偶近似方法将模型转化为半正定规划问题进行求解。需要注意，采用算法 4.3.1 时，最大概率的计算在不同鲁棒独立机会约束转化方法下各有不同。对于对偶近似方法，定理 4.3.5 给出了约束在当前解下能够成立的最大概率。

定理 4.3.5　对于定理 4.3.4 约束的可行解 $\{\beta^*,\boldsymbol{x}^*,y_0^*,\boldsymbol{y}^*,\boldsymbol{Y}^*,\boldsymbol{\tau}^*,\boldsymbol{\eta}^*,\boldsymbol{U}^*,\boldsymbol{W}^*,\boldsymbol{V}_0^*,$

$\boldsymbol{Z}_0^*\}$，其能够保证原鲁棒独立机会约束成立的最大概率的上确界为

$$p_{\text{sup}} = \begin{cases} \min\left\{1, 1 + \dfrac{y_0^* + \boldsymbol{u}_0^{\mathrm{T}}\boldsymbol{y}^* + \left\langle \boldsymbol{\Sigma}_0, \boldsymbol{Y}^* \right\rangle}{\beta^*}\right\}, & \beta^* < 0 \\ 1, & \beta^* \geqslant 0 \end{cases}$$

证明：考虑定理 4.3.4 的第一条约束，有

$$\beta^* + \frac{1}{\varepsilon}\left(y_0^* + \boldsymbol{u}_0^{\mathrm{T}}\boldsymbol{y}^* + \left\langle \boldsymbol{\Sigma}_0, \boldsymbol{Y}^* \right\rangle\right) \leqslant 0$$

如果 $\beta^* = 0$，由于 $\varepsilon > 0$，则显然有 $y_0^* + \boldsymbol{u}_0^{\mathrm{T}}\boldsymbol{y}^* + \left\langle \boldsymbol{\Sigma}_0, \boldsymbol{Y}^* \right\rangle \leqslant 0$ 成立，此时该约束对于任意的 $\varepsilon \in (0,1)$ 都成立。如果 $\beta^* > 0$，要使上述不等式成立，则显然有 $\varepsilon \leqslant -\dfrac{y_0^* + \boldsymbol{u}_0^{\mathrm{T}}\boldsymbol{y}^* + \left\langle \boldsymbol{\Sigma}_0, \boldsymbol{Y}^* \right\rangle}{\beta^*}$，由于上式对于 $\varepsilon \in (0,1)$ 成立，我们有 $\dfrac{y_0^* + \boldsymbol{u}_0^{\mathrm{T}}\boldsymbol{y}^* + \left\langle \boldsymbol{\Sigma}_0, \boldsymbol{Y}^* \right\rangle}{\beta^*} \leqslant 0$，因此原鲁棒独立机会约束成立的概率为 $p = 1 - \varepsilon \in \left[1 + \dfrac{y_0^* + \boldsymbol{u}_0^{\mathrm{T}}\boldsymbol{y}^* + \left\langle \boldsymbol{\Sigma}_0, \boldsymbol{Y}^* \right\rangle}{\beta^*}, 1\right)$，则最大概率的上确界为 1。如果 $\beta^* < 0$，则有 $\varepsilon \geqslant -\dfrac{y_0^* + \boldsymbol{u}_0^{\mathrm{T}}\boldsymbol{y}^* + \left\langle \boldsymbol{\Sigma}_0, \boldsymbol{Y}^* \right\rangle}{\beta^*}$，因此 $1 - \varepsilon \in \left[1 + \dfrac{y_0^* + \boldsymbol{u}_0^{\mathrm{T}}\boldsymbol{y}^* + \left\langle \boldsymbol{\Sigma}_0, \boldsymbol{Y}^* \right\rangle}{\beta^*}, +\infty\right)$，原鲁棒独立机会约束成立的概率为 $p = 1 - \varepsilon \in \left(0, \min\left\{1, 1 + \dfrac{y_0^* + \boldsymbol{u}_0^{\mathrm{T}}\boldsymbol{y}^* + \left\langle \boldsymbol{\Sigma}_0, \boldsymbol{Y}^* \right\rangle}{\beta^*}\right\}\right]$，最大概率为 $\min\left\{1, 1 + \dfrac{y_0^* + \boldsymbol{u}_0^{\mathrm{T}}\boldsymbol{y}^* + \left\langle \boldsymbol{\Sigma}_0, \boldsymbol{Y}^* \right\rangle}{\beta^*}\right\}$。命题得证。

3. 外层问题求解

接下来使用禁忌搜索算法[89]求解外层问题，即确定炼钢-连铸调度问题中的炉次加工机器选择和加工顺序，进而结合改进多维分布式鲁棒独立机会约束模型，给出完整的炼钢-连铸调度方案。

禁忌搜索算法的设计主要包括初始解设计、邻域结构定义、禁忌表设计，以及终止条件等。由于对某一个序列的评估我们需要求解一个半正定规划问题，因此为了加速算法求解，提升搜索效率，我们还针对禁忌搜索算法设计了加速策略。以下是算法各部分设计的具体介绍。

(1) 初始解设计。炼钢-连铸问题与经典混合流水车间调度问题[90]不同，连铸阶段炉次的加工机器和加工顺序是已知的。直观而言，为了使整个生产过程更为高效，炉次在其他阶段的加工顺序应该与在连铸机上的加工顺序大致相似。因此，在构建初始解时，我们根据炉次在连铸阶段的相对顺序，在其他阶段按照相对顺序将工件依次分配在每一台机器上。

(2) 邻域结构。对于经典混合流水车间调度问题的邻域搜索，为了减小搜索空间，研究者通常只考虑炉次在第一阶段的所有可能排列情况，而不考虑炉次在所有阶段的排列可能。完整的炉次位置和顺序则通过一些启发式规则，如贪婪算法等，根据第一阶段的加工情况构建。然而，这种方式并不适合本节的问题，因为本节考虑的炉次加工时间是不确定的，并且炉次的顺序要与连铸阶段的炉次顺序大致相同。我们使用 n 个炉次的两个排列分别作为在两个不同阶段的炉次位置与顺序。同时，在进行邻域搜索时，我们考虑两种邻域结构，即插入操作和交换操作。其中，插入操作指将排列中的某一个炉次从当前位置移除，并重新插入另一个位置。新的位置可以与原炉次属于同一个机器，也可以属于不同的机器。交换操作指将调度方案中某两个炉次的位置进行交换，这两个炉次可以位于同一台机器也可以位于不同机器。

(3) 加速策略。考虑某一个阶段有 m 台机器和 n 个炉次，插入操作和交换操作的邻域规模分别为 $n(n+m-1)$ 和 $n(n-1)/2$。由于对于每一个给定序列的评估，算法都需要求解一个半正定规划或者线性规划问题，因此对每一个邻域序列都进行计算会消耗大量的时间。在这些邻域当中，很多解明显是非最优的，并且在未来的搜索过程中也很难达到最优解。因此，在算法实际运行过程中，我们只考虑部分邻域。对于炼钢-连铸调度问题，由于在连铸机上的炉次位置和炉次顺序是已知的，因此直观上而言，其他阶段的炉次相对位置与连铸机上的相对位置不会相差太远。例如，假设炉次 i 在连铸机上是第一个被浇铸的，因此在最优的排列当中，该炉次在精炼阶段在机器上最后一个完成加工的可能性很小。在搜索过程中，我们将邻域缩小在一个给定范围之内。对于插入操作，如果炉次在插入前和插入后在序列中的相对位置的差距超过某一个给定的值 q_r，则邻域中不再考虑；对于交换操作，如果两个交换炉次在序列中的相对位置的差距超过某一个给定的值 q_s，则邻域中不再考虑。

(4) 禁忌表。当一个邻域操作发生时，为防止搜索过程返回前几次搜索过的状态，相反的邻域操作会被加入禁忌表。除此之外，炉次在操作之前的相对位置也会加入禁忌表。例如，对于一个炉次序列 $\{\cdots,u_1,u_2,u_3,\cdots\}$，炉次 u_2 被交换或者插入其他位置，使炉次 u_2 回到原来位置的操作被加入禁忌表，同时 $[u_1,u_2]$ 和 $[u_2,u_3]$ 也加入禁忌表，也就是说，在接下来的若干次迭代中，u_2 不能作为 u_3 的直接前继

也不能作为 u_1 的直接后继，从而防止搜索过程重复访问相同的子序列。

(5) 终止准则。算法在满足以下任意一条终止条件时即终止：连续若干次迭代后最优解没有上升；算法达到最大时间限制；算法达到最大迭代次数限制。

4. 计算实验

图 4.7 展示了不同问题规模下基于场景法(记为 LB)、对偶近似法(记为 UB)、线性近似法(记为 AP)三种近似约束方法的平均运行时间。其中，基于场景法是一种通过采样对约束进行近似的方法，是通过对不确定参数在支撑集上进行采样，得到不确定参数的多种不同实现以近似参数的支撑集，从而用可解的有限约束近似无穷的约束。可以看出，线性近似法的计算开销最小且随问题规模的增长其变化不大。基于场景法耗时最长且随着问题规模的增长耗时也迅速增长。

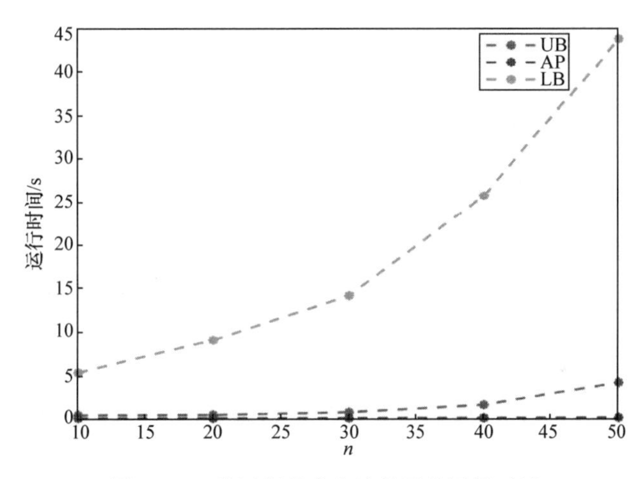

图 4.7　三种近似约束方法的平均运行时间

将设计的禁忌搜索算法(tabu search，TS)与常见的智能搜索算法，包括遗传算法(genetic algorithm，GA)[91]、广义变邻域搜索(general variable neighborhood search，GVNS)算法[92]、人工蜂群(artificial bee colony，ABC)算法[93]进行对比。这些智能算法的参数都通过预实验进行确定，所有算法的最大运行时间为 3600s。不同搜索算法性能对比如表 4.7 所示。

表 4.7　不同搜索算法性能对比　(单位：s)

参数	GA	GVNS	ABC	TS
n=15	10332.8	9609.6	10646.50	9696.9
n=30	28633.57	27319.4	28223.77	26110.59
n=50	73921.23	64585.58	74083.64	62788.72

从表 4.7 可以看出，基于局部搜索的算法(GVNS 和 TS)相比基于种群的算法(ABC 和 GA)能够取得更好的性能。原因是计算时间和计算资源是有限的，对于每个可能的炉次排序，我们都需要求解一个半正定规划问题。相比确定性的线性规划问题，它会消耗更多的时间。基于局部搜索的方法专注于改进当前解，而基于种群的算法则需要进行多次迭代才能找到好的解的结构特征。在有足够的时间和计算资源的情况下，基于种群的方法可以得到与基于局部搜索算法相当，甚至更好的解，但是在资源有限的情况下，基于种群的方法带来的初始解的性能提升则不那么迅速。此外，GVNS 算法在 $n=15$ 时性能优于 TS 算法，但是当 n 增加到 30 和 50 时，TS 算法则优于 GVNS 算法。因此针对本节的炼钢-连铸生产调度问题，禁忌搜索算法是最好的选择。

4.4 连铸-热轧生产过程的调度问题建模与求解

连铸-热轧是对连铸产生的钢坯进行加热和轧制的一个高能耗离散生产过程。连铸-热轧生产调度需解决两个决策问题，一是热轧过程调度，即根据板坯的规格属性和交货期等信息，以惩罚费用最小化为目标，确定板坯的轧制加工顺序和开工时间；二是加热炉群调度，即根据热轧调度方案所要求的板坯加工顺序，将不同来源的板坯分配到多个加热炉中并确定其加热顺序，以降低加热能耗。本节内容取材于作者发表的学术论文[94]。

4.4.1 鲁棒热轧生产调度问题建模与局部搜索增强蚁群优化算法

本节介绍针对热轧过程的一种鲁棒优化模型及其智能算法。模型将每块板坯的轧制时间视为不确定参数，并构造其不确定集。考虑传统的热轧工艺约束，模型包括板坯宽度递减、每个轧制单元的总长度限制、连续轧制相同宽度板坯的累计长度限制等，并根据节能需要为每块板坯指定一个最晚开工时间，要求生成的调度方案在不确定集覆盖的加工时间波动范围内严格满足所有基本约束和最晚开工时间约束。由于不确定集是凸多面体，在鲁棒优化模型中仅需考虑极点对应的情形，因此可建立针对热轧过程鲁棒调度的混合整数线性规划模型。为求解大规模实例，考虑热轧调度与车辆路径问题的内在相似性，利用蚁群系统和变邻域搜索构建高效的智能算法，邻域搜索环节基于几种逐渐扩大的邻域结构依次试探，可对蚁群系统中每一代的最优解进行局部改进。为评估解的适应度值，根据不确定集极点的数量推导每块板坯最迟开工时间的递归表达式，进而判断每个解在鲁棒意义下的可行性并决定对不可行解的惩罚项。

1. 数学模型

1) 加工时间的不确定集

板坯 i 的加工时间不确定，定义为基于预算的不确定集，即

$$\mathcal{U}_P=\left\{\tilde{\boldsymbol{p}}\in\mathbf{R}^n:\tilde{p}_i=\hat{p}_i+\omega_i\delta_i,\sum\nolimits_{i\in N}\omega_i\leqslant\Gamma,\omega_i\in[0,1],\forall i\in N\right\}$$

其中，实际加工时间 $\tilde{p}_i$ 的取值范围为 $[\hat{p}_i,\hat{p}_i+\delta_i]$；$\delta_i$ 为加工时间的最大可能偏差；N 是板坯的集合；$\hat{p}_i$ 为加工时间的名义值；$\Gamma(\Gamma\in\mathbf{Z}^*,\Gamma\leqslant n)$ 为不确定性预算(一个非负整数)，控制不确定性的总体水平，$\Gamma=v\times n$，$0\leqslant v\leqslant 1$ 是不确定性系数。

2) 决策变量

x_{ij}^k：0-1 变量，仅当板坯 j 紧挨在板坯 i 之后且都在同一轧制单元时，其值取 1。

$s_i^k(O)$：当集合 O 中每个板坯的加工延迟达最大可能值而其他的板坯都按时完成(即 $\tilde{p}_i=\hat{p}_i+\delta_i(\forall i\in O)$，$\tilde{p}_i=\hat{p}_i(\forall i\in N\setminus O)$)时，轧制单元 k 中的板坯 i 的相对开工时间(相对于同一轧制单元中第一块板坯的开始时间)。

$S_i(O)$：在上述情形下板坯 i 的绝对开工时间。

ℓ_i：依赖 x_{ij}^k 的决策变量，用于统计板坯 i 之前的连续相同宽度板坯的累计长度(包括其本身)。

3) 目标函数

$$\text{(RO)}\quad \min f=u\cdot f_1+f_2,\quad f_1=\sum_{k\in M}\sum_{j\in N}x_{0j}^k;\ f_2=\sum_{k\in M}\sum_{i\in N_+}\sum_{j\in N_+}(c_{ij}\cdot x_{ij}^k)$$

其中，M 表示轧制单元的集合；$N_+=N\cup\{0,n+1\}$。

目标函数旨在最小化同一轧制单元内相邻加工的板坯之间的宽度、厚度、硬度差异的总惩罚(对应于 f_2)，以及最小化使用的轧制单元数量(对应于 f_1)。

4) 不含鲁棒性的约束条件

$$\sum_{k\in M}\sum_{j\in N_+}x_{ij}^k=1,\quad i\in N$$

$$\sum_{j\in N_+}x_{0j}^k=1,\quad k\in M$$

$$\sum_{i\in N_+}x_{i,n+1}^k=1,\quad k\in M$$

$$\sum_{j\in N_+}x_{ij}^k=\sum_{j\in N_+}x_{ji}^k,\quad i\in N;\ k\in M$$

$$\sum_{i\in N}\left(l_i\cdot\sum_{j\in N_+}x_{ij}^k\right)\leqslant L,\quad k\in M$$

$$\ell_j+B\cdot(1-w_{ij}\cdot x_{ij}^k)\geqslant\ell_i+l_j,\quad i,j\in N;\ k\in M$$

$$l_i \leqslant \ell_i \leqslant L^w, \quad i \in N$$

以上约束让每个板坯分配到一个轧制单元，每个轧制单元中有一块板坯作为起始加工的板坯，每个轧制单元中有一块板坯作为终止加工的板坯，每个轧制单元中的两个板坯连接关系对称，并确保每个轧制单元的累计长度限制约束、同一轧制单元中连续相同宽度板坯的累计长度限制约束均得以满足。

5) 含鲁棒性的约束条件

$$s_i^k(O) + \hat{p}_i + \delta_i \cdot I_{(i \in O)} - B \cdot (1 - x_{ij}^k) \leqslant s_j^k(O), \quad i, j \in N_+; \ k \in M; \ O \subseteq N, |O| = \Gamma$$

$$s_i^k(O) \geqslant 0, \quad i \in N_+; \ k \in M; \ O \subseteq N; \ |O| = \Gamma$$

$$S_i(O) + B \cdot \left(1 - \sum_{j \in N_+} x_{ij}^k\right) \geqslant s_i^k(O) + \sum_{k' \in M_k} s_{n+1}^{k'}(O) + (k-1) \cdot v,$$

$$i \in N; \ k \in M; \ M_k = M \setminus \{k, \cdots, m\}; \ O \subseteq N; \ |O| = \Gamma$$

$$S_i(O) \leqslant d_i, \quad i \in N; \ O \subseteq N; \ |O| = \Gamma$$

$$x_{ij}^k \in \{0,1\}, \quad i, j \in N_+; \ k \in M$$

关于$s_i^k(O)$的约束用于计算O对应情形下的相对开工时间，每个在O中的板坯的轧制时间取最大程度延迟，其他板坯的轧制时间取名义值。关于$S_i(O)$的约束用于计算O对应情形下的绝对开工时间，并且要求其不迟于给定的截止时间d_i。在上述鲁棒优化模型中，由于不确定性由线性不等式定义，最坏情况一定在极点上，因此只需考虑C_n^{Γ}个极点所对应的情形。

2. *求解算法：基于加强局部搜索的蚁群优化算法*

1) 算法总框架

算法 4.4.1 框架基于蚁群系统(ant colony system，ACS)。其基本步骤描述如下，其中第 12 步是区别于普通 ACS 算法新增的部分，用以提升每一代最优解的局部搜索策略 LS。基于问题的改进包括，第 1 步启发式解的构造，第 2 步带有惩罚的目标值，第 5 步完整解的构造，以及第 6 步鲁棒意义下可行性的检查。

算法 4.4.1 ACS 算法

输入： 算法参数$\alpha, Z, \xi, \rho, \beta, q_0$

1. 初始化Π_{best}为一个启发式解；
2. 初始化C_{best}为$\tilde{f}_{\Gamma}(\Pi_{\text{best}})$(此为惩罚后的目标值)；
3. 初始化τ_0为$1/(nC_{\text{best}})$；如果$C_{ij} < \infty$，则τ_{ij}初始化为τ_0，否则为 0；初始化迭代次数I为 1；

4. 初始化 z 为 1，φ 为 0；
5. 让蚂蚁 z 构造一个完整解 $\Pi_z^{(I)}$；
6. 如果 $\Pi_z^{(I)}$ 是鲁棒意义下的可行解，则 φ 的值加 1；
7. 如果 $\tilde{f}_\Gamma(\Pi_z^{(I)}) < C_{\text{best}}$，则更新 C_{best} 为 $\tilde{f}_\Gamma(\Pi_z^{(I)})$，同时更新 Π_{best} 为 $\Pi_z^{(I)}$；
8. 更新 $\Pi_z^{(I)}$ 中的信息素：$\tau_{ij} \leftarrow (1-\xi)\tau_{ij} + \xi\tau_0$；
9. 令 z 的值加 1，如果 $z \leqslant Z$ (Z 表示蚁群规模)，则回到第 5 步，否则执行第 10 步；
10. 如果 $\varphi = 0$，则令 $\alpha = 2\alpha$，如果 $\varphi = Z$，则令 $\alpha = \alpha / 2$；
11. 将本次迭代得到的解集合 $\{\Pi_1^{(I)}, \cdots, \Pi_z^{(I)}\}$ 中的最优解标记为 $\Pi_*^{(I)}$；
12. 对 $\Pi_*^{(I)}$ 进行加强局部搜索，得到一个新解 $\Pi_{\text{LS}}^{(I)}$；
13. 如果 $\tilde{f}_\Gamma(\Pi_{\text{LS}}^{(I)}) < C_{\text{best}}$，则更新最优目标值 C_{best} 为 $\tilde{f}_\Gamma(\Pi_{\text{LS}}^{(I)})$，同时更新最优解 Π_{best} 为 $\Pi_{\text{LS}}^{(I)}$；
14. 更新全局信息素 $\tau_{ij} \leftarrow (1-\rho)\tau_{ij} + \rho\tau_{ij}^*$，如果在 Π_{best} 中板坯 j 紧跟在板坯 i 的后边，则 τ_{ij}^* 为 $1/C_{\text{best}}$，否则为 0；
15. 更新迭代次数 I 为 $I+1$，检查停止条件，当满足停止条件时停止算法并将 Π_{best} 作为算法找到的最优解输出，否则跳转到第 4 步；

输出：找到的最优解 Π_{best}

2) 算法设计细节

(1) 目标值计算。

如果某些板坯的最大开始时间超过时限，则解是鲁棒意义上不可行的。在这种情况下，需要在原目标函数值 f 的基础上增加适当的惩罚，即

$$\tilde{f}_\Gamma(\Pi) = f(\Pi) + \alpha\sum_{i=1}^{n}\max\{0, S_i^{\max}(\Gamma) - d_i\}$$

最大开始时间由 $S_{\pi_j}^{\max}(\Gamma) = \bar{S}_{\pi_j}(\Gamma) + (k_{\pi_j} - 1)v$ 可得，重点在于计算式中的 $\bar{S}_{\pi_j}(\Gamma)$，其递归表达式为

$$\bar{S}_{\pi_j}(\Gamma) = \begin{cases} 0, & j = 1 \\ \bar{S}_{\pi_{j-1}}(0) + \hat{p}_{\pi_{j-1}}, & j \geqslant 2 \text{且} \Gamma = 0 \\ \max\left\{\bar{S}_{\pi_{j-1}}(\Gamma - 1) + \hat{p}_{\pi_{j-1}} + \delta_{\pi_{j-1}}, \bar{S}_{\pi_{j-1}}(\Gamma) + \hat{p}_{\pi_{j-1}}\right\}, & j \geqslant 2 \text{且} \Gamma < j \\ \bar{S}_{\pi_j}(\Gamma - 1), & j \geqslant 2 \text{且} \Gamma \geqslant j \end{cases}$$

在计算上可采用如下算法完成，基本思想是通过选择加工时间偏差最大的板坯充分利用 Γ 个延迟。

(2) 完整解的构造。

对蚁群算法中的启发式参数 η_{ij} 进行如下设计，即

$$\eta_{ij} = \frac{1}{\max\{\varepsilon, c_{ij} \cdot \max\{0, d_j - F_i\}\}}$$

其中，F_i 为板坯 i 的最早完成时间(该蚂蚁访问过的所有板坯的加工时间名义值与相应的轧制单元准备时间之和)；ε 为足够小的正数以防止分母为 0。

首先，切换惩罚成本较小(即 c_{ij} 较小)的板坯应该优先考虑，因为它们有利于最小化目标值；其次，松弛时间较紧(即截止日期前的可用时间较少)的板坯需要及时考虑，否则，这些板坯可能违反截止时间约束。

在解的构造中需要逐步确定可访问节点集合 $D_z(i)$，即蚂蚁 z 下一步访问可选的板坯。当一个板坯 j 满足三个约束条件时，可作为蚂蚁下一步访问的备选方案，即 j 的宽度不比 i 大，j 的长度与当前轧制单元内的板坯总长度之和不超过轧制单元总长度上限，轧制单元中相同宽度的累计长度不超过上限。

为选择每个轧制单元第一个加工的板坯，设计启发式规则(称为 FS 规则)，优先考虑足够宽的板坯(由子集合 G 代表)和那些具有紧迫期限的板坯。

构造完整解的主要流程如下。

第 1 步，将 $\bar{N}_z$ (蚂蚁 z 尚未访问的板坯集合)中的板坯按宽度非递增排序。

第 2 步，$k_{\min} = \sum_{i \in \bar{N}_z} l_i / L$ (其含义为剩余轧制单元数量的最小值)。

第 3 步，将排序后的 $\bar{N}_z$ 从第 1 块板坯开始依次放入 $G_1, G_2, \cdots, G_{k_{\min}}$，每组由最大可能数量的等宽板坯组成且满足 $\sum_{i \in G_k} l_i \leqslant L_{\mathrm{W}}$，$k = 1, 2, \cdots, k_{\min}$。

第 4 步，$G = \bigcup_{k=1}^{k_{\min}} G_k$，通过轮盘赌方法从 G 中选择一个板坯，其中选中板坯 i 的概率为 $(\bar{d} - d_i) / \sum_{i' \in G} (\bar{d} - d_{i'})$，$\bar{d} = \max_{i \in \bar{N}_z} \{d_i\}$。

(3) 加强的局部搜索算法。

加强的局部搜索算法步骤见算法 4.4.2。

算法 4.4.2 加强的局部搜索算法(记为 ACS-LS 算法)

输入： 初始解 Π_0，以及参数 $Q_{\max}$、ΔW、μ

1. 令 $\Pi = \Pi_0$；
2. 初始化 $g = 0, i = 1$；
3. 在 Π 的 N_i 邻域中搜索解 Π' 使 $\tilde{f}_\Gamma(\Pi') < \tilde{f}_\Gamma(\Pi)$；
4. 若找到满足条件的 Π'，则令 $\Pi = \Pi'$ 并重新初始化 $g = 0$ 然后返回第 3 步，

否则，令 $g \leftarrow g+1, i \leftarrow i+1$；
5. 若 $i \leqslant 3$，则返回第 3 步；若 $i=4$ 且 $g<3$，则返回第 2 步；若 $i=4$ 且 $g=3$，令 $R=3$；
6. 在 Π 的 N_4 邻域(涉及 R 个轧制单元)中搜索解 Π' 使 $\tilde{f}_\Gamma(\Pi') < \tilde{f}_\Gamma(\Pi)$；
7. 若找到满足条件的 Π'，则令 $\Pi = \Pi'$ 并返回第 2 步，否则，令 $R \leftarrow R+1$；
8. 若 $R \leqslant 5$，返回第 6 步；否则，终止邻域搜索并输出当前解 Π；

输出： 新解 Π

为加快优化的收敛速度，设计 4 种邻域操作，其示意图如图 4.8 所示。

内部重置邻域(N_1)指在同一轧制单元内，移动相邻的一组板坯的位置。2-opt*邻域(N_2)指将两个轧制单元分别分成两部分，交换它们的后面部分。交叉交换邻域(N_3)指将两个轧制单元中的相邻加工板坯序列进行交换。环状交换邻域(N_4)指从每个轧制单元中截取出一段相邻加工板坯序列，放置于下一个轧制单元的相应位置，最后一个轧制单元截取的序列则放到第一个轧制单元中。

邻域操作可能导致不可行解，在邻域操作后立刻进行不可行解的修复[95,96]。对于违反总长度约束或累积长度约束的解，将引起冲突的板坯从其轧制单元中移出，并以最小的插入成本重新插入其他不违反约束的轧制单元中；对于违反板坯宽度递减约束的解，找出放错位置的板坯，然后移动到同一轧制单元的适当位置来最小化总成本。

选择哪些轧制单元进行邻域操作是该算法的关键。纯粹随机选择在解决大规模问题时很难产生理想的效果。因此，设计 5 种启发式的轧制单元选择方法，分别以板坯数量、总轧制长度、板坯宽度种类数、总松弛时间、违反截止时间的板坯比例为指标。对于内部重置邻域(N_1)只需要选择一个轧制单元，因此只需采用这 5 种方法中的一个；对于其他邻域操作，其中一个轧制单元由上面 5 种方法中的一种给出，其他所需的轧制单元则随机选择一个或若干个不相同的。

由于这 5 种选择方法对不同实例的有效性不同，因此设计带有学习机制的轮盘赌方法来为每一个邻域操作选择轧制单元。利用学习机制实时更新当前每种方法被选中的概率：初始时每种方法同等重要($W_i=1, i=1,2,\cdots,5$)，随着算法的迭代，如果其中一种方法得到的解更好，则增加该方法的重要性为 $W_i \leftarrow W_i + \Delta W$。当 μ 个邻域操作完成后，需更新每种方法被选中的概率为 $W_i / \sum_{j=1}^{5} W_j$。

3) ACS-LS 算法解决热轧生产调度问题的效果

这里采用新钢的部分生产数据验证算法。利用热轧厂连续 12 天的生产订单构造 12 个调度实例(标记为 R01～R12)，将加工时间的最大偏差设为 $\delta_i = 0.4 \times \hat{p}_i$，同时，不确定性预算参数的取值为 $\Gamma = \lceil \nu \times n \rceil$，其中 ν 在[0.08,0.15]区间内。

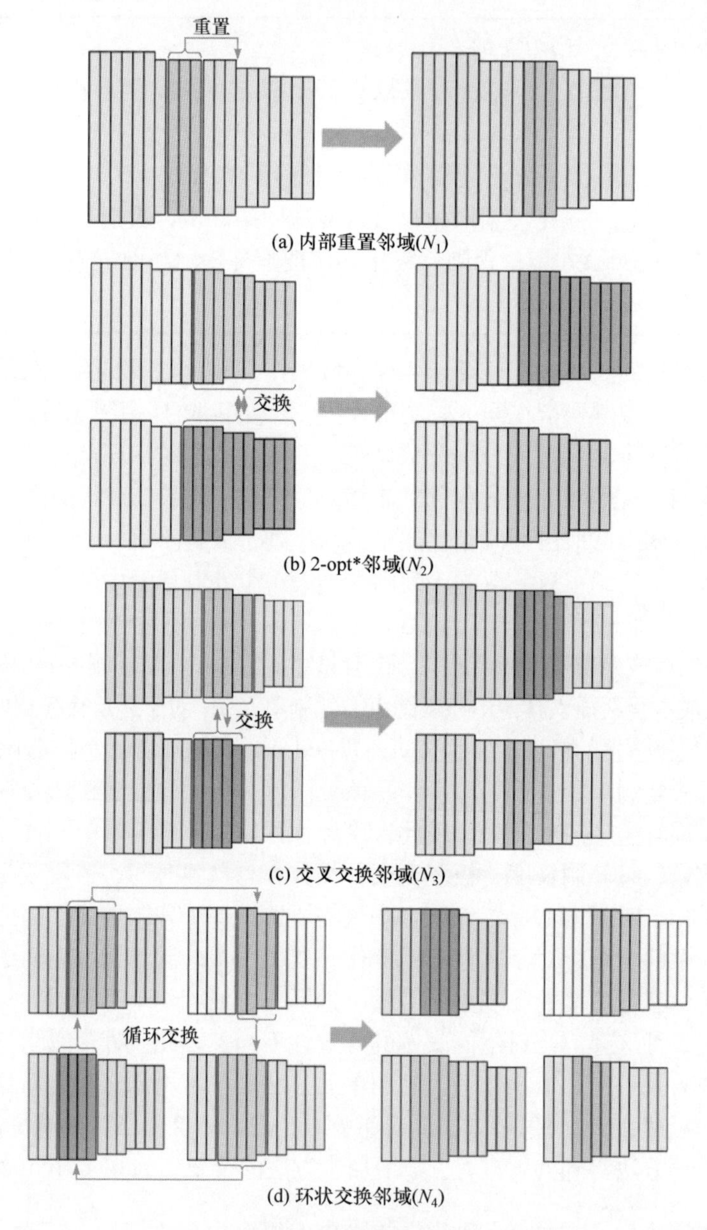

图 4.8　邻域操作示意图

参与比较的算法包括由 ACS-LS 算法得到的确定性调度方案(通过设置 $\Gamma = 0$ 可得)；由 ACS-LS 算法得到的鲁棒性调度方案；由文献中用于热轧生产调度的混合元启发式方法 QPSO-SA(quantum-behaved particle swarm optimization simulated annealing，混合离散粒子群和模拟退火)得到的确定性调度方案；企业生产调度部门制订的热轧生产计划(MES/MA)。

ACS-LS 算法实验的结果如表 4.8 所示。

表 4.8　ACS-LS 算法实验的结果

项目	n	ACS-LS ($\Gamma=0$)			ACS-LS			QPSO-SA			MES/MA		
		RU	C_{best}	#MD	RU	C_{best}	#MD	RU	C_{best}	#MD	RU	C_{best}	#MD
R01	389	6	552.71	8	6	579.39	0	6	560.89	8	6	602.10	2
R02	345	5	505.25	7	5	542.04	0	5	511.33	7	6	584.35	2
R03	455	7	660.19	9	7	689.36	1	7	669.47	9	7	719.79	4
R04	434	6	569.83	8	7	609.64	0	6	569.47	8	7	660.22	5
R05	455	7	578.26	11	7	608.16	0	7	580.14	11	7	637.34	3
R06	363	5	430.17	5	6	480.62	1	5	443.90	5	6	518.01	2
R07	485	7	594.89	11	7	640.37	2	7	606.07	10	8	675.26	3
R08	413	6	592.09	9	6	629.47	1	6	594.20	9	7	681.95	3
R09	438	6	561.50	7	7	610.92	0	6	565.19	7	7	658.42	5
R10	366	5	492.88	8	6	542.77	0	5	501.59	8	6	567.68	3
R11	476	7	568.46	9	7	632.33	1	7	585.69	9	8	670.38	4
R12	351	5	508.75	9	5	563.86	0	5	537.32	8	6	603.03	1

表中，RU 代表轧制单元个数，C_{best} 表示得到的最优目标值，#MD 是在实际生产数据下违反截止时间的次数(代表鲁棒程度)。由 ACS-LS ($\Gamma=0$) 和 QPSO-SA 得到的确定性解在目标值和轧制单元个数方面稍胜一筹，但是它们的鲁棒性都很差。ACS-LS 具有最强的鲁棒性，并且其能得到比 MES/MA 更好的目标值和更少的轧制单元。

因此，提出的算法用以解决不确定条件下的热轧生产调度问题，在大规模问题上相较于其他算法显示出明显的优势。

4.4.2　考虑上下游实际加工状态的加热炉群节能调度问题建模与求解方法

加热炉是钢铁热轧过程的主要能耗设备，本节研究加热炉群的节能调度问题[97]。该问题指的是通过调度板坯加热炉分配方案及每块板坯的具体入炉出炉时刻决策，在满足加热炉炉容约束、冷热坯空炉约束、下游热轧连续性约束等条件下的加热能耗与生产质量优化问题[98-101]。问题建模方面，以板坯冷热混装惩罚为生产质量指标、以板坯总驻炉时长为能耗指标，综合考虑当前驻炉、准备入炉板坯状态，以及板坯库和上游供料情况对问题进行运筹学建模[102,103]。基于规划模型，采用热轧连续性约束松弛进行模型转化，提出优化下界估计方法。优化方法方面，基于分解优化思路，将原问题优化转化为板坯分配方案决策(主问题)与入炉出炉时刻决策(子问题)迭代求解，其中主问题采用变邻域搜索算法近似求解，子问题转化为线性规划最优求解。

1. 问题描述

1) 工艺约束

每块板坯的入炉温度、重量、尺寸共同决定其标准加热时间。该板坯驻炉时长不得小于其标准加热时间。

每块板坯从多个并行加热炉中任选某炉进行加热。该板坯在不同加热炉上的标准加热时长可以不同。

加热炉有固定的额定容量，任意时刻单一加热炉内同时加热的板坯数量不超过该炉的额定容量。

每块板坯的入炉时间不小于其释放时间。冷坯从库存中直接提取，释放时间由库存状态决定。热坯的释放时间为上游板坯的到达时间，释放时间由上游连铸机加工状态决定。

加热炉为步进式，即要求加热出坯顺序与板坯入炉顺序一致。

热轧过程轧制顺序预先给定，加热炉群整体出坯顺序必须与轧制顺序一致。

热轧机不可同时轧制多块板坯，并且板坯出炉后必须立即开始轧制，因此轧制计划中任意两块相邻板坯的出炉时间间隔不小于单块板坯轧制时间。

热轧过程必须连续不中断，因此轧制计划中任意两块相邻板坯的出炉时间间隔不大于单块板坯轧制时间与热轧上限等待时间之和。

同一加热炉上相邻板坯入炉时间差需大于最短等待时间，冷热坯混装时该最短等待时间较高(对应于实践中的空炉操作)。

2) 决策内容

对于当前驻炉板坯，所属加热炉、入炉时间已知，因此该类板坯的优化决策变量仅为其出炉时刻。

对于准备入炉板坯，由于已在辊道上，不宜对其炉次选择进行更改，因此优化决策变量为入炉时刻、出炉时刻。

对于板坯库或上游供应板坯，其优化决策变量既包含其加热炉选择，也包含其入炉时刻、出炉时刻。

3) 优化目标

从生产质量角度考虑，尽量将加热模型相似的板坯连续排列。如果相邻板坯的钢种、尺寸跳跃较大，那么会导致加热炉工况不稳定，加热质量差。因此，生产质量的优化目标是最小化相邻入炉板坯的差异度。

从生产能耗角度考虑，若板坯驻炉时间越长则其完成加热后在炉内的保温过程时间越长，从能源上增加煤气消耗量。因此，生产能耗的优化目标是最小化板坯的总驻炉时长。

三台加热炉的调度方案如图 4.9 所示。轧制计划中要求板坯整体出炉顺序根据板坯编号升序排列，由于步进式加热炉的先进先出约束，因此每台加热炉上的板坯编号也满足升序排列。图中板坯 1、2 已完成轧制，板坯 3 正在轧制过程中，板坯 4～9 仍处于加热过程，其他板坯处于尚未入炉状态。热轧连续性约束要求板坯 3 完成轧制后板坯 4 紧邻开始轧制，间断时长有一定上限。未入炉板坯的物流路径，以及库存状态决定其释放时间。这些板坯入炉时间不早于其释放时间。

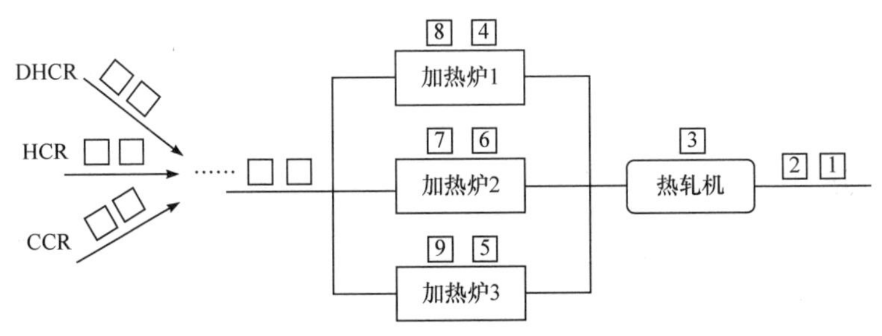

图 4.9　三台加热炉的调度方案

2. 数学模型

(1) 问题参数。

ρ：目标函数权重系数。

$\mathcal{M}$：加热炉集合。

M：并行加热炉的数量，即$|\mathcal{M}|$。

$\mathcal{J}^I$：当前驻炉的板坯集合。

$\mathcal{J}^T$：传输辊道上待入炉的板坯集合。

$\mathcal{J}^O$：处于准备阶段尚未入炉的板坯集合。

$\mathcal{J}$：所有板坯的集合(即$\mathcal{J} = \mathcal{J}^I \cup \mathcal{J}^T \cup \mathcal{J}^O$)，该集合中板坯序号$j \in \mathcal{J}$已按其轧制顺序排序。

N：集合$\mathcal{J}$中的板坯总数，即$|\mathcal{J}|$。

I_j：已完成加热炉分配板坯$j \in \mathcal{J}^I \cup \mathcal{J}^T$所属加热炉编号。

K_j：已完成加热炉分配板坯$j \in \mathcal{J}^I \cup \mathcal{J}^T$在对应加热炉的入炉顺序序号。

s_j^0：已入炉板坯$j \in \mathcal{J}^I$的入炉时刻。

τ^0：当前时刻。

a_{ij}：板坯 $j \in \mathcal{J}$ 在加热炉 $i \in \mathcal{M}$ 上的标准(最短)加热时长。

r_j：板坯 $j \in \mathcal{J}^O \cup \mathcal{J}^T$ 的释放时间(即可以进入加热炉的最早时间)。

t_j：板坯 $j \in \mathcal{J}$ 在下游热轧工序的轧制时间。

δ：相邻板坯轧制之间的最大等待时间。

d_{jl}：板坯 $j,l \in \mathcal{J}$ 相邻入炉时的最短入炉时间间隔。

c_{jl}：板坯 $j,l \in \mathcal{J}$ 相邻入炉时的惩罚系数。

b_i：加热炉 $i \in \mathcal{M}$ 的炉容。

i：所有板坯出炉时间上限。

(2) 决策变量。

x_{ijk}：0-1 变量。当第 i 个加热炉的第 k 个位置，放置板坯 j 时为 1，否则为 0。

z_{ijlk}：0-1 变量。当第 i 个加热炉的第 k 个和第 $k-1$ 个位置，分别放置板坯 j 和 l 时为 1，否则为 0。

s_{ijk}：连续变量，第 i 个加热炉，第 k 个位置，板坯 j 的入炉时刻(如果板坯 j 没放在该位置，则为 0)。

f_{ijk}：连续变量，第 i 个加热炉，第 k 个位置，板坯 j 的出炉时刻(如果板坯 j 没放在该位置，则为 0)。

(3) 混合整数线性规划模型。

$$\min \ \rho \sum_{k=1}^{N} \sum_{i \in \mathcal{M}} \sum_{j \in \mathcal{J}} (f_{ijk} - s_{ijk}) + (1-\rho) \sum_{k=2}^{N} \sum_{i \in \mathcal{M}} \sum_{j \in \mathcal{J}} \sum_{l \in \mathcal{J} \setminus \{j\}} c_{jl} z_{ijlk}$$

$$\text{s.t.} \ \sum_{j \in \mathcal{J}} f_{ijk} \leqslant \sum_{j \in \mathcal{J}} s_{i,j,k+b_i} + B \cdot \left(1 - \sum_{j \in \mathcal{J}} x_{i,j,k+b_i}\right), \quad i \in \mathcal{M}; k \in \{1,2,\cdots,N-b_i\}$$

$$f_{ijk} - s_{ijk} \geqslant a_{ij} x_{ijk}, \quad i \in \mathcal{M}; j \in \mathcal{J}; k \in \{1,2,\cdots,N\}$$

$$z_{ijlk} \geqslant x_{ijk} + x_{i,l,k-1} - 1, \quad i \in \mathcal{M}; j,l \in \mathcal{J}, j \neq l; k \in \{2,3,\cdots,N\}$$

$$s_{ijk} - s_{i,l,k-1} \geqslant -B \cdot (1 - z_{ijlk}) + d_{jl}, \quad i \in \mathcal{M}; j,l \in \mathcal{J}, j \neq l; k \in \{2,3,\cdots,N\}$$

$$\sum_{i \in \mathcal{M}} \sum_{k=1}^{N} (f_{ijk} - f_{i,j-1,k}) \leqslant t_{j-1} + \delta, \quad j \in \mathcal{J} \setminus \{1\}$$

$$\sum_{i \in \mathcal{M}} \sum_{k=1}^{N} (f_{ijk} - f_{i,j-1,k}) \geqslant t_{j-1}, \quad j \in \mathcal{J} \setminus \{1\}$$

$$\sum_{i \in \mathcal{M}} \sum_{k=1}^{N} x_{ijk} = 1, \quad j \in \mathcal{J}$$

$$\sum_{j \in \mathcal{J}} x_{ijk} \leqslant 1, \quad i \in \mathcal{M}; k \in \{1,2,\cdots,N\}$$

$$\sum_{i\in\mathcal{M}}\sum_{k=1}^{N}x_{ijk}=1,\quad j\in\mathcal{J}$$

$$\sum_{j\in\mathcal{J}}x_{ijk}\leqslant 1,\quad i\in\mathcal{M};k\in\{1,2,\cdots,N\}$$

$$\sum_{j\in\mathcal{J}}x_{ijk}\leqslant\sum_{j\in\mathcal{J}}x_{i,j,k-1},\quad i\in\mathcal{M};k\in\{2,3,\cdots,N\}$$

$$x_{I_j,j,K_j}=1,\quad j\in\mathcal{J}^I\cup\mathcal{J}^T$$

$$s_{I_j,j,K_j}=s_j^0,\quad j\in\mathcal{J}^I$$

$$s_{ijk}\geqslant r_j x_{ijk},\quad i\in\mathcal{M};j\in\mathcal{J}^O\cup\mathcal{J}^T;k\in\{1,2,\cdots,N\}$$

$$s_{ijk}\leqslant Bx_{ijk},\quad i\in\mathcal{M};j\in\mathcal{J};k\in\{1,2,\cdots,N\}$$

$$f_{ijk}\leqslant Bx_{ijk},\quad i\in\mathcal{M};j\in\mathcal{J};k\in\{1,2,\cdots,N\}$$

$$\sum_{i\in\mathcal{M}}\sum_{k=1}^{N}f_{ijk}\geqslant\tau^0,\quad j\in\mathcal{J}$$

$$s_{ijk},f_{ijk}\geqslant 0,\quad i\in\mathcal{M};j\in\mathcal{J};k\in\{1,2,\cdots,N\}$$

$$x_{ijk}\in\{0,1\},\quad i\in\mathcal{M};j\in\mathcal{J};k\in\{1,2,\cdots,N\}$$

$$z_{ijlk}\in\{0,1\},\quad i\in\mathcal{M};j,l\in\mathcal{J};j\neq l;k\in\{2,3,\cdots,N\}$$

在混合整数线性规划模型中，目标函数为总驻炉时间与板坯混装惩罚的加权和。第 1 条约束为加热炉的炉容约束，这里通过约束炉中第 k 个位置板坯的出炉时间小于第 $k+b_i$ 个板坯的入炉时间而保证了任意时刻炉内总板坯数不超过 b_i。这里引入额外的 $B\left(1-\sum_{j\in\mathcal{J}}x_{i,j,k+b_i}\right)$ 来确保第 $k+b_i$ 个位置上没有放置板坯时约束仍然成立。第 2 条约束为板坯的加热时长约束。第 3、4 条约束为相邻板坯入炉时间间隔约束，易证明第 4 条约束中的约束仅在 $z_{ijlk}=1$ 时生效。第 5、6 条约束为板坯在下游轧制机的轧制顺序约束，以及轧制无间断约束，这两条约束保证了加热炉群整体出坯顺序与轧制顺序一致，并且板坯 j 与 $j-1$ 的出坯时间间隔在 $[t_{j-1},t_{j-1}+\delta]$ 取值。第 7～9 条约束给出板坯与加热炉位置之间的对应关系约束，其中第 7 条约束表示任意板坯有唯一的加热炉位置。第 8 条约束表示任意加热炉位置至多只有一块板坯。第 9 条约束则表示对于某个加热炉 i，只有当前序位置上放置板坯时，后序位置上才可以放置板坯。引入这一约束的主要目的是方便刻画第 1 条约束中的炉容约束与第 4 条约束中的空炉约束。第 10～12 条约束对当前处于驻炉、待入炉，以及准备中这三种状态的板坯区分处理，其中第 10 条约束为炉内板坯，以及辊道上待入炉板坯设定其所处加热炉序号，第 11 条约束为炉内板坯的入炉时间进行赋值，第 12 条约束根据板坯释放时间为尚未入炉板坯设定最早入炉时刻。第 13～15 条约束中给出入炉出炉时刻与板坯分配方案的相互约束。值得一提的是，上述模型中并未显式考虑步进式加热炉的先进先出条件，易证明先进先出约束可由第 4 条约束和第 6 条约束并综合考虑出炉顺序预先给定这一条件间接得出。

3. 模型求解

基于模型分解与邻域结构分析的思路，将这一复杂优化转化为主问题与子问题的迭代求解。具体地，主问题决策板坯在加热炉上的分配方案，采用变邻域搜索方法求解。子问题考虑给定板坯加热炉分配方案下的具体入炉、出炉时刻决策问题，采用线性规划求解。这一分解方法提出的动因是加热炉群整体出炉顺序约束保证了单个加热炉内的入炉、出炉顺序，从而给定板坯加热炉分配方案后板坯位置(即 0-1 变量 x_{ijk})、板坯间的相邻关系(即 0-1 变量 z_{ijlk})均已确定，优化问题转化为可在多项式时间内最优求解的线性规划问题。

1) 线性规划子问题

固定板坯分配方案的条件下，每个加热炉上所需加工板坯数，以及单个加热炉的板坯顺序即可唯一确定。令所有可行分配方案的集合为 Ω，根据分配方案 $\omega \in \Omega$ 可唯一确定如下问题参数。

(1) 问题参数。

N_i^{ω}：板坯分配为 ω 时，加热炉 i 上需要加热的板坯个数。

j_{ik}^{ω}：板坯分配为 ω 时，加热炉 i 上第 k 个位置的板坯编号($k \in \{1,2,\cdots,N_i^{\omega}\}$)，可根据板坯轧制顺序(对应于板坯序号大小)简单转化求得。

(2) 决策变量。

s_j：板坯 $j \in \mathcal{J}$ 的入炉时刻。

f_j：板坯 $j \in \mathcal{J}$ 的出炉时刻。

已知板坯分配 ω 的线性规划模型为

$$o_1(\omega) = \min \sum_{j \in \mathcal{J}} (f_j - s_j)$$

$$\begin{aligned}
\text{s.t. } & s_{j_{i,k+1}^{\omega}} - s_{j_{ik}^{\omega}} \geqslant d_{j_{i,k+1}, j_{ik}^{\omega}}, \quad i \in \mathcal{M}; k \in \{1,2,\cdots,N_i^{\omega}-1\} \\
& f_{j_{ik}^{\omega}} - s_{j_{i,k+b_i}^{\omega}} \leqslant 0, \quad i \in \mathcal{M}; k \in \{1,2,\cdots,N_i^{\omega}-b_i\} \\
& f_{j_{ik}^{\omega}} - s_{j_{ik}^{\omega}} \geqslant a_{j_{ik}^{\omega}}, \quad i \in \mathcal{M}; k \in \{1,2,\cdots,N_i^{\omega}\} \\
& f_j - f_{j-1} \leqslant t_{j-1} + \delta, \quad j \in \mathcal{J} \backslash \{1\} \\
& f_j - f_{j-1} \geqslant t_{j-1}, \quad j \in \mathcal{J} \backslash \{1\}
\end{aligned}$$

$$s_j \geqslant r_j, \quad j \in \mathcal{J}^O \cup \mathcal{J}^T$$

$$s_j = s_j^0, \quad j \in \mathcal{J}^I$$

$$s_j \geqslant 0, \quad j \in \mathcal{J}$$

$$f_j \geqslant \tau^0, \quad j \in \mathcal{J}$$

上述规划模型不包含整数变量，并且连续决策变量数量仅为$O(N)$个，显著小于原混合整数规划形式中$O(MN^2)$个连续变量，因此求解效率较高。给定ω时，$o_1(\omega)$为上述线性规划模型最优解值，记该分配方案对应混装惩罚为

$$o_2(\omega) = \sum_{i \in \mathcal{M}} \sum_{k=1}^{N_i^{\omega}-1} c_{j_{i,k+1}^{\omega}, j_{ik}^{\omega}}$$

则原优化问题可改写为

$$\begin{aligned} \min \ & \rho o_1(\omega) + (1-\rho) o_2(\omega) \\ \text{s.t.} \ & \omega \in \Omega \end{aligned}$$

从而将复杂的加热炉调度问题转化为板坯分配方案$\omega \in \Omega$的决策优化。

2) 邻域结构分析

板坯根据其当前状态可分为驻炉板坯、待入炉板坯，以及其他尚未入炉板坯。根据问题定义，驻炉、待入炉板坯的加热炉选择均已确定，分配方案可决策空间只有尚未入炉板坯。为了叙述简洁，用板坯分配矩阵$\boldsymbol{A}$替代抽象的板坯分配方案ω，矩阵$\boldsymbol{A}$从如下集合中取值，即

$$\mathcal{A} = \left\{ \boldsymbol{A} \in \{0,1\}^{M \times N} : \sum_{i \in \mathcal{M}} A_{ij} = 1, \forall j \in \mathcal{J}, A_{I_j, j} = 1, \forall j \in \mathcal{J}^I \cup \mathcal{J}^T \right\}$$

其中，$A_{ij} = 1$表示板坯j分配到加热炉i上进行加热。

根据这一定义，分配方案$\omega \in \Omega$与分配矩阵$\boldsymbol{A} \in \mathcal{A}$存在一一对应关系，可记$\omega$对应的分配矩阵为$\boldsymbol{A}^{\omega}$。

为了在可行分配方案集合Ω中寻优，采用组合优化中最为常用的邻域搜索策略对当前分配方案ω进行提升。考虑单一邻域搜索的局限性，设计基于换炉操作与位置互换操作的两类邻域结构。这里给出本问题设定下两类操作的具体定义。首先定义换炉操作，指对某个板坯所处加热炉进行调整。

定义 4.4.1(换炉操作)　给定分配方案ω及其对应的分配矩阵$\boldsymbol{A}^{\omega}$，换炉操作指的是在分配方案中将某个板坯$g \in \mathcal{J}^O$从当前炉中移除，换到任意其他加热炉$h \in \mathcal{M}$上($A_{hg} \neq 1$)。令$\mathcal{A}_I^{\omega}(g)$表示执行上述操作后的新分配方案集合，则有

$$\mathcal{A}_I^{\omega}(g)=\left\{\boldsymbol{A}\in\{0,1\}^{M\times N}:A_{ij}=A_{ij}^{\omega},\forall i\in\mathcal{M},\forall j\in\mathcal{J}\setminus\{g\};\right.$$
$$\left.A_{ig}+A_{ig}^{\omega}\leqslant 1,\forall i\in\mathcal{M};\sum_{i\in\mathcal{M}}A_{ig}=1\right\}$$

下面定义位置互换操作，该操作指的是将某两个板坯进行位置互换，并且保证互换后炉上板坯仍为升序排列。

定义 4.4.2(位置互换操作)　给定分配方案 ω 及其对应的分配矩阵 $\boldsymbol{A}^{\omega}$，板坯互换操作指的是在分配方案中将板坯 $g\in\mathcal{J}^O$ 与任意可交换板坯 g' 所处加热炉及其对应位置进行互换 $g'\in\mathcal{J}^O\{g\}$，并且保证互换后板坯仍满足升序排列。令 $\mathcal{A}_S^{\omega}(g)$ 表示执行上述操作后的可行新分配方案集合，则有

$$\mathcal{A}_S^{\omega}(g)=\bigcup_{g'\in\mathcal{J}^O\setminus\{g\}}\left\{\boldsymbol{A}\in\{0,1\}^{M\times N}:A_{ij}=A_{ij}^{\omega},\forall i\in\mathcal{M},\forall j\in\mathcal{J}\setminus\{g,g'\};\right.$$
$$A_{ig'}=A_{ig}^{\omega},\forall i\in\mathcal{M};A_{ig}=A_{ig'}^{\omega},\forall i\in\mathcal{M};$$
$$\left.\max_{j\in\mathcal{J}_1^{\omega}\left(i_g^{\omega},g\right)}j<g'<\min_{j\in\mathcal{J}_2^{\omega}\left(i_g^{\omega},g\right)}j,\ \max_{j\in\mathcal{J}_1^{\omega}\left(i_{g'}^{\omega},g'\right)}j<g<\min_{j\in\mathcal{J}_2^{\omega}\left(i_{g'}^{\omega},g'\right)}j\right\}$$

其中，$\mathcal{J}_1^{\omega}(i_g^{\omega},g)=\left\{j\in\mathcal{J}:A_{ij}^{\omega}=1,j<g\right\}\cup\{0\}$ 表示分配方案 ω 下加热炉 i 上板坯 g 的前序工件集合；$\mathcal{J}_2^{\omega}(i_g^{\omega},g)=\left\{j\in\mathcal{J}:A_{ij}^{\omega}=1,j>g\right\}\cup\{N+1\}$ 表示加热炉 i 上板坯 g 的后序工件集合；$i_g^{\omega}=\sum_{i\in M}iA_{ig}^{\omega}$ 表示分配方案 ω 下板坯 g 所在加热炉。

可以进一步定义分配方案 $\omega\in\Omega$ 所有换炉邻域分配矩阵集合为 $\mathcal{A}_I^{\omega}=\bigcup_{g\in\mathcal{J}^O}\mathcal{A}_I^{\omega}(g)$，所有位置互换邻域分配矩阵集合为 $\mathcal{A}_S^{\omega}=\bigcup_{g\in\mathcal{J}^O}\mathcal{A}_S^{\omega}(g)$。考虑 $\boldsymbol{A}$ 与 ω 的一一对应关系，将矩阵集合 $\mathcal{A}_I^{\omega}(g)$、$\mathcal{A}_S^{\omega}(g)$、$\mathcal{A}_I^{\omega}$、$\mathcal{A}_S^{\omega}$ 对应的分配方案集合分别记作 $\Omega_I^{\omega}(g)$、$\Omega_S^{\omega}(g)$、Ω_I^{ω}、Ω_S^{ω}。

经过对上述问题的分析，可以得到如下算法复杂度相关命题。

命题 4.4.1　对于任意板坯分配方案 $\omega\in\Omega$ 与板坯 $g\in\mathcal{J}^O$，邻域 $\Omega_I^{\omega}(g)$ 与 $\Omega_S^{\omega}(g)$ 的规模为 $O(M)$，而 Ω_I^{ω} 与 Ω_S^{ω} 的规模为 $O\left(M\left|\mathcal{J}^O\right|\right)$。

初步计算实验表明，对于本问题求解，基于小规模邻域结构的搜索算法收敛速度更快，寻优能力更强。因此，后续主要研究基于 $\Omega_I^{\omega}(g)$ 与 $\Omega_S^{\omega}(g)$ 邻域结构的变邻域搜索算法。

3) 变邻域搜索算法

如前所述，经过问题分解，原问题可改写为如下形式的组合优化问题，即

$\min_{\omega\in\Omega} o(\omega)$，其中 $o(\omega)=\rho o_1(\omega)+(1-\rho)o_2(\omega)$ 表示给定板坯分配方案 ω 下的目标函数值，$o_1(\omega)$ 表示给定分配方案 ω 的最小总驻炉时间，可采用线性规划子问题求解得出，$o_2(\omega)$ 为分配方案 ω 所对应的混装惩罚，可根据 $o_2(\omega)=\sum_{i\in\mathcal{M}}\sum_{k=1}^{N_i^{\omega}-1} c_{j_{i,(k+1)}^{\omega},j_{i,k}^{\omega}}$ 直接得出。

由于可行分配方案集合 Ω 过大，无法采用枚举的方法对其遍历。注意到，$\Omega_I^{\omega}(g)$ 与 $\Omega_S^{\omega}(g)$ 两类邻域结构的规模仅为 $O(M)$，因此可以在较短时间内完成在两类邻域分配方案集合中的寻优，从而迭代地对当前解进行提升。

变邻域搜索算法如算法 4.4.3 所示。第 1 行初始化板坯分配方案，并引入 lastObj 变量判断算法终止条件。算法第 2～18 行迭代执行变邻域搜索过程，其中第 4～10 行表示基于换炉操作的变邻域搜索，第 11～17 行则表示基于位置互换操作的变邻域搜索。值得注意的是，由于只有尚未入炉板坯的分配方案可变，因此邻域搜索过程只考虑 $\mathcal{J}^O$ 集合中的板坯。第 4 行、第 11 行生成随机置换序列的目的在于保证邻域评价过程的随机性，从而减少搜索过程的重复性。基于置换序列 π，第 5～10 行和第 12～17 行按照 π 中给出的顺序依次评价各个邻域内的可行解，并基于计算结果不断更新当前解。这一评价过程采用线性规划方法即可完成。算法输出搜索到的最终板坯分配方案 ω^* 及其对应的目标函数值 $o(\omega^*)$。初始分配方案 ω 的生成过程描述如下，令集合 $\mathcal{J}_l^O$ 表示尚未决定分配方案的板坯集合，并将其初始化为 $\mathcal{J}_l^O \leftarrow \mathcal{J}^O$。从集合 $\mathcal{J}_l^O$ 中依次选取序号最小的板坯 g，并更新 $\mathcal{J}_l^O \leftarrow \mathcal{J}^O\{g\}$。对于每台加热炉 $i\in\mathcal{M}$ 分别估算板坯 g 放置于该炉上所导致的目标函数增量 $\rho\hat{o}_1+(1-\rho)\hat{o}_2$，其中 $\hat{o}_1=a_{ig}$ 为板坯流经时间增量的估算，$\hat{o}_2=c_{g,g_i'}$ 为板坯混装惩罚增量的计算，这里 g_i' 表示当前分配方案下炉 i 上的最大序号板坯。根据目标函数增量结果，将板坯 g 分配到目标函数增量最小的加热炉上，并继续迭代直至 $\mathcal{J}_l^O$ 为空集。

算法 4.4.3　变邻域搜索算法

输入： 初始板坯分配方案 ω

1. 　初始化：$\omega^*\leftarrow\omega, \text{lastObj}\leftarrow\infty$；
2. 　**while** $o(\omega^*)<\text{lastObj}$ **do**
3. 　　lastObj $\leftarrow o(\omega^*)$；
4. 　　随机生成集合 $\{1,2,\cdots,|\mathcal{J}^O|\}$ 的一个置换序列 π；

---

5. **for** $l=1$ to $\left|\mathcal{J}^O\right|$ **do**
6. 计算邻域 $\Omega_I^{\omega^*}(\pi_l)$ 中的局部最优解 $\omega' = \underset{\omega\in\Omega_I^{\omega^*}(\pi_l)}{\operatorname{argmin}}\, o(\omega)$ ；
7. **if** $o(\omega') < o(\omega^*)$ **then**
8. 更新当前解：$\omega^* \leftarrow \omega'$ ；
9. **end if**
10. **end for**
11. $\text{lastObj} \leftarrow o(\omega^*)$ ；
12. 随机生成集合 $\left\{1,2,\cdots,\left|\mathcal{J}^O\right|\right\}$ 的一个置换序列 π ；
13. **for** $l=1$ to $\left|\mathcal{J}^O\right|$ **do**
14. 计算邻域 $\Omega_S^{\omega^*}(\pi_l)$ 中的局部最优解 $\omega' = \underset{\omega\in\Omega_S^{\omega^*}(\pi_l)}{\operatorname{argmin}}\, o(\omega)$ ；
15. **if** $o(\omega') < o(\omega^*)$ **then**
16. 更新当前解：$\omega^* \leftarrow \omega'$ ；
17. **end if**
18. **end for**
19. **end while**

输出：最终板坯分配方案 ω^* ，该方案对应目标函数值 $o(\omega^*)$

4) 计算实验结果

为了对提出的变邻域搜索算法与下界估计方法进行正确性验证与性能分析，下面探讨算法在不同算例下的性能比较，比较不同板坯数量、不同目标函数权重算例下的算法效果。参数具体设计如下，待调度板坯数量 $N \in \{200,300,400,500\}$ ，目标函数权重 $\rho \in \{0,0.2,0.4,0.6,0.8,1\}$ 。

对于所有参数组合下的算例，分别采用松弛规划模型与变邻域搜索算法对其进行求解。规划模型给出问题最优解下界 LB，变邻域搜索给出其迭代搜索过程得到的最佳解 BV ，基于此可求得优化结果的最优解间隙，即

$$\text{Gap} = \frac{\text{BV} - \text{LB}}{\text{LB}} \times 100\%$$

根据这一定义，显然 Gap 值越小表示优化算法求解性能越好，另一方面表示松弛规划模型的下界估计准确。实验结果如表 4.9 所示。

表 4.9　计算实验结果

权重系数 ρ	松弛规划模型			变邻域搜索算法		
	算例规模 N	LB	耗时/s	BV	Gap/%	耗时/s
0.0	200	2038	10.6	2038	0.00	24.0
0.0	300	3064	27.4	3064	0.00	58.5
0.0	400	4155	68.9	4155	0.00	101.1
0.0	500	5142	133.2	5142	0.00	541.2
0.2	200	11136	11.7	11221	0.76	68.7
0.2	300	16762	29.9	16888	0.75	156.3
0.2	400	22166	75.1	22448	1.27	728.8
0.2	500	28037	136.0	28560	1.87	2061.5

由此可知，所有问题算例的松弛模型均可在 300s 内最优求解，并且与可行解的平均最优解间隙在 1%以内。上述结果充分说明下界估计方法的高效性与准确性。此外，下界估计准确性受权重系数影响较大。当权重系数取为 0 时，所有问题算例最优求解，权重系数取为 1 时，最优解间隙在 1.5%左右。这一现象从侧面说明，以板坯冷热混装惩罚为优化目标的加热炉调度求解难度低于以总驻炉时间为优化目标的调度问题。变邻域搜索算法中的 BV、Gap，以及耗时一栏分别表示该算法搜索过程所求得的最佳目标函数值、最优解间隙及其求解时长。变邻域搜索算法近似最优求解了所有问题算例，最优解间隙均不超过 2%，平均最优解间隙为 0.88%。考虑下界估计结果距离最优解可能仍有一定偏差，因此真实的最优解间隙较表中给出的数据更小，进一步说明该算法的优化性能。优化时长方面，算法平均求解时长为 691s，在计划层面完全可行。如果基于现场实际运行情况进行计划调整，求解 200 个板坯的小规模问题，通常可在 100s 内完成。

第5章　鲁棒调度方法在钢铁生产多工序过程中的应用验证

本章将项目研究中产生的钢铁生产过程，如组炉-组浇、炼钢-连铸、连铸-热轧相关的数学模型与算法编制成决策支持系统软件，作为核心模块与新余钢铁集团现有 MES 系统结合[104,105]。通过系统集成，在 MES 系统中显示算法计算得到的排程计划，与已有生产实绩相比较，为新余钢铁集团 MES 系统中亟待解决的生产计划稳定、高效和智能化的制订与调整提供了有效支持。

5.1　系统集成整体思路

项目设计的算法涉及铁钢对应、炼钢-连铸、连铸-热轧等相关生产过程。新余钢铁集团有限公司现阶段的生产计划制订和调整主要由人工进行，没有进行整体优化。针对新余钢铁集团有限公司(以下简称新余钢铁)现有 MES 系统实际状况，主要面向组炉-组浇、炼钢-连铸和连铸-热轧三个部分进行算法的集成，从而为新余钢铁生产计划编制提供参考。

算法与新余钢铁 MES 系统集成总体架构示意图如图 5.1 所示。MES 系统生产数据采集与调度方案可视化模块中主要是新余钢铁 MES 系统部分，提供数据库接口与其他模块进行数据传输。Web 数据嵌入模块是集成模块，对已有算法进行模块化处理，构建算法动态链接库以便调用。通过集成程序，接受 MES 系统生产数据采集与调度方案可视化模块中 MES 系统后台数据库接口以一定周期从数据库发起上传数据请求，从而获取实际的生产数据和工艺参数，并对数据进行解析和处理，转化为统一的算法的输入数据。核心调度算法模块的算法获取输入数据进行优化，从而获得一段时间内接近最优的生产计划，并向 Web 数据嵌入模块给出输出数据。Web 数据嵌入模块对算法输出数据进行解析和打包，并利用数据库接口，向 MES 系统生产数据采集与调度方案可视化模块系统后台返回标准化的生产预计划相关数据。MES 系统读取数据并对生产计划进行图形展示，从而与生产实绩进行对比。

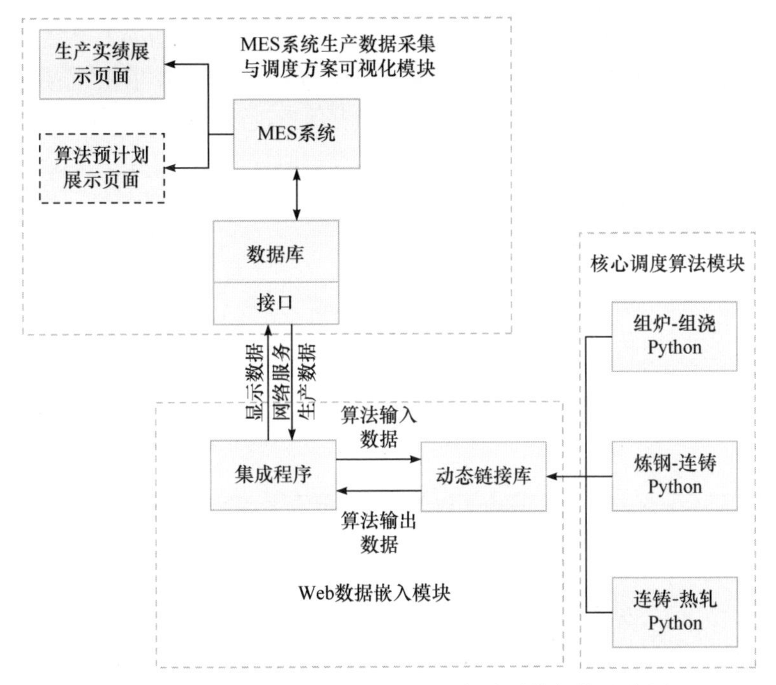

图 5.1　算法与新余钢铁 MES 系统集成总体架构示意图

5.2　组炉-组浇模块软件设计与应用

在新余钢铁集团接到订单后，生产科根据合同和成材率情况设计坯料计划，并将该计划传达给一炼钢厂。一炼钢厂接收到坯料计划后，按照一定的顺序进行炉次和浇次计划的设计，确定计划的排程并开始生产。该模块的目标是设计一种算法，该算法以产销计划中待生产的板坯作为输入，生成炉次计划和浇次计划作为输出。

5.2.1　新余钢铁集团组炉-组浇现状

目前，新余钢铁集团的组炉和组浇计划的设计，以及生产调度都由计划员或调度员手动进行。他们依据实际生产经验在公司的 MES 系统上操作。在设计计划时，主要考虑坯料生产计划、工艺技术要求、设备状况，以及生产过程。

一炼钢厂的组炉计划是以坯料计划内的板坯为单位进行的，而组浇以已完成组炉的炉次为单位进行。在计划中可以存在一些板坯和炉次不被选择的情况，并且后续流向的约束条件并不考虑。一炼钢厂拥有 3 台转炉，每台的炉容为 112t。在每个炉次，板坯的厚度和宽度要求是一致的，并且不同的钢种可以共用相同成分放行标准。连铸机方面，一炼钢厂有 4 台连铸机，其中 1 号连铸机用于中板，4 号连铸机用于厚板，2 号和 3 号连铸机用于方坯。根据板坯的厚度和宽度，可以直接确定对应的连铸机。由于中间包的限制，每个浇次最多包含 11 个炉次，一般情况下不会完全填满。如果浇次内的炉次过少，将导致较大的损失。在每个浇次内，要求相邻的炉次具有相近的厚度和宽度，并且钢种相近，这种操作能够保持过渡段损失较小。对于一些核心成分含量较高的钢种，只能单独进行组炉和组浇。通常情况下，优先安排交货期较近的板坯进行生产，但是如果未选择板坯，只要能在交货期内完成生产，就不会造成生产损失。组炉-组浇流程如图 5-2 所示。

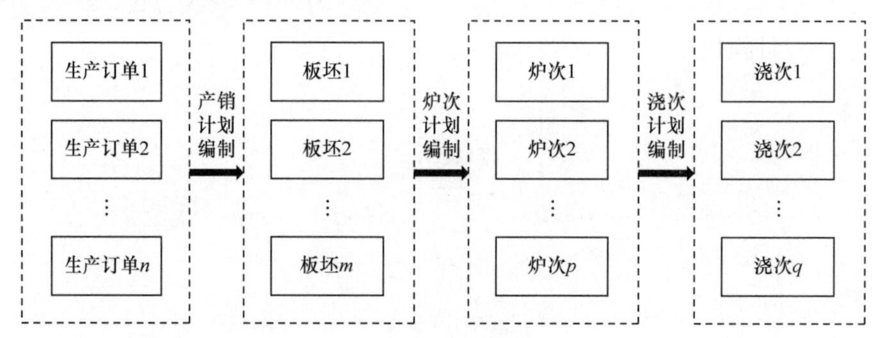

图 5.2　组炉-组浇流程

5.2.2　组炉-组浇模块框架

针对新余钢铁集团的实际生产情况，组炉-组浇模块框架如图 5.3 所示。框架分为参数设计、组炉设计和组浇设计三部分。参数设计模块根据实际生产情况对模型所需参数进行设计和转化，形成后续组炉设计模块和组浇设计模块所需的参数输入模板，相应参数也可人工进行修改。组炉设计模块将尽可能多的待生产板坯以部分板坯为中心合并为炉次，要求炉次中的板坯连铸号、厚度、宽度一致且炼钢牌号可合并。组浇设计模块在组炉结果的基础上将尽可能多的炉次连接组合为浇次。浇次中的炉次连铸号、厚度、宽度一致且炼钢牌号可合并。

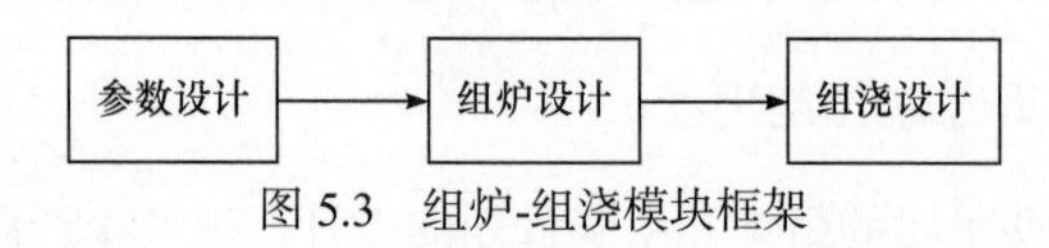

图 5.3　组炉-组浇模块框架

5.2.3　模块算法设计

1. 参数设计

参数设计模块的任务主要是基于新余钢铁的炼钢成分标准和炼钢成分的单位价格，推断不同炼钢牌号之间的合并损失。根据实际生产情况，当两个炼钢牌号无法合并时，损失被设计为–1；当可以合并时，损失设计为合并后超出成分限制的单位价格损失。算法通过比较炼钢成分标准中各炼钢牌号涉及元素的成分下限和上限，得出相应的结果。

2. 组炉设计

在组炉设计模块中，模型的目标函数被设计为最小化生产损失，包括各炉次中的多余钢水损失、推迟加工损失和板坯炼钢牌号合并损失。其中，推迟加工损失考虑了距离交货期和计划下发时间之间的天数。决策变量的设计涉及是否将板坯选作中心板坯，以及将各板坯分配给特定的炉次。根据实际生产情况，约束条件仅考虑炉容约束和中心板坯的限制。

组炉设计模块的输入参数包括产销计划中需要调度的板坯的炼钢牌号、连铸号、块数、重量、厚度、宽度、交货日期等信息。输出参数包括炉次总数、每个炉次的炼钢牌号、厚度、宽度、总块数、重量、连铸号，以及对应的计划号和块数。此外，算法还会输出未组炉的产销计划信息，包括计划号、炼钢牌号、连铸号、块数、未组炉块数和交货期等信息。

组炉设计算法流程如图 5.4 所示。算法具体步骤是，将所有待生产的板坯根据相同连铸号、相同厚度、相同宽度进行分组。各组总重量大于最小炉容时，根据交货期进行排序。逐一假设当前板坯在炉次内，将标准炉容视作容量，对最大最小炉容根据距离标准炉容的偏差进行一定的惩罚，将不同炼钢牌号的合并损失视作成本。将问题视为背包问题，设计动态规划算法不断得到其中最大最小炉容范围内的最接近标准炉容且成本最小的最优组炉结果，直至当前板坯及比当前板坯交货期晚的所有板坯的总重量小于最小炉容。输出所有得到的组炉结果，以及相应的未组炉板坯。

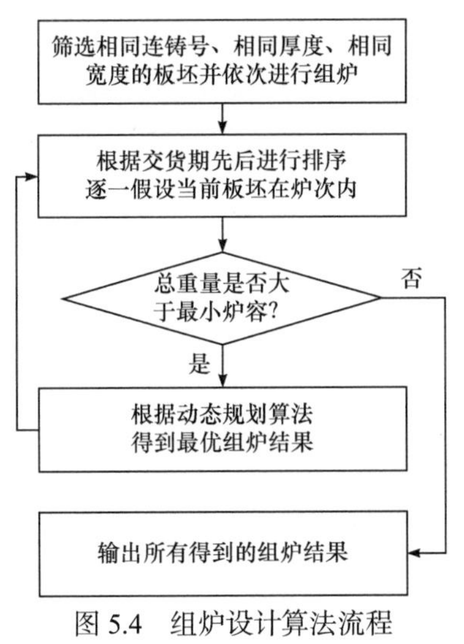

图 5.4 组炉设计算法流程

3. 组浇设计

组浇设计模块的目标函数旨在最小化生产损失，其中包括中间包未充分利用的损失、推迟加工的损失和炉次炼钢牌号连浇的损失。推迟加工损失考虑距离交货期和计划下发时间的天数。决策变量包括两个炉次是否连浇，以及各炉次是否分配到该浇次。在实际生产情况下，约束条件主要考虑连浇限制和中间包寿命。通过考虑以上因素，组浇设计模块旨在寻找最优的组浇方案，以最小化生产损失。

组浇设计模块输入参数包括组炉结果、各炼钢牌号炉次在中间包内可最大连浇次数、中间包最大和最小利用比例等。输出参数包括浇次总数、各浇次连铸号、炼钢牌号、炉次数、浇次内顺序炉次号、未组浇炉次等。

组浇设计模块算法与组炉设计模块类似，根据组炉结果，将所有炉次按照相同连铸号、相同厚度、相同宽度进行分组，根据交货期进行排序，逐一假设当前炉次在浇次内，根据不同炼钢牌号合并损失从小到大选择炉次组成浇次，直至当前炉次及比当前炉次交货期晚的所有炉次数量小于中间包允许的最小连浇次数，最终输出所有得到的组浇结果，以及相应的未组浇炉次。

5.2.4 软件运行结果

组炉-组浇输出结果展示界面如图 5.5 所示。

图 5.5　组炉-组浇输出结果展示界面

在人工组炉结果中，标准炉容 110L 附近的炉次比例低于 50%，并且存在 8% 高于 150L 的大炉容炉次，相应放宽算法的最大和最小炉容为 150L 和 60L。组炉结果炉容分布对比如图 5.6 所示。由此可见，在标准炉容 110L 附近的炉次比例高于 85%，高于 120L 和低于 90L 的炉次比例均低于 10%，并且通过约束限制，不再存在高于 150L 的大炉容炉次，各炉次距离标准炉容的平均偏差降低 70%。将人工组炉结果中低于 60L 炉次对应的板坯视作未组炉板坯，算法得到的未组炉板坯总重量降低 20%。

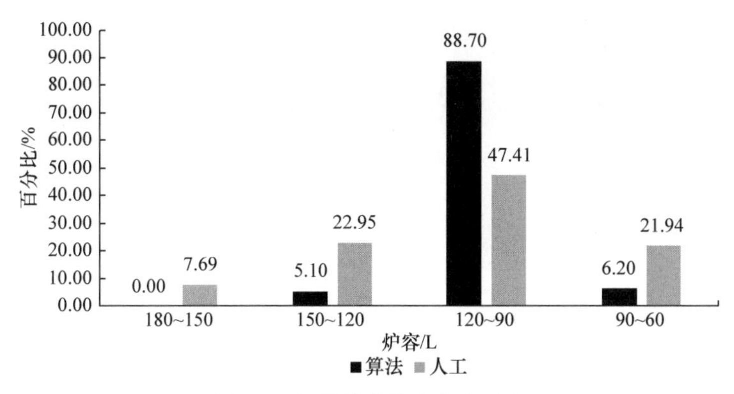

图 5.6　组炉结果炉容分布对比

在人工组浇结果中，各浇次炉数分布不均，炉数低于 4 导致中间包未充分利用的浇次占 10.29%，并且存在 32.35%炉数高于 15 的浇次。相应设计算法的连浇的最大炉次为 15，组浇结果炉数分布对比如图 5.7 所示。由此可见，各浇次炉数基本集中设计的最大炉次 10～15 处，炉数低于 10 的比例降低了 75%，并且总浇次数降低 10%，较为充分地利用了中间包。

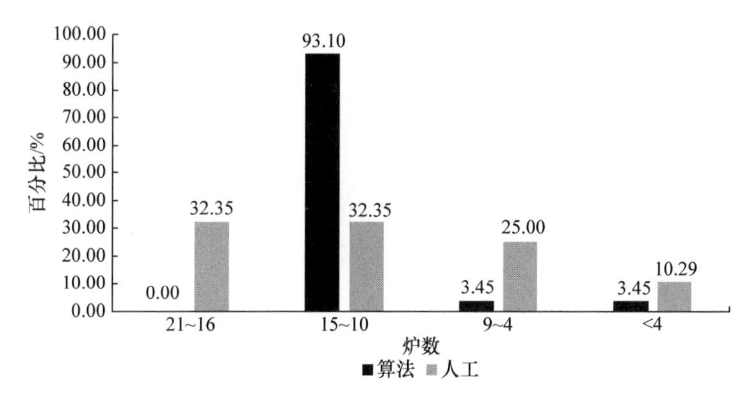

图 5.7　组浇结果炉数分布对比

5.3　炼钢-连铸模块软件设计与应用

炼钢-连铸调度问题可视为含特殊约束(连铸约束)的混合流水车间问题[106,107]。本节提供针对这一调度过程中不考虑加工时间不确定性的静态调度算法，以及考虑加工时长不确定情况下的鲁棒算法实现。无随机因素下的静态算法将通过建立混合整数线性规划模型，使用求解器得到调度结果；加工时长不确定情况下的鲁棒调度算法通过迭代求解实现。

5.3.1 问题建模

1. 基于求解器的静态调度算法

(1) 模型参数。

n：炉次总数。

k：浇次总数。

M：机器总数。

$\mathcal{M}_i$：所有加工炉次 i 的机器集合。

$\mathcal{C}$：连铸机集合。

Φ：所有炉次集合。

Φ_k：第 k 个浇次中所有炉次集合。

i_j^+：工件 i 在机器 j 上加工的直接后继工件序号。

j_i^+：加工工件 i 的直接后继机器序号。

t_{ij}：工件 i 在机器 j 上的加工时间。

T_{jm}：从机器 j 到 m 的运输时间。

s_{lj}：浇次 l 在机器 j 上的准备时间。

$\mathcal{M}_j^+$：机器 j 的所有后继机器序号。

e_j：机器 j 上最后加工的工件序号。

(2) 决策变量。

x_{ij}：工件 i 在机器 j 上的开始加工时间。

(3) 炼钢-连铸混合整数规划模型。

$$\min\ Z = c_1 \sum_{j=1}^{m} \sum_{i\in\Phi_k,\, j\in\mathcal{M}_i\cap\mathcal{C},\, i_j^+\in\Phi_k} \left(x_{i_j^+,j} - x_{ij} - t_{ij}\right)$$

$$+ c_2 \sum_{i=1}^{N} \sum_{j\in\mathcal{M}_i,\, j_i^+\in\mathcal{M}_i} \left(x_{i,j_i^+} - x_{ij} - t_{ij} - T_{j,j_i^+}\right) + c_3 \max_{j\in\mathcal{C}} \left\{x_{e_j,j} + t_{e_j,j}\right\}$$

$$\text{s.t. } x_{i_j^+,j} - x_{ij} \geqslant t_{ij}, \quad i\in\Phi;\ j\in\mathcal{M}_i;\ i_j^+\in\Phi$$

$$x_{i,j_i^+} - x_{ij} \geqslant t_{ij} + T_{j,j_i^+}, \quad i\in\Phi;\ j\in\mathcal{M}_i;\ j_i^+\in\mathcal{M}_i$$

$$x_{i_j^+,j} - x_{ij} \geqslant t_{ij} + s_{i_j^+,j}, \quad i\in\Phi_p;\ j\in\mathcal{M}_i\cap\mathcal{C};\ i_j^+\in\Phi_q;\ p,q=1,2,\cdots,k,\ p\neq q$$

目标函数分为连铸机的断浇惩罚、工件的等待时间、总加工周期长度的加权和。c_1、c_2、c_3 分别为对应项的系数。约束条件中第一条约束要求工件在机器上加工的直接后继工作需要在当前工件加工完成之后才能开始加工。第二条约束条件中一个工件在直接后继机器上开始加工的时间不能早于该工件在当前机器上加工开始时间加上在当前机器上加工所需要的时间与运输时间。第三条约束保证不同浇次之间留有充足的机器准备时间。该模型使用通用求解器如 OR-Tools 能在短时间内得到模型的最优解。

2. 基于鲁棒机会约束的炼钢-连铸生产调度算法

在加工时间不确定的条件下，设计算法求解鲁棒联合机会约束模型，以获得鲁棒调度方案。该鲁棒联合机会约束模型为

$$\begin{aligned}\min\ Z=&c_1\sum_{j=1}^{m}\sum_{i\in\Phi_k,j\in\mathcal{M}_i\cap\mathcal{C},i_j^+\in\Phi_k}E\left(x_{i_j^+,j}-x_{ij}-t_{ij}\right)+c_2\sum_{i=1}^{N}\sum_{j\in\mathcal{M}_i,j_i^+\in\mathcal{M}_i}E\left(x_{i,j_i^+}-x_{ij}-t_{ij}-T_{j,j_i^+}\right)\\&+c_3\max_{j\in\mathcal{C}}\left\{x_{e_j,j}+E\left(t_{e_j,j}\right)\right\}\end{aligned}$$

$$\begin{aligned}\text{s.t. }&\inf_{F^t\in\mathcal{F}^t}P\Big\{x_{i_j^+,j}-x_{ij}\geqslant t_{ij},\forall i\in\Phi,j\in\mathcal{M}_i,i_j^+\in\Phi,x_{i,j_i^+}-x_{ij}\geqslant t_{ij}+T_{j,j_i^+},\forall i\in\Phi,j\in\mathcal{M}_i,\\&j_i^+\in\mathcal{M}_i,x_{i_j^+,j}-x_{ij}\geqslant t_{ij}+s_{i_j^+,j},\forall i\in\Phi_p,j\in\mathcal{M}_i\cap\mathcal{C},i_j^+\in\Phi_q,p,q=1,2,\cdots,k,p\neq q\Big\}\geqslant 1-\varepsilon\end{aligned}$$

5.3.2　算法设计

假设联合机会约束中各约束事件之间具有独立性，则联合机会约束可以写为

$$\inf_{F^{t_i}\in\mathcal{F}^{t_i}}P\left(t_i\leqslant \boldsymbol{a}_{il}^{\mathrm{T}}\boldsymbol{x},l=0,1,\cdots,L_i\right)\geqslant(1-\varepsilon)^{y_i},\quad i=1,2,\cdots,N$$

其中，$\sum_{i=1}^{n}y_i=1$。

针对上述问题，在第 i 次迭代过程中，根据 $\boldsymbol{y}^i$ 可以求得 $\boldsymbol{x}^i$，此时每一个鲁棒独立机会约束成立的最大概率记为 $\boldsymbol{p}^i=(1-\varepsilon)^{\boldsymbol{z}^i}$。根据定义，显然有 $\boldsymbol{z}^i\leqslant\boldsymbol{y}^i$。如果 $\boldsymbol{y}^i$ 的值比 $\boldsymbol{z}^i$ 的值要大得多，则说明在当前概率分配下，第 j 个约束被过度满足。因此，该约束的成立概率可以减小，并重新分配给其他约束。具体如算法 4.3.1 所示。其中 $G(\boldsymbol{y},\tilde{\boldsymbol{y}})=\dfrac{\tilde{\boldsymbol{y}}+\alpha(\boldsymbol{y}-\tilde{\boldsymbol{y}})}{\langle\mathbf{1},\tilde{\boldsymbol{y}}+\alpha(\boldsymbol{y}-\tilde{\boldsymbol{y}})\rangle}$，$\alpha=\dfrac{b-\sum_i\tilde{y}_i}{\sum_i y_i-\sum_i\tilde{y}_i},b\in\left(\sum_i\tilde{y}_i,1\right)$。

5.3.3　软件模块介绍

如图 5.8 所示，界面上半部分以甘特图的形式展示调度方案中各工件在炼钢-连铸过程中涉及的各类型机组上的加工时间安排，便于生产线管理人员快速了解调度方案整体情况。界面下半部分给出炼钢-连铸过程中各工件每个工艺的起始加工时间，此部分可直接作为生产指令发送给技术人员按时执行相关操作。使用钢铁厂连铸-热轧生产线 12 月份的生产数据作为软件的输入，连铸-热轧模块产生的

调度方案相较于人工排产结果在连铸机的断浇惩罚、工件的等待时间，以及总加工周期长度方面具有明显提升。

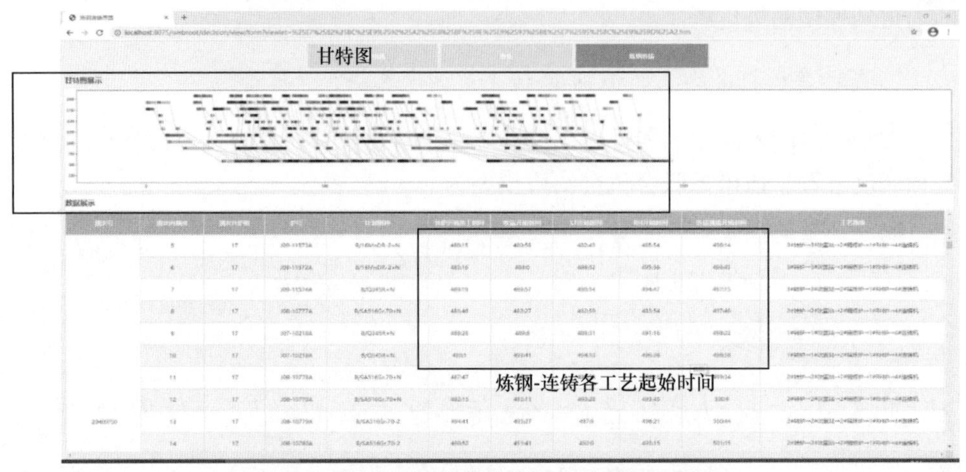

图 5.8　炼钢-连铸环节软件输出结果展示界面

5.4　连铸-热轧模块软件设计与应用

热轧过程是将加热炉出来的坯料进行轧制加工的过程。算法对坯料的热轧过程制订轧制计划，即给出待生产坯料的加工顺序。

5.4.1　问题建模

新余钢铁集团有两条轧制生产线，分别用于厚板和中板的轧制，并配备相应的轧制机器。考虑中板轧制工艺的复杂性和严格要求，工厂更加关注并期望针对厚板生产线设计和制订轧制计划的算法。因此，该算法是一种单机调度算法，其主要目的是确定待加工坯料的加工顺序。

在热轧排产过程中，需要考虑多个因素，包括坯料的优先级、交货期、相邻坯料的宽度和厚度变化等。坯料经过辊的加工，转变为板坯。辊是一种耗材，在加工一定数量的坯料后需要更换，更换辊大约需要半小时的时间。新辊需要预热，预热过程希望加工板坯的宽度从窄到宽逐渐增加。预热完成后，在稳定的轧制过程中，希望加工板坯的宽度从宽到窄逐渐减小。在板坯的厚度上，希望厚度变化比较平滑。此外，对于某些特殊工艺的钢铁品种，例如厚度为 295mm 断面坯料、成品厚度小于 12mm 的坯料、具有冲击要求的坯料等，需要进行连续轧制处理。

针对上述因素，建立热轧排产的数学模型。在该模型中，考虑硬约束和软约束两个方面。硬约束包括交货期的逾期和特殊钢种需要进行集中轧制。宽度和厚度的变化看似是硬约束，但通过调研了解，工厂对于厚板加工中宽度和厚度变化的要求并不十分严格。因此，我们将这部分变化作为软约束，并将其作为目标函数中的一个惩罚项进行考虑。此外，坯料的优先级和交货期的迫近程度也被视为软约束，并转化为目标函数的一部分。

5.4.2　算法设计及结果

热轧排产问题属于 NP 难问题，因此设计智能优化算法进行快速求解。这一类算法的特点是适用于解决无约束优化问题,因此需要对上文的硬约束进行处理。针对交货期逾期约束，采用软约束的方法，将其乘上一个足够大的惩罚因子后转入目标函数。对于集中轧制约束，将问题拆分为一个主问题和一个子问题，二者交替迭代求解。子问题是对各集中单元内的坯料进行排序，主问题是将一个集中单元内的所有坯料看作一个广义的“坯料”，将所有非集中轧制的坯料和广义“坯料”放在一起排序。主问题和子问题含义示意图如图 5.9 所示。

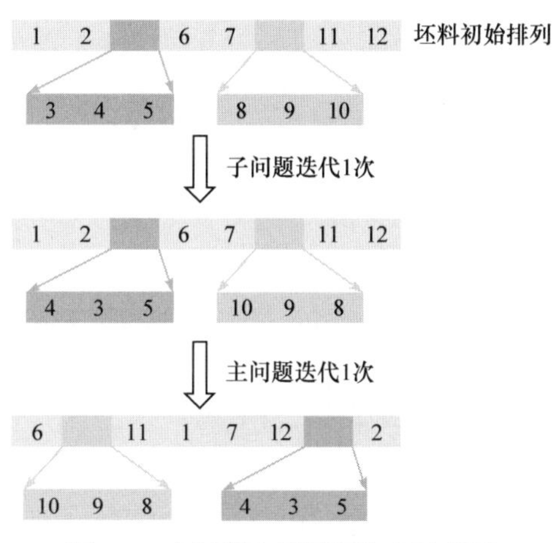

图 5.9　主问题和子问题含义示意图

在算法层面，采用智能优化算法中经典的遗传算法进行求解。遗传算法中的每个个体对应一个解，在局部搜索过程中通过对个体进行基因“突变”，即对原有排序进行交换、插入等操作，不断生成新的解进行局部搜索来寻找更优解。在全局搜索过程中，通过随机生成新的种群，将其与原种群内的个体逐一比较，然后保留一定规模的个体作为新的当前种群，以避免陷入局部最优解。这样的设计可以提高算法在全局搜索和局部搜索之间的平衡，以寻找到更优的解决方案。连铸-热轧环节智能求解算法结构如图 5.10 所示。连铸-热轧环节算法结果展示界面如图 5.11 所示。利用新余钢铁集团 12 月份的生产数据作为输入，经过热轧算法模块生成的生产方案相较于人工排产方案可以取得显著的改进效果。通过该算法，产品厚度跳跃的惩罚降低 8%，交货期的惩罚降低 71.5%。这样的结果可以为新余钢铁集团的热轧生产线提供高效的实时调度方案，有效提升生产效率并使交货期要求得到满足。

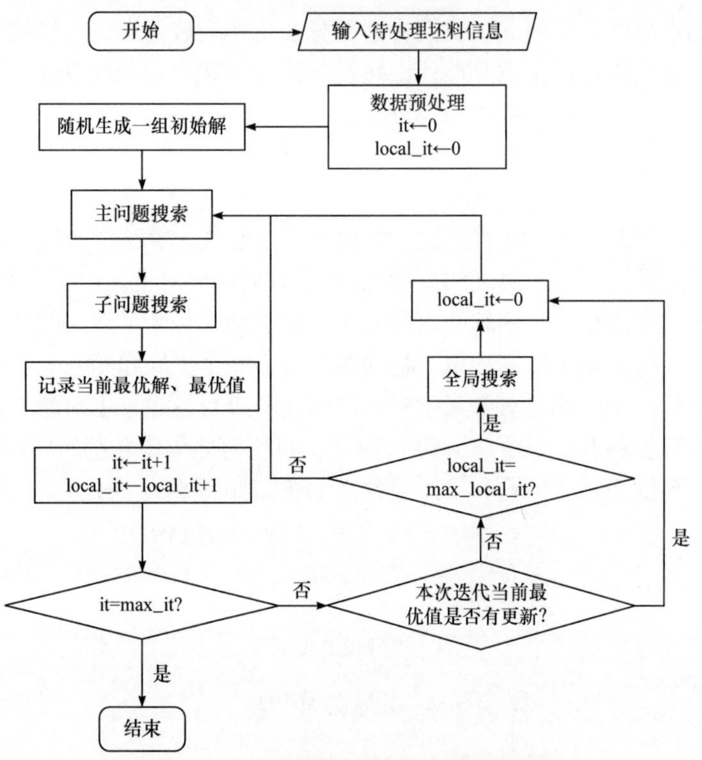

图 5.10　连铸-热轧环节智能求解算法结构

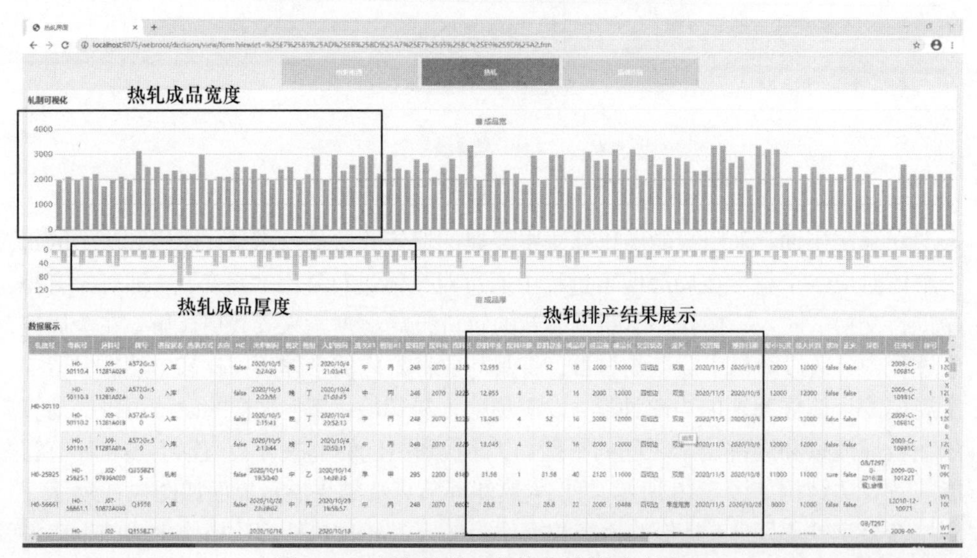

图 5.11　连铸-热轧环节算法结果展示界面

参 考 文 献

[1] Johnson S M. Optimal two- and three- stage production schedules with setup times included. Naval Research Logistics quarterly, 1954, 1(1): 61-68.

[2] McKay K N, Safayeni F R, Buzacott J A. Job-shop scheduling theory: What is relevant? Interfaces, 1988, 18(4): 84-90.

[3] Wolpert D H, Macready W G. No free lunch theorems for optimization. IEEE Transactions on Evolutionary Computation, 1997, 1(1): 67-82.

[4] 丁见亚. 节能生产调度问题的建模与分解优化. 北京: 清华大学出版社, 2022.

[5] 金锋, 吴澄. 大规模生产调度问题的研究现状与展望. 计算机集成制造系统, 2006, 12(6): 161-168.

[6] Soyster A L. Technical note-convex programming with set-inclusive constraints and applications to inexact linear programming. Operations Research, 1973, 21(5): 1154-1157.

[7] Ghaoui L E, Oustry F, Lebret H. Robust solutions to uncertain semidefinite programs. SIAM Journal on Optimization, 1998, 9(1): 33-52.

[8] Ben-Tal A, El Ghaoui L, Lebret H. Robust semidefinite programming. https://www.researchgate.net/publication/228477201[2022-12-25].

[9] Bertsimas D, Pachamanova D, Sim M. Robust linear optimization under general norms. Operations Research Letters, 2004, 32(6): 510-516.

[10] Ben-Tal A, Nemirovski A, Roos C. Robust solutions of uncertain quadratic and conic quadratic problems. SIAM Journal on Optimization, 2002, 13(2): 535-560.

[11] Ben-Tal A, Nemirovski A. Robust convex optimization. Mathematics of Operations Research, 1998, 23(4): 769-805.

[12] Bertsimas D, Sim M. Robust discrete optimization and network flows. Mathematical programming, 2003, 98(1-3): 49-71.

[13] Lagoa C M, Barmish B R. Distributionally robust Monte Carlo simulation: A tutorial survey// Proceedings of IFAC World Congress, 2002: 1-12.

[14] Delage E, Ye Y. Distributionally robust optimization under moment uncertainty with application to data-driven problems. Operations Research, 2010, 58(3): 595-612.

[15] Mastrolilli M, Nikolaus M, Ola S. Single machine scheduling with scenarios. Theoretical Computer Science, 2013, 477: 57-66.

[16] Drwal M, Jerzy J. Robust min-max regret scheduling to minimize the weighted number of late jobs with interval processing times. Annals of Operations Research, 2020, 284 (1): 263-282.

[17] Gholami Z, Mohammad S, Hakimifar M, et al. Robust and fuzzy optimisation models for a flow shop scheduling problem with sequence dependent setup times: A real case study on a PCB assembly company. International Journal of Computer Integrated Manufacturing, 2017, 30 (6): 552-563.

[18] Marco S, Poss M, Nelson M. Solution algorithms for minimizing the total tardiness with budgeted processing time uncertainty. European Journal of Operational Research, 2020, 283 (1): 70-82.
[19] Saeed E, Sabbagh M, Moslehi G. A Lagrangian relaxation algorithm for order acceptance and scheduling problem: A globalised robust optimisation approach. International Journal of Computer Integrated Manufacturing, 2016, 29 (5): 535-560.
[20] Zhang Y L, Shen Z M, Song S J. Exact algorithms for distributionally β-robust machine scheduling with uncertain processing times. INFORMS Journal on Computing, 2018, 30 (4): 662-676.
[21] Lu C C, Lin S W, Ying K C. Robust scheduling on a single machine to minimize total flow time. Computers & Operations Research, 2012, 39(7): 1682-1691.
[22] de Regis F I, Zhao H X, Zhao M. A family of inequalities valid for the robust single machine scheduling polyhedron. Computers & Operations Research, 2010, 37(9): 1610-1614.
[23] Liu M, Liu X. Distributionally robust parallel machine ScheLoc problem under service level constraints. IFAC-PapersOnLine, 2019, 52 (13): 875-880.
[24] Lu C C, Ying K C, Lin S W. Robust single machine scheduling for minimizing total flow time in the presence of uncertain processing times. Computers & Industrial Engineering, 2014, 74: 102-110.
[25] Vasilij L, Averbakh I. Complexity of minimizing the total flow time with interval data and minmax regret criterion. Discrete Applied Mathematics, 2006, 154 (15): 2167-2177.
[26] Chang Z Q, Ding J Y, Song S J. Distributionally robust scheduling on parallel machines under moment uncertainty. European Journal of Operational Research, 2019, 272 (3): 832-846.
[27] Chang Z Q, Song S J, Zhang Y L, et al. Distributionally robust single machine scheduling with risk aversion. European Journal of Operational Research, 2017, 256 (1): 261-274.
[28] Rockafellar R T, Uryasev S. Conditional value-at-risk for general loss distributions. Journal of Banking & Finance, 2002, 26(7): 1443-1471.
[29] Zhu S, Fukushima M. Worst-case conditional value-at-risk with application to robust portfolio management. Operations Research, 2009, 57(5): 1155-1168.
[30] Lo A W. Semi-parametric upper bounds for option prices and expected layoffs. Journal of Financial Economics, 1987, 19(2): 373-387.
[31] Kleywegt A J, Shapiro A, Homem-de-Mello T. The sample average approximation method for stochastic discrete optimization. SIAM Journal on optimization, 2002, 12(2): 479-502.
[32] Panwalkar S S, Smith M L, Koulamas C P. A heuristic for the single machine tardiness problem. European Journal of Operational Research, 1993, 70(3): 304-310.
[33] Valente J M S. Beam search heuristics for quadratic earliness and tardiness scheduling. Journal of the Operational Research Society, 2010, 61(4): 620-631.
[34] Niu S S,Song S J,Ding J Y,et al. Distributionally robust single machine scheduling with the total tardiness criterion. Computers & Operations Research, 2019, 101: 13-28.
[35] Pei Z, Lu H, Jin Q, et al. Target-based distributionally robust optimization for single machine scheduling. European Journal of Operational Research, 2022, 299(2): 420-431.
[36] Slater M. Lagrange multipliers revisited// Traces and Emergence of Nonlinear Programming. Basel: Springer Basel, 2013: 293-306.
[37] Shapiro A. On duality theory of conic linear problems. Nonconvex Optimization and Its

Applications, 2001, 57: 135-155.

[38] Du J, Leung J Y T. Minimizing total tardiness on one machine is NP-hard. Mathematics of Operations Research, 1990, 15(3): 483-495.

[39] Lawler E L, Wood D E. Branch-and-bound methods: A survey. Operations Research, 1966, 14(4): 699-719.

[40] Morrison D R, Jacobson S H, Sauppe J J, et al. Branch-and-bound algorithms: A survey of recent advances in searching, branching, and pruning. Discrete Optimization, 2016, 19: 79-102.

[41] Fisher M L. The Lagrangian relaxation method for solving integer programming problems. Management science, 1981, 27(1): 1-18.

[42] Gaudioso M. A view of Lagrangian relaxation and its applications. Numerical Nonsmooth Optimization: State of the Art Algorithms, 2020: 579-617.

[43] Cheng C P, Liu C W, Liu C C. Unit commitment by Lagrangian relaxation and genetic algorithms. IEEE transactions on power systems, 2000, 15(2): 707-714.

[44] Muckstadt J A, Koenig S A. An application of Lagrangian relaxation to scheduling in power-generation systems. Operations research, 1977, 25(3): 387-403.

[45] Xing T, Zhou X. Finding the most reliable path with and without link travel time correlation: A Lagrangian substitution based approach. Transportation Research Part B: Methodological, 2011, 45(10): 1660-1679.

[46] Kianfar K, Moslehi G. A branch-and-bound algorithm for single machine scheduling with quadratic earliness and tardiness penalties. Computers & Operations Research, 2012, 39(12): 2978-2990.

[47] van de Velde S L. Minimizing the sum of the job completion times in the two-machine flow shop by Lagrangian relaxation. Annals of Operations Research, 1990, 26: 257-268.

[48] Zhang Y, Shen Z J M, Song S. Lagrangian relaxation for the reliable shortest path problem with correlated link travel times. Transportation Research Part B: Methodological, 2017, 104: 501-521.

[49] Odijk M A. A constraint generation algorithm for the construction of periodic railway timetables. Transportation Research Part B: Methodological, 1996, 30(6): 455-464.

[50] Sundhar R S, Nedić A, Veeravalli V V. Distributed stochastic subgradient projection algorithms for convex optimization. Journal of Optimization Theory and Applications, 2010, 147: 516-545.

[51] Fan K. Minimax theorems. Proceedings of the National Academy of Sciences, 1953, 39(1): 42-47.

[52] Bertsekas D P. Nonlinear programming. Journal of the Operational Research Society, 1997, 48(3): 334.

[53] Björck Å. Numerical Methods for Least Squares Problems. Philadelphia:SIAM, 1996.

[54] Kuhn H W. The Hungarian method for the assignment problem. Naval Research Logistics Quarterly, 1955, 2(1-2): 83-97.

[55] Hahn P, Grant T, Hall N. A branch-and-bound algorithm for the quadratic assignment problem based on the Hungarian method. European Journal of Operational Research, 1998, 108(3): 629-640.

[56] Lin S W, Ying K C. Solving single-machine total weighted tardiness problems with sequence-dependent setup times by meta-heuristics. The International Journal of Advanced Manufacturing Technology, 2007, 34: 1183-1190.

[57] M'Hallah R, Alhajraf A. Ant colony systems for the single-machine total weighted earliness

tardiness scheduling problem. Journal of Scheduling, 2016, 19: 191-205.
[58] Kirlik G, Oguz C. A variable neighborhood search for minimizing total weighted tardiness with sequence dependent setup times on a single machine. Computers & Operations Research, 2012, 39(7): 1506-1520.
[59] Tansel B Ç, Kara B Y, Sabuncuoglu I. An efficient algorithm for the single machine total tardiness problem. IIE Transactions, 2001, 33: 661-674.
[60] Daniels R L, Carrillo J E. β-Robust scheduling for single-machine systems with uncertain processing times. IIE Transactions, 1997, 29(11): 977-985.
[61] Wu C W, Brown K N, Beck J C. Scheduling with uncertain durations: Modeling β-robust scheduling with constraints. Computers & Operations Research, 2009, 36(8): 2348-2356.
[62] Ranjbar M, Davari M, Leus R. Two branch-and-bound algorithms for the robust parallel machine scheduling problem. Computers & Operations Research, 2012, 39(7): 1652-1660.
[63] Alimoradi S, Hematian M, Moslehi G. Robust scheduling of parallel machines considering total flow time. Computers & Industrial Engineering, 2016, 93: 152-161.
[64] Popescu I. Robust mean-covariance solutions for stochastic optimization. Operations Research, 2007, 55(1): 98-112.
[65] Grimmett G, Stirzaker D. Probability and Random Processes. Oxford: Oxford University Press, 2020.
[66] Nikolova E. Approximation algorithms for reliable stochastic combinatorial optimization// International Workshop on Randomization and Approximation Techniques in Computer Science,2010: 338-351.
[67] Bertsimas D, Popescu I. Optimal inequalities in probability theory: A convex optimization approach. SIAM Journal on Optimization, 2005, 15(3): 780-804.
[68] Horst R, Pardalos P M, van Thoai N. Introduction to Global Optimization.Berlin: Springer Science & Business Media, 2000.
[69] Daniels R L, Kouvelis P. Robust scheduling to hedge against processing time uncertainty in single-stage production. Management science, 1995, 41(2): 363-376.
[70] Fan Y,Song S J,Zhang Y L, et al. Robust single machine scheduling with uncertain release times for minimising the maximum waiting time. International Journal of Production Research, 2018, 56(16): 5576-5592.
[71] Chang Z Q,Ding J Y,Song S J. Distributionally robust scheduling on parallel machines under moment uncertainty. European Journal of Operational Research, 2019, 272(3): 832-846.
[72] Liu L Y,Chang Z Q, Song S J. Optimization of a molten iron scheduling problem with uncertain processing time using variable neighborhood search algorithm. Scientific Reports, 2022, 12(1):7303.
[73] Zymler S, Kuhn D, Rustem B. Distributionally robust joint chance constraints with second-order moment information. Mathematical Programming, 2013, 137(1): 167-198.
[74] Lo H K, Tung Y K. Network with degradable links: Capacity analysis and design. Transportation Research Part B: Methodological, 2003, 37(4): 345-363.
[75] Frank H. Shortest paths in probabilistic graphs. Operations Research, 1969, 17(4): 583-599.

[76] Chen A, Zhou Z. The reliable mean-excess traffic equilibrium model with stochastic travel times. Transportation Research Part B: Methodological, 2010, 44(4): 493-513.
[77] Shapiro A, de Mello H T. A simulation-based approach to two-stage stochastic programming with recourse. Mathematical Programming, 1998, 81(3): 301-325.
[78] Wang Z L, You K Y,Song S J,et al. Wasserstein distributionally robust shortest path problem. European Journal of Operational Research ,2020,284: 31-43.
[79] Ambrosio L, Gigli N. A user's guide to optimal transport// Modelling and Optimisation of Flows on Networks, 2013: 1-155.
[80] Mohajerin E P, Kuhn D. Data-driven distributionally robust optimization using the Wasserstein metric: Performance guarantees and tractable reformulations. Mathematical Programming, 2018, 171(1): 115-166.
[81] Duran M A, Grossmann I E. An outer-approximation algorithm for a class of mixed-integer nonlinear programs. Mathematical Programming, 1986, 36(3): 307-339.
[82] Gupta O K, Ravindran A. Branch and bound experiments in convex nonlinear integer programming. Management Science, 1985, 31(12): 1533-1546.
[83] Westerlund T, Pettersson F. An extended cutting plane method for solving convex MINLP problems. Computers and Chemical Engineering, 1995, 19: 131-136.
[84] Stabler B, Bar G H, Sall E. Transportation networks for research. https://github.com/bstabler/TransportationNetworks/[2016-3-12].
[85] Niu S S,Song S J,Raymond C. A distributionally robust scheduling approach for uncertain steelmaking and continuous casting processes. IEEE Transactions on Systems, Man, and Cybernetics: Systems,2021, 52(6):3900-3914.
[86] Al-Omary A Y, Jamil M S. A new approach of clustering based machine-learning algorithm. Knowledge-Based Systems, 2006, 19(4): 248-258.
[87] Ahuja R, Chug A, Gupta S, et al. Classification and clustering algorithms of machine learning with their applications. Nature-Inspired Computation in Data Mining and Machine Learning, 2020: 225-248.
[88] Ezugwu A E, Ikotun A M, Oyelade O O, et al. A comprehensive survey of clustering algorithms: State-of-the-art machine learning applications, taxonomy, challenges, and future research prospects. Engineering Applications of Artificial Intelligence, 2022, 110: 104743.
[89] Glover F, Laguna M. Tabu Search. New York:Springer, 1998.
[90] Jain A S, Meeran S. Deterministic job-shop scheduling: Past, present and future. European Journal of Operational Research, 1999, 113(2): 390-434.
[91] Lambora A, Gupta K, Chopra K. Genetic algorithm-A literature review// 2019 International Conference on Machine Learning, Big Data, Cloud and Parallel Computing, 2019: 380-384.
[92] Hansen P, Mladenović N, Brimberg J, et al. Variable Neighborhood Search. New York:Springer International Publishing, 2019.
[93] Karaboga D. Artificial bee colony algorithm. Scholarpedia, 2010, 5(3): 6915.
[94] Zhang R, Song S J,Wu C. Robust scheduling of hot rolling production by local search enhanced ant colony optimization algorithm. IEEE Transactions on Industrial Informatics, 2019, 16(4):

2809-2819.

[95] Hansen P, Mladenović N, Urošević D. Variable neighborhood search and local branching. Computers & Operations Research, 2006, 33(10): 3034-3045.

[96] Hemmelmayr V C, Doerner K F, Hartl R F. A variable neighborhood search heuristic for periodic routing problems. European Journal of Operational Research, 2009, 195(3): 791-802.

[97] 宁树实，王伟，刘全利．钢铁生产中的加热炉优化调度算法研究．控制与决策，2006, 21(10): 1138-1142.

[98] 孙学刚, 贠超, 安振刚. 基于免疫文化算法的特钢加热炉调度优化. 控制理论与应用, 2010, 27(8): 1007-1011.

[99] 谭园园，宋健海，刘士新．加热炉优化调度模型及算法研究．控制理论与应用，2011, 28(11): 1549-1557.

[100] 杨业建, 姜泽毅, 张欣欣. 钢坯热轧加热炉区生产调度模型与算法. 工程科学学报, 2012, 34(7): 841-846.

[101] Xu A J, Lu Y M, Dan D, et al. Hybrid direct hot charge rolling production for specific reheating furnace mode. Chinese Journal of Engineering, 2012, 34(9): 1091-1096.

[102] Tan Y, Zhou M C, Wang Y, et al. A hybrid MIP–CP approach to multistage scheduling problem in continuous casting and hot-rolling processes. IEEE Transactions on Automation Science and Engineering, 2019, 16(4): 1860-1869.

[103] Tsubakihara O. Technologies that have made direct concatenation of continuous casting and hot rolling possible. Transactions of the Iron and Steel Institute of Japan, 1987, 27(2): 81-102.

[104] Saenz D U B, Artiba A, Pellerin R. Manufacturing execution system–a literature review. Production Planning and Control, 2009, 20(6): 525-539.

[105] Jürgen K.Manufacturing Execution Systems—MES. Berlin: Springer Berlin Heidelberg, 2007.

[106] Linn R, Zhang W. Hybrid flow shop scheduling: A survey. Computers & Industrial Engineering, 1999, 37(1-2): 57-61.

[107] Ruiz R, Vázquez-Rodríguez J A. The hybrid flow shop scheduling problem. European Journal of Operational Research, 2010, 205(1): 1-18.